Contributions to Econometrics and Statistics Today

In memoriam Günter Menges

Edited by H. Schneeweiss and H. Strecker

With 6 Figures and 10 Tables

Springer-Verlag
Berlin Heidelberg New York Tokyo 1985

Editors

Prof. Dr. Hans Schneeweiss
Seminar für Ökonometrie und Statistik
Ludwig-Maximilians-Universität München
Akademiestraße 1/I, D-8000 München 40, FRG

Prof. Dr. Heinrich Strecker
Wirtschaftswissenschaftliches Seminar
Abteilung Statistik und Mathematik
Eberhard-Karls-Universität Tübingen
Mohlstraße 36, D-7400 Tübingen 1, FRG

ISBN-13: 978-3-642-70191-7 e-ISBN-13: 978-3-642-70189-4
DOI: 10.1007/978-3-642-70189-4

Softcover reprint of the hardcover 1st edition 1985

2142/3140-543210

P R E F A C E

On January 10th, 1983, Günter Menges unexpectedly died in the midst of an active life. One of the most versatile and productive German statisticians has left us.

The present collection of papers was compiled in the memory of Günter Menges. His friends and his disciples have contributed to this publication with papers on the subject of Statistics and of Econometrics. They did so in remembrance of his stimulating ideas and suggestions, trying to preserve and develop them still further.

The wide range of articles contained in this memorial volume reflects the broad spectrum of Günter Menges' scientific work. Basic problems in constructing statistical models, in collecting data, and in making statistical inference and decision are discussed. Specific statistical models in time series, sampling and the theory of linear models are analysed, and applications in economic statistics, econometrics, and operations research are dealt with.

Among the authors of this volume are the present editors of STATISTISCHE HEFTE/STATISTICAL PAPERS. The journal was founded by Günter Menges and it was very close to his heart. It is now published by the Springer-Verlag.

On December 10th, 1983, an academic commemoration in honour of Günter Menges was held at Frankfurt in the house of the "Frankfurter Gesellschaft für Handel, Industrie und Wissenschaft" (Frankfurt Society for Trade, Industry and Science). At the ceremony, speeches in appreciation of the life and work of Günter Menges were delivered by Heinz Grohmann (Frankfurt/Main), Hans Schneeweiss (München), and Heinrich Strecker (Tübingen). These speeches also are published in this volume.

We want to express our sincere thanks to Mrs. Wrage who helped substantially with the editorial work. We also thank the Springer-Verlag for its readiness to publish our volume.

München and Tübingen, September 1984

Hans Schneeweiss
Heinrich Strecker

TABLE OF CONTENTS

On December 10th, 1983, an academic commemoration in honour of Günter Menges was held at the "Frankfurter Gesellschaft für Handel, Industrie und Wissenschaft" where the following speeches were delivered.

HEINZ GROHMANN

Es ist ein guter Brauch, einen verstorbenen Wissenschaftler von Rang und Namen durch eine Gedenkfeier dann zu ehren, wenn der akute Schmerz über seinen Tod verwunden und die nachbleibende Trauer allmählich einer rückschauenden Besinnung auf sein Leben und Werk Raum gibt. Aus solcher Distanz gesehen war das Leben von Günter Menges ein erfülltes, ein fruchtbares Leben, das trotz des frühen und jähen Endes eine reiche Hinterlassenschaft der Nachwelt übergeben hat.

Wer war Günter Menges? Wie ist sein Werk in den Prozeß unserer Wissenschaft einzuordnen? Was ist geblieben als Erbe und Aufgabe für die Lebenden?

Ich kann diese Fragen hier nicht umfassend beantworten. Wer vermöchte das überhaupt? Manches über sein Leben und Werk werden meine Nachredner zu sagen wissen. Ich möchte nur einen mir besonders naheliegenden Grundzug seines wissenschaftlichen Wirkens beleuchten. Er knüpft an die Frage an, warum diese Feier gerade in Frankfurt stattfindet.

Günter Menges wurde 1929 in Darmstadt geboren, nahm 1949 das Studium an der Wirtschafts- und Sozialwissenschaftlichen Fakultät der Universität Frankfurt auf und gelangte hier innerhalb eines Jahrzehnts zu Diplom, Promotion, Habilitation und zu seiner ersten Berufung. Während des Studiums war er zeitweise wissenschaftliche Hilfskraft am Statistischen Seminar bei Prof. Flaskämper, nach dem Examen wissenschaftlicher Mitarbeiter am Institut für Fremdenverkehrswissenschaft unter Prof. Sauermann. 1959 folgte er - kaum 30jährig - einem Ruf an die Universität des Saarlandes. Mit Frankfurt verbanden ihn von da an zwar weiterhin enge Freundschaften; seine langjährigen Wirkungsstätten wurden aber Saarbrücken und Heidelberg, zwischenzeitlich ausländische Universitäten, nicht mehr jedoch Frankfurt. Trotzdem führt uns diese Feier am Ort seines Wirkungsbeginns zusammen. Warum?

Lassen Sie mich die Begründung dafür durch ein Bild veranschaulichen. Menges war trotz seiner atemberaubend raschen Karriere kein Senkrechtstarter, der nach einem einmaligen kraftvollen Schub die Antriebskräfte abwerfend selbststeuernd sich neue Welten erschließt. Er glich eher einem freistehenden Baum mit kräftigem Stamm und weit ausladender Krone, der seine Wurzeln hier geschlagen hatte und dann über ein

Contributions to Econometrics and Statistics Today
Edited by H. Schneeweiss and H. Strecker

reiches Blattwerk vielfältige Energien aufnahm und assimilierte und so Früchte in großer Fülle und Reichhaltigkeit hervorbrachte.

Die hier geschlagenen Wurzeln waren von dreifacher Art. Zuvörderst war Günter Menges in starkem Maße heimatverbunden. Er hat es geliebt, selbst in erlauchtesten Kreisen nach einem wissenschaftlichen Disput in seine hessische Mundart zu verfallen und damit ostentativ seine Herkunft zu zeigen. Dabei lugte stets ein Stück von der Schalkhaftigkeit jener bekannten Darmstädter Symbolfigur hervor, die ihre Zuhörer verblüfft, entwaffnet und leicht unterlegen macht. Daß Menges aber auch über sich selbst zu lachen vermochte, weiß jeder, der ihm nahestand. Einmal platzte er in die Examensfeier einer Assistentin mit einem geradezu abenteuerlichen Bericht über eine Reise voller Tücken und Hindernisse, per Bahn, Auto und Pferdefuhrwerk, die ihn am selben Tage gerade noch eben an sein Ziel gebracht hatte: zu seinem ersten Berufungsgespräch in Saarbrücken.

Doch lassen Sie mich nun auf die Anfänge seiner wissenschaftlichen Betätigung zurückblicken. War es Zufall, war es wissenschaftliche Neugier - in Wahrheit wohl beides -, was ihn hier in Frankfurt nacheinander in zwei wissenschaftliche Lager hineinführte, wie man sie sich gegensätzlicher damals kaum denken konnte.

Da war zunächst die Frankfurter Schule der sozialwissenschaftlichen Statistik, die den jungen Ökonomiestudenten in ihren Bann zog. Menges hatte das Glück, schon frühzeitig sowohl die Methoden der sog. mathematischen Statistik, nämlich durch Wilhelm Lorey, als auch die der beschreibenden und der angewandten Statistik, nämlich durch Paul Flaskämper, kennenzulernen. Was ihn bei letzterem faszinierte, war freilich nicht die Methodik als solche, sondern die in die Philosophie hineinreichende Frage nach den Möglichkeiten und Grenzen sozialstatistischer Erkenntnis und die darauf gegebenen Antworten, die alle unter dem Gebot standen, eine tragfähige Brücke zwischen Theorie und Realität zu schlagen. Hinzu kam, daß dort, wo Flaskämper noch vergleichsweise pragmatisch argumentierte, dessen Schüler Heinrich Hartwig die angesprochenen Ideen vertiefte und so umformte, daß sie ihm zu apodiktischer Gewißheit wurden. Zu einem umfassenden methodologischen Programm wurde dieses Konzept für Menges durch Einbeziehen der Arbeiten des Vorgängers und des Nachfolgers von Flaskämper in Frankfurt: Franz Zizek und Adolf Blind.

Lassen Sie mich diese Wurzel des Menges'schen Schaffens aus meiner Sicht ein wenig näher beleuchten. Ihr Ausgangspunkt war eigentlich ein tiefgreifendes Dilemma: Das, was das Soziale zum Objekt eigenständiger Forschung macht, ist in seinem Kern qualitativer Natur, somit nicht auflösbar in Maß und Zahl. Die Statistik ist aber gerade auf die Gewinnung zahlenmäßiger Informationen angelegt. "Eine grundsätzliche Diskrepanz besteht", so hatte Flaskämper schon 1929 geschrieben, "zwischen der Eigenart der sozialen Tatsachen und dem quantitativen Charakter der statistischen Methode". Dieses Dilemma forderte epistemologische Reflexionen geradezu heraus.

Eine geeignete Grundlage dafür hatte man in der südwestdeutschen Philosophenschule von Wilhelm Windelband über Heinrich Rickert bis zu Max Weber gefunden. Windelband hatte mit einprägsamer Klarheit den Unterschied zwischen ideographischen und nomothetischen Wissenschaften herausgearbeitet. Rickert führte die Eigenart des Erkenntnisobjekts der Sozialwissenschaften (oder der Kulturwissenschaften, wie er sie nannte), auf seine Wertbezogenheit zurück: Nur deswegen, weil bestimmten Objekten und Vorgängen in der Welt ein von Menschen ausgehender Wert zugemessen wird, gewinnen sie unbeschadet ihre Naturgebundenheit ein eigenständiges Forschungsinteresse. Dies wiederum verlangt, daß die Begriffsbildung in den Sozialwissenschaften grundsätzlich anders erfolgt als in den Naturwissenschaften, nämlich durch Bildung von Idealtypen im Sinne Max Webers. In der Tat werden Begriffe wie Unternehmer, Haushalt, Investitions- oder Konsumgut in der Wirtschaftstheorie ja auch so definiert und behandelt. Die Frage nach einer Zuordnung realer Objekte zu solchen Begriffen stellt sich aber spätestens beim Versuch einer statistischen Auszählung. Hieraus erwächst das von Hartwig so bezeichnete Adäquationsproblem: zwischen wertbezogenem Idealtypus und naturgebundenem Gattungsbegriff bleibt eine logische Diskrepanz, die es in der Statistik zu minimieren gilt, die aber prinzipiell nicht überwunden werden kann.

Diese Diskrepanz, die übrigens nicht nur bei der Definition statistischer Massen auftritt, sondern den gesamten Forschungsprozeß der sozialwissenschaftlichen Statistik affiziert, hat nun aber durchaus verschiedene Konsequenzen je nachdem, welches der beiden grundlegenden Erkenntnisziele, die mit den Bezeichnungen ideographisch und nomothetisch schon angesprochen wurden, anvisiert wird. Beide spielen in der sozialwissenschaftlichen Statistik eine wesentliche Rolle. Flaskämper sprach deswegen vom Dualismus der Erkenntnisziele und nannte das eine

Deskription, das andere Ursachenforschung, zuweilen auch Stochastik. Menges übernahm für das zweite Erkenntnisziel von R.A. Fisher den sicher treffenderen Begriff der Inferenz (A10, C135) und erweiterte den Dualismus um ein drittes Element, auf das ich bald zu sprechen kommen werde (C136). Dem eher auf den methodischen Aspekt abzielenden Begriff der Stochastik setzte Menges für die Deskription den der Sylleptik entgegen (A5).

Im Falle der Deskription sind soziale Wertvorstellungen und die Lösung des Adäquationsproblems von hervorragender Bedeutung (C135). Ausgehend von einer bestimmten ökonomischen, politischen oder gesellschaftlichen Fragestellung gilt es, das hierzu im historischen Bezug Relevante und zahlenmäßig Faßbare mit wissenschaftlichen Methoden so aufzubereiten, daß sich ein tragfähiges Urteil über den Untersuchungsgegenstand gewinnen läßt. Fragestellung, Operationalisierung, Zahlengewinnung, Verdichtung, Ergebnispräsentation und Ergebnisinterpretation machen hier eben ein sinnvolles Ganzes aus, wobei die Interpretation vor allem auf die verstehende Deutung aus einem allgemeinen Sinnzusammenhang heraus abzielt. Hier haben das Flaskämper'sche Postulat eines durchgängigen Parallelismus von Sach- und Zahlenlogik und die Forderung, nur sachlich anschauliche Maßzahlen zu verwenden, ihren Platz, weil anders eben eine solche Deutung nicht möglich ist. Denkt man dabei etwa an die Analyse der demographischen Entwicklung, des Strukturwandels in der Wirtschaft oder der Veränderungen in der Einkommensverteilung, so wird deutlich, daß es sich bei der Deskription um eine höchst anspruchsvolle Aufgabenstellung für die Statistik handelt. Die Beschreibung ist nicht "bloß", wie Menges zu sagen pflegte (C161).

Sehr viel schwerer als mit der Deskription tat sich die Frankfurter Schule seit je mit dem zweiten Erkenntnisziel der sozialwissenschaftlichen Statistik. Schon die Terminologie verrät die Vielfalt der Ideen: Aufdecken von Gesetz- oder Regelmäßigkeiten, Ursachenforschung, Stochastik, Inferenz, Analyse. Der Grund dafür liegt auch hier in der Eigenart des Erkenntnisobjekts. Inferenz - um bei dem Menges'schen Begriff zu bleiben - setzt Wiederholbarkeit von Vorgängen bei konstantem oder kontrolliert variierendem Ursachenkomplex voraus. Solche Wiederholungen finden sich bei wirtschaftlichen Vorgängen immer nur in beschränktem Umfang, ohne daß dabei je ganz deutlich würde, in welchem Ausmaß und Tempo sich ein Ursachenkomplex im Zeitablauf geändert hat. Da sich die Wertvorstellungen der Menschen wandeln und selbst gleichbleibende Wertvorstellungen unter veränderten äußeren Bedingungen zu verändertem Verhalten Anlaß geben können, mangelt es weitgehend an den

Voraussetzungen für effiziente Lösungen des Inferenzproblems bei sozialwissenschaftlichen Anwendungen.

Jeder einzelne der Frankfurter Schule hat sich mit diesem Problem auf andere Weise auseinandergesetzt. Flaskämper begnügte sich mit einem Rekurs auf Ansätze, wie sie sich etwa bei John Stuart Mill finden: die Differenzmethode und die Methode der konkurrierenden Veränderungen. Blind wies vor allem paradigmatisch Lösungswege auf, indem er bei konkreten Sachfragen von der verstehenden, erfahrungsgestützten, teils differenzierenden, teils wieder zusammenfassenden Beschreibung fast unmerklich zur Erklärung erklärungsbedürftiger Erscheinungen aus dem Sinnzusammenhang überging und sich nicht scheute, das, was - besonders bei Prognosen - über das methodisch Gesicherte hinausging, einen schöpferischen Akt zu nennen. Grundsätzlicher fragte Hartwig zuerst einmal, wie eine Gesetzeserkenntnis überhaupt möglich sei, die sich auf das Kausalprinzip, daß nämlich gleiche Ursachen stets gleiche Wirkungen haben, offensichtlich nicht stützen kann. Seine Antwort war eine zur Kausalität analoge Kategorie im Kant'schen Sinne; er nannte sie Ätialität: Gleiche allgemeine Ursachen, gleiches Verteilungsgesetz. Damit war die Anwendung der Wahrscheinlichkeitsrechnung allgemein, auch auf sozialwissenschaftliche Fragestellungen, jedenfalls grundsätzlich legitimiert.

Soviel in aller Kürze zur Methodologie der Frankfurter Schule. Besonders ihre Ausgestaltung durch Heinrich Hartwig, dem er bis zu dessen Tode freundschaftlich verbunden blieb, hat Günter Menges stark beeinflußt und geprägt (C160). Das Adäquationsprinzip als wesentliche Grundlage der deskriptiven Statistik hat er immer wieder aufgegriffen und weiterentwickelt (A2,14, C135,160,170,172,173). Das Ätialprinzip als erkenntnistheoretische Begründung der statistischen Inferenz gab ihm das Bewußtsein, in diesem Bereich auf einer hinreichend gesicherten Grundlage zu stehen (A5, C116,160). Auf dieser Basis ein wissenschaftlich anerkanntes und zugleich für die praktische Arbeit in Wirtschaft und Gesellschaft wohl ausgestattetes Instrumentarium zu erarbeiten, hat er als besondere Verpflichtung gesehen.

Wie Günter Menges sich dieser Aufgabe annahm, wäre jedoch nicht zu verstehen, würden wir nicht zuvor noch einen Blick auf die zweite Wurzel seiner späteren wissenschaftlichen Aktivitäten werfen: seine Beziehungen zu Heinz Sauermann und dessen damaligem Schülerkreis. Hierüber kann ich freilich nur als Außenstehender etwas sagen und werde mich deswegen kürzer fassen. Auch dort war man natürlich darauf aus, Erkenntnisse über die ökonomische Realität zu gewinnen, jedoch auf einem ganz anderen Weg. Im Mittelpunkt stand die Wirtschaftstheorie, nicht die Statistik. Die Verpflichtung zu empirischer Arbeit, die die eben genannten Probleme erst aufwirft, war deswegen nicht in gleichem Maße unabdingbar. Einem strengen Wissenschaftsideal ließ sich deswegen leichter und konsequenter nachkommen. Nach dem Vorbild der Naturwissenschaften suchte man auch in der Ökonomie alle mehr oder weniger vagen Aussagen zu präzisieren und zu formalisieren oder zu eliminieren, so daß sich auch äußerst verwickelte Zusammenhänge in wissenschaftlich einwandfreier Weise analysieren ließen. Das eingesetzte mathematische Instrumentarium gestaltete sich dabei so verlockend und zudem so entwicklungsfähig, daß es junge Wissenschaftler reizen mußte, hierbei mitzuwirken.

Drei Aspekte dieser Forschungsrichtung mögen für den angehenden Wissenschaftler und so auch für Günter Menges bestechend gewirkt haben. Da war einmal die wissenschaftliche Stringenz, die alle diese Arbeiten kennzeichnete. Aus präzisen Prämissen wurden aufgrund axiomatisch gesicherter Ableitungsregeln Aussagensysteme gewonnen, die sich als Forschungsergebnisse präsentieren ließen. Zum zweiten gab die Freiheit in der Wahl der Prämissen und Zielsetzungen sehr viel Spielraum zu eigener Kreativität. Drittens verschaffte der Umgang mit den zweifellos anspruchsvollen mathematischen Verfahrensweisen ein hohes Maß an Selbstbestätigung, zumal eine gelungene Arbeit besondere Anerkennung, vielleicht gar Bewunderung fand. Daß sich die theoretischen Spekulationen gleichwohl nicht allzu weit von der Realität entfernten, dafür sorgte schon der Erfahrungsschatz und Weitblick von Heinz Sauermann (C180).

Für Günter Menges war die Gegensätzlichkeit dieser beiden Schulen nun nicht etwa Anlaß zu Zerrissenheit und Konflikt, sondern Herausforderung zu konstruktiver Verbindung. Da er Statistiker und nicht etwa Wirtschaftstheoretiker war und blieb, sah er sich nicht nur nach wie vor beiden Erkenntniszielen mit ihren unterschiedlichen Paradigmen verpflichtet, sondern auch dem Gebot unterworfen, die Brücke zur Realität auszubauen und in beiden Richtungen befahrbar zu halten (C176). Jedoch hielt er gleichzeitig an dem Standpunkt fest, daß die Dignität wissenschaftlicher Arbeit allein durch eine strikte Handhabung nachvollziehbarer Regeln aufgrund gesicherter Prinzipien gewährleistet werden könne; und in einem ausgiebigen Gebrauch von formaler Logik und

Mathematik erblickte er auch die Chance, diesen Standpunkt zu realisieren. Da das freilich bei der Verfolgung des zweiten Erkenntniszieles eher möglich erscheinen mußte, nimmt es nicht wunder, daß sich Menges diesem in der Folgezeit weit mehr verschrieben hat als dem ersten.

Überblickt man die Titel der rund 150 Arbeiten, die Menges seit seinem Weggang aus Frankfurt verfaßt hat, so sind die deskriptiven in der Tat in der Minderzahl. Sie erscheinen eher wie Gelegenheitsarbeiten inmitten der Vielzahl von Büchern, Aufsätzen und Vorträgen zu Fragen der statistischen Inferenz- und Entscheidungstheorie, zu Ökonometrie und Operations Research und natürlich zur Wissenschaftstheorie. Gleichwohl ist ihre Zahl immer noch beachtlich, und ihr Themenbereich erstreckt sich vom Fremdenverkehr (C40,48,65,68,106,113,146) über Bevölkerung (C165,169), Bildung (C100-102,105), Gesundheit (C39), Produktion (C121,122,126,138) bis hin zu internationalen Vergleichen (C41-43,45,126,161,166,167) und einer europäischen Wirtschaftskunde (A7,17).

Zu seinem Hauptarbeitsgebiet machte Menges jedoch jene anderen Aktivitäten. Einen ersten Schwerpunkt bildete dabei die kritische Durchleuchtung des vorhandenen Inferenzinstrumentariums (A10,18, C75,76,81, 109,135). Die Argumentationsweise läßt sich etwa wie folgt charakterisieren: Ziel ist die Gewinnung von Erkenntnissen über die Realität. Über diese besteht zunächst eine große Ungewißheit, die mittels der Inferenz reduziert werden soll. Menges gebrauchte dafür gelegentlich das Bild, daß jemand mittels eines Feuerzeugs sich bemüht, etwas über das Innere eines dunklen Raumes in Erfahrung zu bringen. Da nun als erkenntnistheoretische Grundlage für die Inferenz nur das Ätialprinzip (als Bedingung der Möglichkeit inferenzstatistischer Erfahrung) in Betracht kommt, stellt sich die zu reduzierende Ungewißheit als eine solche über Verteilungsgesetze dar. Ob es um die Beschaffenheit eines Würfels, die Wuchshöhe des gemeinen Habichtskrautes, die Güte eines Produktionsprozesses oder die Abhängigkeit privater Investitionen vom Zinssatz geht, immer läßt sich die vorhandene Ungewißheit dergestalt formulieren, daß der Typus oder ein oder mehrere Parameter einer oder einer Folge von Verteilungsfunktionen als unbekannt anzusehen sind. Je nachdem, welche Elemente in einem konkret entwickelten Wahrscheinlichkeitsmodell als bekannt und welche als unbekannt gelten, ergibt sich eine andere Art der Ungewißheit, der jeweils in spezifischer Weise Rechnung zu tragen ist. Zur Reduzierung der Ungewißheit werden

Beobachtungen herangezogen, die sich als Realisationen jener Verteilungsfunktionen interpretieren lassen. Der Schluß von den Beobachtungen auf die Eigenschaften der Verteilungsgesetze, eben die Inferenz, kann nun auf verschiedene Weise begründet und durchgeführt werden. Während die meisten Autoren dabei aber ohne allzu kritische Reflektion auf eine bestimmte Schlußweise setzen, etwa den Konfidenzschluß, hat sich Menges stets mit den diversen möglichen Schlußweisen und ihren adäquaten Einsatzmöglichkeiten befaßt (C76,81,93,114). Er sprach deshalb im Zusammenhang mit Konfidenz-, Fiduzial-, Bayes-Schluß, Maximum-Likelihood-Prinzip usw. geradezu von Inferenzphilosophien (A18).

Nun führen aber alle Inferenzbemühungen nie zu einer vollständigen Überwindung der Ungewißheit, ja oftmals - besonders bei nicht experimentellen Beobachtungen - ist das Ausmaß der Unsicherheitsreduktion sogar ziemlich bescheiden. Das Feuerzeug erhellt den dunklen Raum dann nur schwach und vielleicht nur bestimmte und nicht immer die wichtigsten Teile, würde ich hinzufügen. Ist damit die Hilfe, die die Statistik der Ökonomie zu bieten hat, schon am Ende? Menges' Antwort lautet: nein; denn Wirtschaften heißt Handeln und für dieses Handeln hat die Statistik nicht nur Schätz- und Testergebnisse, sondern auch Informationen über Art und Ausmaß der verbliebenen Ungewißheit zu bieten, und diese lassen sich in die Entscheidungsvorbereitung einbeziehen (A18). Das führt zur Entscheidungstheorie. In der Tat hat Menges einen sehr großen Teil seiner Arbeiten der Entscheidungstheorie gewidmet. (Siehe besonders A15,16,18, B6, C28,71,82,90,94,128,150,177) Dabei erwiesen sich Inferenz und Entscheidung bei näherem Zusehen gar nicht als zwei aufeinanderfolgende, voneinander abhebbare Prozeßstufen, sondern als vielfach ineinandergreifende. Die Entscheidungstheorie muß ja nicht nur die sog. Letztentscheidungen, auf deren Rationalität die empirischen Bemühungen abzielen, zum Gegenstand haben; sie erweist sich als hilfreich auch für die sog. prozessualen Entscheidungen, die während des Inferenzvorgangs jeweils den nächsten Beobachtungsschritt festlegen. Die Entscheidungstheorie sagt nicht nur, wie sich ein Mensch im dunklen Raum angesichts begrenzter Helligkeit durch das Feuerzeug verhalten soll, um nicht Schaden zu nehmen, sondern auch, wo und in welcher Weise die Ausleuchtung des Raumes vorzunehmen sei. Es ist wiederum bezeichnend, daß Menges sich nicht nur mit den Modalitäten des Entscheidungskalküls, sondern vor allem auch mit den Entscheidungskriterien intensiv auseinandergesetzt hat (besonders A15,18, C54,57,69,150). Zuletzt forderte er sogar, das Entscheidungskriterium zwischen Minimax- und Bayes-Prinzip von der Art der verbleibenden Ungewißheit abhängig zu machen (A18). Nun werden nicht mehr nur das Ausleuchten und Tasten im dunklen Raum bei gegebenem Verhaltensprinzip von den jeweils gewonnenen Informationen abhängig gemacht, sondern auch das Verhaltensprinzip vom Grade der Helligkeit, mit der die Informationen gewonnen wurden. Inferenz und Entscheidung gehen so eine noch innigere Verbindung ein als zuvor. Nicht übersehen sollte man freilich bei dieser (durchaus eindrucksvollen) Erweiterung der statistischen Aufgabenstellung (von der Deskription über die Inferenz zur Entscheidung), daß hierbei auch ein neues problematisches Element eingeführt werden mußte: die Nutzen- bzw. Verlustfunktion. Sie erinnert doch wohl ein wenig an die wegen des strengen Wissenschaftsverständnisses zuvor eliminierte Beziehung auf menschliche Werte und Zwecke.

Versucht man die diesbezüglichen Menges'schen Arbeiten in die Entwicklung der statistischen (oder besser stochastischen) Theorie der letzten 20 Jahre einzuordnen, so gelangt man etwa zu folgendem Urteil: Während andere vor allem das methodische Instrumentarium in imponierender Weise ausgebaut und weiterentwickelt haben, ohne dabei sonderlich auf die Begründung und Rechtfertigung der jeweiligen Modellannahmen und Verfahrensgrundsätze zu achten, hat Menges gerade diesem Aspekt neben der Verfahrensentwicklung sein Hauptaugenmerk zugewandt, und zwar ohne auch nur um einen Deut von den Erfordernissen eines strengen Wissenschaftsbegriffs abzuweichen oder die Zuflucht zu radikalen, von der Realität weit entfernten Vereinfachungen zu nehmen. Der Preis dafür war freilich eine teils stark formalisierte, teils auch auf sehr unterschiedliche ideengeschichtliche Ansätze rekurrierende Sprache, die möglicherweise weder von den "theoretischen" noch von den "angewandten" Statistikern immer ganz verstanden worden ist. Vielleicht ist ihm das nicht einmal ganz unrecht gewesen. Er liebte es ja durchaus, mit ungewöhnlichen Stilmitteln und überraschenden Verknüpfungen zu spielen und wohl auch ein wenig zu kokettieren.

Bei alledem hat Menges aber auch die praktischen statistischen Probleme im Bereiche der Wirtschaftswissenschaften stets im Auge behalten; denn neben den epistemologischen, inferenz- und entscheidungslogischen Arbeiten stößt man bei ihm ständig auch auf solche sehr praxisnahen Inhalts, ohne daß sie der Deskription zuzuordnen wären. Ich denke dabei vor allem an seine ökonometrischen Partialuntersuchungen (A12,13, B5, C27,65,68,146) und an das Heidelberger Modell (C131,132,144,164). Auch eine Reihe von Beiträgen zum Prognoseproblem ist hier zu nennen (A8, B6, C70,71,92,113,118,140). Im übrigen hat Menges das erste deutschsprachige und selbst dem Anfänger leicht zugängige Lehrbuch der Ökonometrie geschrieben, wenn man diese im heutigen Sinne versteht (A6).

Gerade diese Praxisorientierung muß es wohl auch gewesen sein, die ihn seit Mitte der 70er Jahre veranlaßt hat, in zunehmendem Maße sein Augenmerk auf die Unschärfen zu lenken, die sich bei der Anwendung harter Wahrscheinlichkeitsmodelle auf ökonomische Vorgänge zeigen (C117,154,163,179,181). Mir scheint, daß generell seit jener Zeit, seit nämlich starke politische und gesellschaftliche Veränderungen sowie die erste Ölkrise nachhaltig Veränderungen auch in den ökonomischen Abläufen hervorgerufen haben, der frühere Optimismus bezüglich der Leistungsfähigkeit harter ökonometrischer Modelle einer etwas skeptischeren Haltung gewichen ist. Doch hat sich Menges so vielseitig wie kaum ein anderer dieser Problematik zugewandt.

Zunächst einmal hat er wohl jeden neuen Ansatz, der dem gleichen Unbehagen entsprach, aufgegriffen und gewürdigt. Das gilt z.B. für die von Herman Wold vorgeschlagene weiche Modellbildung, die mit schwächeren a-priori-Annahmen auskommt und neben manifesten auch latente Variable zu berücksichtigen gestattet (C125,158,162). Der Preis dafür war eine zwar weniger anspruchsvolle, aber damit eher gerechtfertigte Interpretation der Ergebnisse. Eine andere Konzeption, der sich Menges besonders eingehend gewidmet hat, ist die Mustererkennung (C148). Vereinfacht gesagt, kann man sie als das Bemühen charakterisieren, die menschliche Vorstellungskraft zu imitieren, insoweit nämlich, als diese es erlaubt, aus einem Chaos von Einzeleindrücken das unter einem bestimmten Aspekt Wesentliche auf einen Blick zu erfassen. Näher beschäftigt hat sich Menges schließlich auch mit dem Zadeh'schen Ansatz der Fuzzy-Sets (C158,159). Eine Unschärfe, wie sie etwa bei der Operationalisierung theoretischer Begriffe, bei der Modellspezifikation usw. auftritt, wird hier dadurch wissenschaftlich verarbeitbar gemacht, daß an die Stelle eindeutiger Zuordnungen gewissermaßen verteilte Zuordnungen nach unterschiedlichen Graden der Zugehörigkeit treten. Bei entsprechendem Ausbau der Theorie können Fuzzy-Sets in Inferenz- und Entscheidungssituationen ebenso verarbeitet werden wie eindeutige Zuordnungen. Eine Überwindung des Unschärfeproblems hat sich Menges davon jedoch nicht versprochen, vor allem wohl wegen der Problematik der Bestimmung der Zuordnungsgrade. Recht positiv beurteilte er die Verwendung robuster Verfahren, bei denen übrigens wieder einmal der Zentralwert wissenschaftliche Beachtung findet, den die Frankfurter Statistiker seit je - wenn auch aus anderen Gründen - gegenüber dem arithmetischen Mittel für viele Fragestellungen präferiert haben (C158).

Am meisten versprach sich Menges von der Theorie der linearen partiellen Information, die er erst unabhängig von Kofler und dann mit ihm zusammen entwickelt hat (A16,18, C149,155,157,158,159,177). Sie stellt Methoden bereit, um unscharfe Vorstellungen als solche zu verarbeiten, sie also weder einfach in scharfe umzudeuten, noch gänzlich auf sie zu verzichten. Sind z.B. für drei mögliche Ausgänge eines Experiments nicht deren Wahrscheinlichkeiten selbst bekannt, sondern nur ihre Rangfolge oder bestimmte Wertebereiche, so lassen sich diese umrißhaften Vorstellungen unter Beachtung der Bedingung, daß die Summe der Wahrscheinlichkeiten 1 sein muß, zu weiterverarbeitbaren Informationen aufbereiten. Ob das dann für die Verbesserung des Entscheidungsprozesses ausreicht, läßt sich freilich von vornherein nicht sagen. Werden auch die bisher üblichen harten Optimalitätsbedingungen aber durch Übergang zur c-Optimalität entschärft, so vergrößern sich die Chancen dafür deutlich.

Wenn ich es richtig sehe, zielen alle diese Bemühungen darauf ab, jene unvermeidlichen, weil in der Sache begründeten Unschärfen, wie sie für die empirische Wirtschafts- und Sozialforschung charakteristisch sind, als solche logisch und mathematisch verarbeitbar zu machen, so daß auch nur umrißhaft vorhandene Vorstellungen über eine Sache Inferenz und rationale Entscheidung erlauben, ohne daß es dazu gewaltsamer, unrealistischer Prämissen und Restriktionen bedürfte.

In jüngster Zeit hat Menges noch eine ganz andere Tür zu künftiger wissenschaftlicher Arbeit aufgestoßen. In seiner Untersuchung "Über einige statistische Aspekte globaler gesellschaftlicher Probleme" (C170,173) stellt er sich einer Aufgabe, die wieder ganz an die Ideen der Frankfurter Schule anknüpft. Sie ist nicht nur Gelegenheitsarbeit, sondern Programm. Es geht dabei um die Frage, in welcher Weise die Statistik, und zwar die materielle Statistik und die statistische Methodologie, zur Klärung (und vielleicht auch Lösung) der seit Meadows Weltmodell aufgeworfenen globalen Zukunftsprobleme (Bevölkerungsentwicklung, Nord-Süd-Konflikt, Energieversorgung usw.) beitragen kann. Zentraler Begriff zur Formulierung der statistischen Fragestellungen sind hier die "Wertvorstellungen" mit deren Gewinnung er sich eingehend auseinandersetzt. Leitprinzip für die Entwicklung einer

Theorie der Messung globaler gesellschaftlicher Probleme und für die daran anknüpfenden Lösungsvorschläge ist das Adäquationsprinzip. Als kennzeichnend für das in dieser Untersuchung bereits weitgehend ausgearbeitete Programm mag das folgende hier etwas verkürzt wiedergegebene Zitat gelten: "Nach dem Vorausgegangenen dürfte einsichtig sein, daß die auf Zufall und Wahrscheinlichkeit beruhenden statistischen Konzepte und Methoden, ja, daß Zufall und Wahrscheinlichkeit als statistische Grundkonzepte selbst, auf eine Statistik, die mit Wertvorstellungen zu tun hat, nicht passen. Die zentralen Begriffe sind hier ... Bedeutung, Sinnzusammenhang, Wert, Adäquation usw. Das ist ein grundverschiedener Kontext. ... Hier sind die Daten als historische, bedeutungsgeladene Realisationen aufzufassen. Daten haben hier einen Sinn. Das Erfassen ihres Sinnes ist das 'Verstehen' im Sinne z.B. von Max Weber (1950), Windelband (1919), Dilthey (1921) und Rickert (1924, 1928)." (C173) Trotzdem ist diese Untersuchung alles andere als nur eine Rückkehr zu den Anfängen. Wenn Menges hier auch darauf hinweist, daß der Wissenschaftsbegriff in Veränderung begriffen sei, weil der klassische unnötig regide war (C172), so sieht er sich doch verpflichtet, wenigstens einem gelockerten Wissenschaftsbegriff standzuhalten. Auch für dieses Aufgabenfeld entwickelt er deshalb Theorien, Prinzipien und Methoden unter vielfältiger Benutzung von Logik und Mathematik.

Man muß es heute als eine glückliche Fügung bezeichnen, daß es ihm vergönnt war, in seiner letzten Lebenszeit noch einmal ein Lehrbuch über die Methoden der Statistik zu schreiben, das dieses Fach aus seiner Sicht in aller Breite und Tiefe - wenn auch gewissermaßen im Telegrammstil - darstellt (A18). Obwohl die 12 Stationen statistischen Arbeitens zwischen Geschichte und Fehlertheorie auf den ersten Blick wie einzelne Bausteine nebeneinander stehen, wobei sich die wahrscheinlichkeitstheoretisch begründeten mit den übrigen nur knapp die Waage halten, sind sie doch alle aus derselben Idee heraus entwickelt: ein Instrumentarium auszubreiten, das helfen kann, die Welt wissenschaftlich zu erforschen und zu gestalten. Daß er es selbst als Grundlage für eine erst noch zu entwickelnde adaptive Statistik ansah, die ganz darauf ausgerichtet sein sollte, die Methoden den Fragen und nicht die Fragen den Methoden anzupassen, kennzeichnet die Richtung, in der sein Erbe weitergeführt werden könnte und sollte.

Man kann heute nur bewundern, wie Günter Menges dieses umfassende Lebenswerk in so begrenzter Lebenszeit zustande gebracht hat. Zu bewundern ist aber nicht nur die methodologische und sachliche Spannweite seiner Arbeiten, sondern auch die Art und Weise, wie er ein unübersehbares historisches, philosophisches, mathematisches, ökonomisches und statistisches Gedankengut zur Verfolgung seiner Ziele geradezu spielerisch verarbeitet hat. Er ordnete Ideen und Forschungsergebnisse verschiedener Zeiten, Länder und Sachgebiete stets in einen allgemeinen wissenschaftshistorischen Prozeß ein und stellte Bezüge zwischen ihnen her. So dankt ihm auch die Frankfurter Schule zu einem beachtlichen Teil die Verbreitung ihrer Ideen und ihre Einbindung in die wissenschaftliche Entwicklung (C135). Weit greift er schließlich auch in seinen Darstellungs- und Stilmitteln aus. Neben Passagen, die nur für den jeweiligen Spezialisten gerade noch begreifbar sind, finden sich solche, die selbst dem Laien an einfachsten Beispielen den Kern einer Idee verständlich machen.

Den Sprung vom wissenschaftlichen Höhenflug zum fast trivialen Grundgedanken, von der semantischen Extravaganz zu einfachster bildhafter Sprache schaffte er aber nicht nur am Schreibtisch. Wenn der Gelehrte Günter Menges nach einem wissenschaftlichen Vortrag vom Podium stieg, wurde er zum Freund unter Freunden, wurde zum fröhlichen Mittelpunkt ausgelassener Gesellschaften.

So werden ihn auch alle Schüler und Freunde in Erinnerung behalten: als den Forscher, der alles tat, um die Statistik immer weiterzuentwickeln, sie aber auch einzupassen in den wissenschaftlichen und gesellschaftlichen Prozeß des Suchens, Erkennens und Handelns, und zugleich als den Menschen und Freund, der Gelehrsamkeit nicht als Privileg und schon gar nicht als Alibi dafür ansah, sich von den Freuden des Lebens fernzuhalten.

HANS SCHNEEWEISS

Als einer der ersten Schüler von Günter Menges habe ich gern die Aufgabe übernommen, für meinen Lehrer diese Gedenkrede zu halten, in der ich sein wissenschaftliches Werk würdigen kann, um ihm so auch nach seinem Tod noch meinen Dank für das, was er mir mitgab, abzustatten.

Es war mir vergönnt, Günter Menges noch kurz vor seinem Tod gesehen, mit ihm wissenschaftlich diskutiert, mit ihm zusammen in gelöster Atmosphäre gespeist und geplaudert zu haben. Am 9.12.1982 fand auf Initiative und Einladung von Günter Menges in Heidelberg ein Symposium über Fehler in der Erhebung von Daten und deren Auswirkungen statt, auf dem Herr Strecker und ich über unsere Arbeiten referieren durften und wo Menges selbst einen längeren Diskussionsbeitrag abgab. Er wollte diesen noch in ausführlicher Form zu Papier bringen, doch dazu kam es nicht mehr.

Dieses Symposium zeigte mir noch einmal Günter Menges als Mensch und Wissenschaftler, wie ich ihn kannte, wie er Zeit seines Lebens wirkte und schaffte. Ich meine nicht nur den emsigen Organisator und Initiator des Wissenschaftsbetriebs, nicht nur den souveränen, Ernst und Humor geschickt verbindenden Leiter des Symposiums und auch nicht nur den seiner selbst bewußten und doch in schlichtem, menschlichem Gestus einhertretenden Gesprächspartner. Hier war vor allem der Wissenschaftler, der sich neugierig dem Neuen zuwandte, der dieses Neue mit dem Alten zu verbinden verstand, ja der wußte, daß neuere Entwicklungen nur dann relevant sein konnten, wenn sie den alten, immer gegenwärtigen Grundproblemen seiner, unserer Wissenschaft entsprachen.

Ich glaube, es war dieses Bewußtsein einer Grundproblematik, das ihn veranlaßte, Statistik als Wissenschaft zu betreiben und das ihn dazu trieb, in immer neue Richtungen vorzustoßen,bei allen Neuerscheinungen danach zu fragen, ob sie zur Lösung jener Problematik beitrugen oder ob sie nur Modeerscheinungen waren, vielleicht gar das Grundproblem der Statistik eher zudeckten oder nur zum Schein lösten.

Dieses Grundproblem ist das Problem des Erkennens der Wirklichkeit überhaupt. Es wird heute - etwa im Rahmen der Wissenschaftstheorie - gern auf das Problem der statistischen <u>Inferenz</u> eingeschränkt. Für Menges aber bestand das Erkenntnisproblem schon in der statistischen <u>Deskrip-</u>

tion, ja schon in der Erfassung der Einzeldaten. Hierin stand er ganz unter dem Einfluß der Frankfurter Schule der Statistik, der er sich Zeit seines Lebens verpflichtet wußte.

Es berührt seltsam, wenn man daran denkt, daß Günter Menges noch auf diesem Heidelberger Symposium, so kurz vor seinem Tod, das Adäquationsproblem der Statistik beschwor und unsere Beiträge, die ja nur Teilaspekte erfaßten, in diesen großen Rahmen stellte. Er hat in seinem wissenschaftlichen Werk die Verbindung zu den Grundlagen der Statistik und damit auch zu den Anfängen seiner eigenen wissenschaftlichen Entwicklung nie abreißen lassen.

In der Tat ist das Adäquationsproblem ja insofern Grundproblem der Statistik, als Statistik doch die Brücke zwischen Theorie und Empirie sein will und soll. Hier die hehren, abstrakten Grundbegriffe und Relationen der Theorie, dort das beobachtbare Geschehen in seiner unübersehbaren Vielfalt. Eine Brücke zwischen beiden herzustellen, das fängt schon damit an, den theoretischen Begriff zu etwas Faßbarem, Beobachtbarem zu machen, zu einem Begriff eben, der statistisch erhoben, gemessen und gezählt werden kann. Es war Günter Menges immer bewußt, daß dies nie restlos gelingen kann, daß man diese Art der Adäquation von theoretisch Gemeintem und empirisch Beobachtetem nur in fortschreitenden Annäherungen lösen kann und daß dies eine immer wieder neu sich darbietende Aufgabe sein würde.

Auf den nächsten Stufen statistischen Arbeitens, der Datenaufbereitung, der Aggregation, der Deskription, taucht das Problem erneut auf in ständig wechselndem Gewande. Schließlich vermischt es sich mit der anderen, der Wahrscheinlichkeitsproblematik im statistischen Inferenzproblem, und dann erneut und verschärft im Prognoseproblem, wobei Menges interessanterweise dieses letztere Problem auch im Zusammenhang mit der deskriptiven Statistik gesehen hat. All dies wird mit der unverwechselbaren Menges'schen Diktion in seinem Vermächtnis-Werk "Die Statistik. Zwölf Stationen des statistischen Arbeitens" vorgetragen (A18).

Auf jeder dieser Stationen taucht in der einen oder anderen Form das Adäquationsproblem auf, und restlos auflösen läßt es sich nie. Aber - so Menges auf jenem Heidelberger Symposium, und hierin zeigte sich sein ungebrochener wissenschaftlicher Optimismus - auch ohne eine vollständige Lösung dieses Problems kann Statistik wissenschaftlich sinnvoll betrieben werden. Denn je nach Fragestellung braucht die Adäquation keineswegs immer vollkommen gelungen zu sein; man kann und darf sich durchaus mit Approximationen begnügen.

In diesem Zusammenhang muß wohl auch Menges' große Vorliebe für die Entscheidungstheorie gesehen werden. Hier lag eine Theorie vor, die auch dann noch gestattete, von rationalen Entscheidungen zu sprechen, wenn Fehlentscheidungen unvermeidlich sind. Warum sollte man nicht diese Grundidee auch auf das Adäquationsproblem anwenden können, wo ja auch Fehler unvermeidlich sind, weil eine vollkommene Deckung von idealtypischem Begriff und Zählbegriff nicht möglich ist? Zu einer vollständigen Ausarbeitung dieses Gedankens kam es nicht mehr.

Überhaupt war ja Günter Menges noch kurz vor seinem Tod voller Ideen, Pläne und Programme, die nun alle nicht mehr, jedenfalls nicht mehr durch i h n , realisiert werden können. Ich brauche nur an die Weiterentwicklung der LPI-Theorie zu erinnern, an das Heidelberger ökonometrische Modell, an seine Arbeiten zur internationalen Statistik und - last not least - an die Herausgabe der Statistischen Hefte im erst kurz vor seinem Tod gegründeten eigenen Verlag. Mit diesen vielen Aktivitäten korrespondiert das gewaltige, etwa 200 Titel zählende wissenschaftliche Werk, das er uns hinterließ. Es ist unmöglich, dieses Werk auch nur einigermaßen im Detail wiederzugeben. Eine grobe Skizze muß genügen.

Für Günter Menges war das Problem der korrekten Datenerfassung und der Beschreibung von empirischen Sachverhalten mittels der Daten keine bloße Theorie. Gerade in den Anfängen seiner Karriere als Statistiker hat er sich mit ganz konkreten, sachbezogenen Statistiken, mit deren Aufbereitung und Deutung befaßt: mit der Statistik des Handwerks (B1,2, 3), mit der der Löhne und Gehälter (A3), mit der Analyse von Lebenszeiteinkommen (C9). Auch konkrete medizinisch-statistische Testprobleme wurden analysiert und gelöst (C7,39). Ganz besonders intensiv aber und über viele Jahre hinweg befaßte sich Menges mit der Fremdenverkehrsstatistik (A2,4,C2-6,8,10-22,24,25,27,29-33,35,40,48,65,68,106,113, 146).

Im Zusammenhang mit letzterer tauchten dann schon sehr früh in Menges' Werk ökonometrische Untersuchungen auf (C13). Die Ökonometrie sollte ihn Zeit seines Lebens nicht mehr loslassen.

Zunächst aber galt es, in einer sehr abstrakten Untersuchung die theoretischen Grundlagen des Ziehens von Stichproben aus endlichen Grundgesamtheiten herauszuarbeiten (A5). Menges stellte die Bedeutung von zusätzlichen Informationsquellen heraus, die bei einer Stichprobenziehung zu den eigentlichen Erhebungsmerkmalen hinzutreten und zur Genauigkeit der Erhebung beitragen. Diese zusätzliche Information darf durchaus auch qualitativer Art sein und kann dennoch das Stichprobenergebnis wesentlich beeinflussen. Hier tauchte wohl zum ersten Mal, wenn auch noch nicht in so ausgefeilter Form wie später, die Menges'sche Idee von einer Statistik auf, die sämtliche Information, sowohl 'harte', zahlenmäßige, wie auch 'weiche', qualitative, bestmöglich auszunutzen imstande sein sollte - ein Programm, das noch immer seiner Ausarbeitung harrt (C109, 123, 158, 162).

Während die erwähnten, kurz vorgestellten Arbeiten im wesentlichen während Menges' Frankfurter Zeit entstanden sind, allerdings noch lange über diese Zeit hinaus fortwirkten, ist der Anfang seiner Forschungstätigkeit am Saarbrücker Lehrstuhl vor allem durch seine intensive Beschäftigung mit der Ökonometrie gekennzeichnet. Es entstand das Lehrbuch "Ökonometrie", das zu seiner Zeit eine Pionierleistung darstellte (A6). Auch mit diesem Buch wollte Menges nicht nur Theorie und Methodenlehre darbieten, sondern auch deren Anwendbarkeit anhand eines konkreten, bei aller Knappheit doch realistischen und brauchbaren Modells der BRD aufzeigen. Noch Jahre später wurde dieses Modell von anderen Autoren gern für darstellerische Zwecke angeführt (u.a. von dem irischen Ökonometriker C.E.V. Leser in seinem Buch "Econometric Techniques and Problems").

Man muß sich vergegenwärtigen, was es in dieser Zeit in den späten 50-er Jahren bedeutete, ein ökonometrisches Modell mit Daten aufzufüllen. Damals wurde noch mit elektrischen (nicht elektronischen) Tischrechenmaschinen mühsam Regression für Regression durchgerechnet, und selbst die Maximum-Likelihood-Schätzung des Gesamtmodells wurde so bewerkstelligt. Jedenfalls ging es auch in diesem Buch um die Verknüpfung von empirischen Daten und theoretischem Modell.

Viele Jahre später, als mit dem "Heidelberger Modell" ein sehr viel ausführlicheres und anspruchsvolleres Modell der BRD entworfen wurde, hat Menges den Daten, ihrer korrekten Erfassung und der vollen Ausnutzung der in ihnen steckenden Information, eindeutig den ersten Platz beim Modellbau zugewiesen (C131,132,144,147,164). Was nützt die beste Theorie - so etwa seine These - wenn die Konzepte dieser Theorie datenmäßig nicht erfaßt werden können, wenn man sich mit Surrogaten begnügen muß? Besser sei es, von den vorhandenen Daten, soweit sie gut erfaßt sind, auszugehen und das Modell so aufzubauen, daß es mit eben diesen Daten auskommt. Dies ist eine Konzeption vom Bauen ökonometrischer Modelle, die sicher nicht von jedem geteilt werden wird. Doch Widersprüche herauszufordern, lag durchaus in der Absicht von Günter Menges. Die Bedeutung, die Menges den Daten zukommen läßt, kommt übrigens schon in dem Titel des mit Heinz Skala zusammen verfaßten Grundrisses der Statistik, Teil 2, zum Ausdruck, das den schlichten Untertitel "Daten" trägt (A14).

In Saarbrücken wurden auch die ersten Konzepte einer neuen Entscheidungstheorie geboren. Zunächst ging es Menges um die Erarbeitung eines sehr allgemeinen, möglichst umfassenden oder - wie er es nannte - adaptiven Entscheidungskriteriums (C54,57,69,71,73,82). Es sollte Bayesstatistik wie auch das Minimaxkriterium als Grenzfälle enthalten und im übrigen auch die zeitliche Struktur des Entscheidungsprozesses erfassen. Gelegentlich sprach er von einem Akkomodationsprinzip in der statistischen Entscheidungstheorie (C84), ein mit Bedacht gewählter Name, da er doch das gleichlautende Prinzip der Adäquationsproblematik anklingen läßt.

In jener Zeit begann auch die Auseinandersetzung mit dem subjektiven Wahrscheinlichkeitsbegriff, den er strikt ablehnte (A16, C81,98). Zugleich erforschte er wenigstens im Prinzip die verschiedensten Anwendungsmöglichkeiten der Entscheidungstheorie, so in der Ökonometrie (C103, 104), allgemein in den Wirtschaftswissenschaften (C107,108), und wiederum speziell im Operations Research (C71,73,94), einem Gebiet, mit dem er sich als Statistiker immer verbunden fühlte.

Entscheidungstheorie, als Theorie des rationalen Handelns bei Ungewißheit, findet schließlich in der Statistik selbst ihre Anwendung par excellence, und hier vor allem im Rahmen der statistischen Inferenz. Menges hat allerdings bald - wohl unter dem Einfluß der Toronto-Waterloo-Schule - das Inferenzproblem von dem Entscheidungsproblem klar abgehoben und nicht etwa das eine dem anderen untergeordnet, wie man das in vielen Lehrbüchern der statistischen Entscheidungstheorie finden kann. Für ihn war die statistische Inferenz eine Aufgabe sui generis mit eigenen Prinzipien und eigenen Zielen (C110,119). Wohl kann sie bei der Entscheidungsfindung herangezogen werden, aber sie selbst dient vornehmlich der Wahrheitsfindung (C93,114).

Doch zurück zum adaptiven Entscheidungskriterium. Eines seiner Wesensmerkmale war es, daß zwar die Existenz von a-priori-Wahrscheinlichkeiten zugelassen wurde, daß diese aber nicht vollständig bekannt zu sein brauchten; es genügte, wenn die a-priori-Wahrscheinlichkeiten nur partiell bekannt waren. Diese Idee wurde später in Zusammenarbeit mit Eduard Kofler zum LPI-Ansatz und dem zugehörigen Max-E-Min-Kriterium ausgebaut (A16). Schauen wir uns diese Entscheidungsregel etwas genauer an.

Es genügt, sich aus der allgemeinen Entscheidungstheorie nur so viel ins Gedächtnis zurückzurufen, daß, wann immer eine Wahrscheinlichkeitsverteilung über der Menge der Umweltzustände gegeben ist und außerdem eine bestimmte Verlustfunktion vorliegt, dann zu jeder Handlungsalternative der resultierende mittlere Verlust ausgerechnet werden kann. Er wird als Erwartungswert der Verlustfunktion bezüglich eben dieser Wahrscheinlichkeitsverteilung bestimmt. Diejenige Handlungsalternative wird dann als optimal gewählt, bei der dieser Erwartungswert E, also der mittlere Verlust, am kleinsten ist: daher könnte man in diesem speziellen Fall den Namen E-Min-Prinzip gebrauchen.

Ist nun aber jene Wahrscheinlichkeitsverteilung über den Umweltzuständen nicht bekannt, weiß man vielmehr nur, daß sie aus einer Menge Γ von Wahrscheinlichkeitsverteilungen stammt, dann bedeutet vorsichtiges Entscheiden, daß man zunächst zu jeder einzelnen Wahrscheinlichkeitsverteilung aus Γ den mittleren Verlust einer bestimmten Handlungsalternative berechnet, dann sich auf den größtmöglichen mittleren Verlust einstellt und schließlich diejenige Handlungsalternative wählt, bei der dieser größtmögliche mittlere Verlust am kleinsten ausfällt: daher in diesem allgemeineren Fall der Name Max-E-Min-Prinzip, in der angelsächsischen Literatur etwas phantasielos auch Γ-Minimax-Prinzip genannt, weil dort zufällig die genannte Menge von Wahrscheinlichkeitsverteilungen mit Γ bezeichnet wurde. Soweit das allgemeine Modell der partiellen Information, der PI-Ansatz, wie man ihn nennen könnte (SPI-Ansatz bei Menges, C157).

Das Besondere am LPI-Ansatz ist nun, daß dort die Menge Γ durch lineare Ungleichungen definiert wird: daher "Lineare partielle Information" - LPI (A16,C133,141,149,150,159). Dadurch wird es möglich, das Instrumentarium der Linearen Programmierung zur Bestimmung der optimalen Handlungsalternative heranzuziehen. D.h. dadurch wird überhaupt erst eine konkret auffindbare, berechenbare Lösung des Entscheidungsproblems ermöglicht. Mit dem LPI-Ansatz wird das Entscheidungsproblem bei partieller Information aus dem unverbindlichen Raum der bloßen Theorie herausgeholt und zu einem anwendbaren Kalkül präzisiert. Es kann an konkreten Entscheidungssituationen erprobt werden (C155,171,175,177).

Noch eine andere Eigenart des LPI-Ansatzes ist bemerkenswert. Sind die einzelnen Wahrscheinlichkeiten der Wahrscheinlichkeitsverteilung über den Umweltzuständen nur der Größe nach, also nur ordinal bekannt, dann kann auch diese Information durch lineare Ungleichungen ausgedrückt und damit in die Form eines LPI-Modells gebracht werden. Ordinale Information kann also für eine kardinale Bewertung von Handlungsalternativen herangezogen werden. Es findet gleichsam ein Qualitätssprung in der Informationsverarbeitung statt. Nur am Rande sei vermerkt, daß Menges die Verbindung von Entscheidungstheorie und Informationstheorie sehr wohl gesehen und auch aufzuhellen versucht hat (C145,174,183).

Daß Information aller Art, auch Information anderer Qualität, auch "weiche" Information bei der Lösung statistischer Probleme herangezogen werden muß, das entsprach genau einem Glaubenssatz von Günter Menges. Er wurde nicht müde, das Bild einer Statistik, die jede Art von Information zu verarbeiten in der Lage sein sollte, zu entwerfen und als Programm und Aufgabe der statistischen Profession anzuempfehlen (C121,122, 126,158,162,168,172,179,181). Hierin zeigt sich wieder, daß Günter Menges auch bei aller peniblen Detailarbeit an bestimmten statistischen Teilproblemen nie den Blick für die Statistik als ganze verlor. Statistische Deskription war ihm genau so wichtig wie statistische Inferenz. In seinem letzten, 1982 erschienenen Buch "Die Statistik" kommt diese Grundhaltung klar zum Ausdruck, Und bis zuletzt hat er, auch wenn ihm die Entscheidungstheorie ganz besonders am Herzen lag, all die anderen Aktivitäten der Statistik weiterverfolgt und weitergetrieben: Ökonometrie, Input-Output, internationale Statistik, europäische Statistik, Fremdenverkehr, vielfach in Verbindung miteinander und unter ständiger Erprobung neuer methodischer Werkzeuge (C138,139,146,147,156,166,167, 170,173,A17).

Doch Günter Menges verstand unter wissenschaftlichem Arbeiten nicht nur das Hervorbringen eines umfangreichen ungemein vielseitigen Werks; er hat seine Wissenschaft, die Statistik, auch auf vielerlei andere Art zu fördern gewußt. Mit den Statistischen Heften schuf er sich eine Plattform, von der aus er seine eigenen Vorstellungen verbreiten konnte, aber auch andere Stimmen zu Wort kommen ließ und so eine Diskussion förderte und gewiß auch lenkte, die vor allem den Grundlagen der statistischen Wissenschaft gewidmet war. Er war gegenüber anderen Meinungen immer tolerant, ließ sie gelten, selbst dann, wenn er sie für falsch hielt und er ihnen sein eigenes Verständnis von der Sache entgegenhalten mußte.

Sicher sprach aus diesem Verhalten seine Überzeugung, daß auch in den verwegensten Gegenthesen Wahrheit enthalten ist, die nur durch Rede und Gegenrede ans Licht gebracht werden kann. Daher seine Liebe zur Diskussion, daher z.B. jenes eingangs erwähnte Symposium, daher aber auch seine Vorliebe für zwar verbindlich, aber dennoch pointiert vorgetragene Thesen, für Formulierungen, die provozierend wirken mußten, die provozieren sollten. Nichts machte Günter Menges mehr Spaß, als mit seinen Thesen zum Widerspruch zu reizen. Und gerade dadurch entstand in seinem Umkreis jene fruchtbare, gewiß nicht immer friedliche, aber stets anregende Atmosphäre, an die ich mich heute noch gern erinnere und der ich so viel für meine eigene Entwicklung zu verdanken habe.

Ich glaube, daß ich hier auch im Namen aller anderen Schüler von Günter Menges spreche, aller, die mit ihm zusammengearbeitet haben, die mit ihm zusammen veröffentlicht haben und die nun ihre eigenen Wege gehen, wenn ich die Erinnerung an diese oft hitzigen, immer aber fairen Streitgespräche beschwöre, wo temperamentvoll gefochten wurde, wo auch mal ein unbedachtes Wort von Seiten seiner jüngeren Schüler fiel, das freilich nie übelgenommen wurde, das im Gegenteil sogleich auf seinen Gehalt hin abgeklopft und korrigiert wurde.

Es lag in den besten Momenten dieser Streitgespräche ein sokratisches Element. Günter Menges war kein Sokrates, wie man ihn sich vielleicht als gedankenverlorenen Gelehrten mit gekrauster Stirn vorstellen möchte. Er war wie der echte Sokrates ein fröhlicher Mann. Er liebte den Wein und ein gutes Gespräch. Er wird uns allen fehlen.

HEINRICH STRECKER

Als akademischer Kollege und Freund fühle ich mich mit Günter Menges seit fast 30 Jahren eng verbunden. Den Zeitraum einer Generation haben wir bald in loserer, bald in festerer Verbindung, doch freundschaftlich und zusammengehörig miteinander verlebt. Als Universitäts-Absolventen lernten wir uns 1954 auf einer Tagung der Deutschen Statistischen Gesellschaft in München kennen. Günter Menges begann damals gerade als junger Doktor seine akademische Laufbahn. Ich war zu dieser Zeit im Bayerischen Statistischen Landesamt in München tätig. Von Anfang an bestand zwischen uns eine menschliche und fachliche Sympathie, die sich durch wissenschaftlichen Gedankenaustausch und die daran anknüpfenden menschlichen Begegnungen im Laufe der Jahre vertiefte und zu einer bewährten Freundschaft entwickelte. Geprägt von ähnlichen wissenschaftlichen Bemühungen kreuzte sich unser Lebensweg immer wieder und bot manche Gelegenheit zu gegenseitiger Anregung und zu einem fruchtbaren Gedankenaustausch.

Am Wissenschaftler Günter Menges habe ich sein unbeirrbares Engagement und seine überzeugende ethische Einstellung zu den Zielen und Aufgaben unserer Wissenschaft bewundert. Er erblickte den Sinn des Wissenschaftlers vorrangig darin, Probleme auch um ihrer selbst willen aufzugreifen, zu analysieren und zu lösen, darüberhinaus jedoch den Bezug zur Anwendung in keiner Phase der Arbeit zu verlieren. Seine geistigen Bestrebungen orientierten sich an philosophisch-statistischen Überlegungen und Fragen und suchten zugleich darin stets praktische und anwendungsorientierte Ergebnisse. Menges sah einen Gutteil des oft erheblichen wissenschaftlichen Aufwandes erst darin gerechtfertigt, daß dieser sich auch in einer praktischen Anwendung bewähren könne.

Unser so früh verstorbener Freund hinterläßt ein reiches und ungewöhnlich vielseitiges wissenschaftliches Oeuvre. Auf vielen Gebieten der Statistik und der quantitativen Wirtschaftsforschung hat er Vorbildliches geleistet und seiner Disziplin neue Wege gewiesen. Doch war er kein einseitiger Gelehrter ! Er liebte es auch, über die Grenzen der Fakultäten hinaus wissenschaftliche Diskussionen unter Kollegen anzuregen und lebendig zu erhalten. Dies war ihm möglich, weil er mit vielen Kollegen in der ganzen Welt, auch außerhalb der Statistik, in Verbindung stand und die persönlichen Beziehungen durch seine Auslandsaufenthalte und Reisen in zahlreiche Länder vertiefte. In den Sechziger Jahren war er z.B. wiederholt als Gastprofessor innerhalb des Economic Research Programme in Princeton (U.S.A.), beim Department of Mathematics an der Waterloo University (Kanada), beim Department of Mathematics and Economics an der University of British Columbia in Vancouver (Kanada) tätig. Die Anregungen, die er während dieser Aufenthalte erhielt, bereicherten sein Wissen und wurden zum Bestandteil seiner auf Weiträumigkeit und Weltläufigkeit angelegten Betrachtungsweise. Seine Leistungen wurden u.a. auch dadurch anerkannt, daß das Internationale Statistische

Institut ihn kurz vor seinem Tod aufgefordert hatte, als Organisator eine Sitzung über Indextheorie im Rahmen der Konferenzen des Internationalen Statistischen Instituts wissenschaftlich vorzubereiten und zu leiten.

Der heute, in dieser Feierstunde zu Ehrende war über seine Tätigkeit als wissenschaftlicher Autor hinaus auch Herausgeber einer wissenschaftlichen Zeitschrift, die jetzt im 24. Jahrgang erscheint. "Seine" Statistischen Hefte entwickelten sich zu einer international anerkannten Zeitschrift, in der viele angesehene Statistiker und Ökonometriker des In- und Auslandes ihre Forschungsergebnisse veröffentlichen. Es ist eine besondere Würdigung der Arbeit von Günter Menges, daß diese Zeitschrift von seinen Schülern, Freunden und Kollegen Günter Bamberg, Wolfgang Janko, Hans Schneeweiß und Heinz Skala fortgeführt wird.

Der Forscher und akademische Lehrer Günter Menges beeindruckte durch seine Intellektualität und sein Temperament, seine Rede regte an, seine Vielseitigkeit erschloß ihm den Zugang zu seinen Mitmenschen. Dank seiner nationalökonomischen, philosophischen, statistischen und mathematischen Kenntnisse setzte er sich mit verschiedensten Themenbereichen erfolgreich auseinander. Einige seiner Interessen und Arbeitsgebiete seien hier in ungefähr der Reihenfolge genannt, in der er sie bearbeitete: Methoden der Fremdenverkehrsstatistik (A1, A2, A4, C29, C48, C113), Methoden der Stichproben aus endlichen Gesamtheiten (A5, C120, C140), ökonometrischer Modellbau (A6 , C37, C56, C58, C64, C76, C96, C125, C131, C147), ökonometrische Prognosen (A8, C77, C79, C104, C177), statistische Entscheidungstheorie (A11, A15, A16, C28, C54, C66, C78, C84, C183), internationale Statistik (A7, A13, A17, C41, C43), statistische Inferenzverfahren (A10, C49, C116, C119, C178), Operations Research (C50, C108, C121, C122 , C148, C179), wissenschaftstheoretische Fragestellungen in den Wirtschafts- und Sozialwissenschaften (C59, C60, C67, C74, C75, C81, C85, C98, C109, C110, C117, C135, C136, C142, C160, C172, C180). In vielen Publikationen sind die Ergebnisse dieser Arbeiten dokumentiert. Dabei zeigt sich in besonderer Weise die oben bereits angesprochene Fähigkeit von Günter Menges, Theorie und empirische Arbeit fruchtbar miteinander zu verbinden. Seine Studien zeichnen sich durch phantasiereiche Originalität aus. Die Leser erfreute er durch seinen Humor und durch seine treffende und verständliche Ausdrucksweise. Ein Beispiel dafür, wie es Günter Menges verstand, Grundeinsichten unseres Faches treffend zu formulieren, möchte ich aus einem Bereich zitieren, mit dem ich mich auch seit einigen Jahren beschäftigt habe. Menges schreibt in seinem letzten Buch "12 Stationen des statistischen Arbeitens" (A18):

> "Die Anwendung der Statistik kann immer nur so gut sein wie es gelingt, die Fehler abzuschätzen, und ein statistisches Resultat ist nicht darum ungenau, weil es einen Fehler hat, sondern gerade nur so ungenau, wie sein Fehler unbekannt bleibt."
> (Menges: Die Statistik - 12 Stationen des Statistischen Arbeitens, 1982).

Wer Günter Menges persönlich kannte und seinen augenzwinkernden Witz, wird nicht übersehen, daß er in Analogie zu den 14 Kreuzwegstationen der Pilger von 12 Stationen statistischen Arbeitens sprach, welche zu bewältigen sind, wenn man der Gnade einer gelungenen statistischen Arbeit gewürdigt werden will. Ihm waren wie kaum einem die Schwierigkeiten und Erfolge der statistischen "Pilgerschaft" vertraut; seine Arbeiten zeugen heute für dieses Wissen.

Generell habe ich aus seinen mündlichen und schriftlichen Äußerungen sehr viel für meine eigenen Arbeiten gewonnen, wofür ich ihm dankbar verbunden bleibe. Aus jüngster Zeit sind mir zwei Kolloquiums-Vorträge in Erinnerung geblieben, die er bei uns in Tübingen gehalten hat. Einmal sprach er über Input-Output-Analyse in Zentralplanwirtschaften, und das andere Mal beschäftigte er sich mit den philosophischen Grundlagen der Adäquation (C172). Die zuletzt genannte Thematik lag ihm besonders, weil er die glückliche Begabung besaß, historisch-philosophische Überlegungen mit dem jeweiligen Thema zu verbinden und damit eine weite Perspektive für die Zuhörer zu öffnen.

Leider ist es nicht mehr dazu gekommen, einige der gemeinsam geplanten Untersuchungen zu realisieren. Wir hatten daran gedacht, eine grundsätzliche Klärung der verschiedenen Definitionen statistischer Fehler auch im Hinblick auf die Adäquation zu versuchen und so ein wenig zur theoretischen Festigung statistischer Begriffe beizutragen. Ein erstes Ergebnis unserer gemeinsamen Überlegungen war auch die Menges'sche Initiative zu einem als fester Einrichtung gedachten Kolloquium, das er als Nordbadisches Kolloquium einführte; Wissenschaftler aus verschiedensten Arbeitsgebieten sollten dazu Beiträge leisten. Es war daran gedacht, jeweils einen Ergebnisband, der auch die Diskussionsbeiträge einschließen sollte, zu publizieren. Zu unserem großen Leid war die erste Veranstaltung dieses Kolloquiums am 9. Dezember 1982 - genau gestern vor einem Jahr - auch zugleich die letzte.

Viel zu früh wurde Günter Menges aus seinen vielen Aktivitäten und seiner Laufbahn gerissen!

Trotz seines großen wissenschaftlichen Engagements war er aber keineswegs der Typ eines trockenen Gelehrten. Ich erinnere mich z.B. mit Freude an die statistisch-parodistische Rede, die er anläßlich meines 60. Geburtstages in Tübingen gehalten hat. Er verstand es, mit sprühendem Witz eine Pointe an die andere zu reihen. Er lachte gern - auch über sich selbst - und brachte andere gern zum Lachen. Humor war für ihn eine die Menschen verbindende, nicht trennende Kraft. Diese Eigenschaft machte ihn liebenswürdig und gewann ihm viele Freunde. Er war nie engherzig oder kleinlich, auch nicht im Umgang mit sich selbst, sondern großzügig und souverän.

Freundschaft und menschliche Bindungen bedeuteten Günter Menges immer sehr viel. Seine Frau Christel war, das spürte man bei den Begegnungen mit beiden, eine glückliche Ergänzung seiner Persönlichkeit. Darüber hinaus war sie auch in der Lage, seine wissenschaftlichen Interessen zu teilen. Sie verfaßten in den letzten Jahren zwei gemeinsame Artikel über bevölkerungsstatistische Themen (C165, C169), die in den Statistischen Heften veröffentlicht sind.

Für Frau Menges ist die heutige Gedenkstunde schwer und schmerzlich, aber vielleicht auch tröstend darin, daß wir alle, die wir Günter Menges kannten und gern gehabt haben, mit ihr fühlen und ihr verbunden bleiben.

Es ist schwer vorstellbar, wie der Verlust, den sein zu früher Tod gebracht hat, bewältigt werden kann - sein Elan und seine Begeisterung, die vom inneren Feuer wissenschaftlichen Engagements beglänzt waren, werden uns sehr fehlen. Seine unerschütterliche Bereitschaft, sich neuen Fragestellungen zuzuwenden und sie kreativ weiter zu entwickeln, werden wir entbehren. Er war auf vielen Gebieten seines Faches zugleich ein Anreger und Vollender, nicht zuletzt deshalb, weil er eine zutiefst philosophisch-historisch geprägte Persönlichkeit war. Aus der Frankfurter Schule kommend, hat er durch seine glückliche, breit angelegte Begabung seinerseits eine Schule, man kann sagen: eine Menges'sche Schule in der deutschen Statistik begründet.

Die humorvolle und gütige Haltung im Umgang mit anderen, die Ausstrahlung seiner Persönlichkeit gewannen ihm die bleibende Sympathie aller, die ihn als warmherzigen und hilfsbereiten Menschen kennengelernt haben. Er ist uns nicht verloren, wenn wir in seinem produktiven Geist und Sinne unsere Wissenschaft weiterführen und ihm so den ihm gebührenden Anteil an allem gewähren, was nach ihm in seinem Fach hervorgebracht werden wird. Ein solches "Denkmal", bin ich gewiß, würde der dem Leben und seinem Wandel herzlich zugewandte Günter Menges freudig akzeptieren. Seine Lebensleistung und das Gedenken an ihn ist nunmehr uns anvertraut:

IN MEMORIAM !

Articles

LEAST-SQUARES INDEX NUMBERS

Günter Bamberg, Augsburg, and Klaus Spremann, Ulm

A price index formula is derived from a least-squares principle. The approach is closely related to Theil's construction of best linear index numbers. The restriction on a base period and a current period yields an explicit representation of the index number and does not require more data than Laspeyres' index. This least-squares index number will be compared with Laspeyres' index. The consideration of both indices could prevent from overestimating the accuracy of the Laspeyres index number and from jumping to irrelevant conclusions of price trends.

Eine Preisindexformel wird unter Verwendung des Kleinst-Quadrate-Prinzips hergeleitet und dabei analog zur Theilschen Konstruktion des besten linearen Index vorgegangen. Im Gegensatz zu den symmetrischen besten linearen Indizes oder den besten linearen unverfälschten Indizes (Kloek/De Wit) stellt der explizit angegebene Kleinst-Quadrate-Index keine höheren Datenanforderungen als der Laspeyres-Index. Eine gleichzeitige Betrachtung beider Indizes könnte beispielsweise dazu dienen, die Nachkommastellen des Laspeyres-Index sowie die aus dem zeitlichen Indexverlauf herausinterpretierten Trendaussagen geeignet zu relativieren.

1. Introduction

There are quite different approaches to index-number theory. To begin with, we have the so called *statistical* (or atomistic or mechanistic) *indices*, associated with well-known names as Laspeyres, Paasche, Marshall, Edgeworth, Walsh, Drobisch, Fisher to mention only a few. These indices were mainly justified by their respective properties. Several incompatibility theorems (compare for instance Wald 1937 or Eichhorn/Voeller 1976) reveal that no index number can have all desired properties. This means that one should not be too ambitious with respect to the properties of an index formula.

Another approach is the development of *economic indices*, see for instance Wald (1939) or Samuelson/Swamy (1974) or the comparison between economic and atomistic indices by Hasenkamp (1978). The economic index numbers are defined as the ratio of minimum costs of a given level of living in two price situations.

Some approaches take into account prices and quantities of the base period and the current period, while others take into account data of intermediate periods too, an extreme case being the Divisia-type indices.

Contributions to Econometrics and Statistics Today
Edited by H. Schneeweiss and H. Strecker

There are only a few attempts to combine the least-squares principle with the index-number problem; reference is made to the articles of Theil (1960), Kloek/De Wit (1961), Pfouts (1972) and Hacker/Hild (1978). Theil's symmetric best linear indices and the best linear average unbiased indices of Kloek and De Wit require the knowledge of prices and quantities of all periods involved. Of course, the availability of the quantities is the crucial point of these indices. The papers of Pfouts (1972) and Hild/Hacker (1978) did not result in explicit index formulas, whereas section 4 of the present paper provides an explicit formula which is quadratic in the current prices.

Though there exists a great variety of price index numbers it is well known that no other index is so frequently and worldwide used as the Laspeyres index. Undoubtedly this index has a decisive comparative advantage stemming from the availability of the data required. Presumably an index formula is acceptable for practitioners and will be calculated periodically only if the data requirements do not exceed the data requirements of Laspeyres' index. Therefore, we take aim at an index formula which is determined by the prices of the different periods and the quantities (only) of the base period. The basic idea of the overall aggregation-disaggregation-loss is sketched in section 2. Section 3 is devoted to the calculation of the index number taking into account intermediate periods. The restriction on the base period and the current period is the topic of section 4. The properties of the least-squares index number are discussed in section 5.

2. The Aggregation-Disaggregation-Loss

The quantities of the n relevant commodities in the base period (= period 1) will be denoted by

$$q_1, \ldots\ldots, q_n$$

and the price of commodity i in period t by $p_i(t)$. The expenditure with respect to commodity i in period t is

$$v_i(t) = q_i \, p_i(t) \tag{1}$$

provided that the quantities q_i are relevant for period t too. Of course, $v_i(t)$ is a rather fictitious value. From the point of view of a specific consumer even $v_i(1) = q_i \, p_i(1)$, the expenditure item of the base period, must be looked upon as a fictitious value; for the specific consumer can be very different from the "representative consumer". Nevertheless, these values are widely used, for instance in the numerator and the denominator of the Laspeyres price index,

$$I_t^{Lasp} = \frac{\sum_{i=1}^{n} v_i(t)}{\sum_{i=1}^{n} v_i(1)} . \qquad (2)$$

The usual argument for the introduction of a price index is the impracticability to inform the consumer about the variation of all expenditure items. On the other hand, the information by means of a single (price index) number is very crude unless there is a fair chance to reconstruct the scheme of expenditure values at least to some extent. This idea is made precise in what follows.

Figure 1 illustrates the aggregation-disaggregation procedure. The aggregation of the n expenditure items is carried out linearly, c being the corresponding column vector of weights. The reconstructed expenditure items $\hat{v}_1(t),\ldots,\hat{v}_n(t)$ result from the index number I_t by means of a linear disaggregating mapping; the corresponding column vector is d .

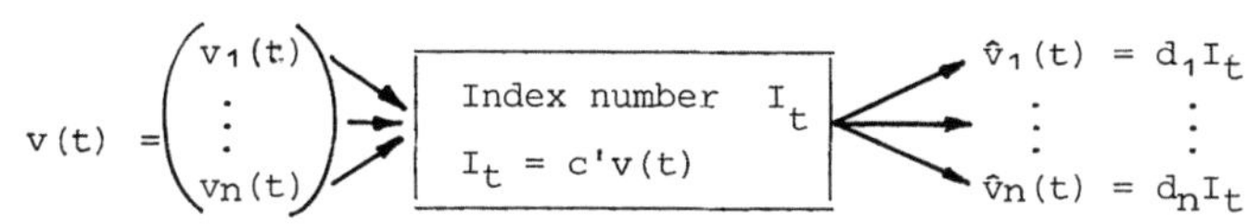

Fig. 1: Linear aggregation of the expenditure items yields the index number I_t and linear disaggregation yields the reconstructed values.

The linear mappings (represented by c and d) should provide reconstructed items $\hat{v}_i(t)$ which are not far away from $v_i(t)$. The optimality condition imposed on c and d is the minimization of the overall informational loss

$$f(c,d) = \sum_{t=1}^{T} \sum_{i=1}^{n} [v_i(t) - \hat{v}_i(t)]^2 , \qquad (3)$$

where $\hat{v}(t) = d\,c'\,v(t)$ and T is the number of time periods under consideration.

Introducing the matrix of all expenditure items

$$V = \begin{pmatrix} v_1(1) & \ldots & v_1(T) \\ \vdots & & \vdots \\ v_n(1) & \ldots & v_n(T) \end{pmatrix} \qquad (4)$$

and the $n \times T$ matrix $\hat{V} = (\hat{v}_i(t)) = d\,c'\,V$, the least-squares criterion (3) can be written as

$$f(c,d) = \|V - \hat{V}\|^2 = \|V - d\,c'\,V\|^2 \rightarrow \min \tag{5}$$

with $\|A\|^2$ as the squared Schur norm, i.e. the sum of squares of all matrix elements.

3. Calculation of the Price Index Numbers

The determination of c and d according to (5) is equivalent to the least-squares solution of the matrix equation

$$V = d\,c'\,V\,. \tag{6}$$

The least-squares solution of this nonlinear matrix equation can be obtained in two steps. In the first step the vector $c \geq 0$ $(\neq 0)$ is considered to be known. Because V can assumed to have only positive elements, $c'\,V$ is a row vector of rank 1. The least-squares solution of (6) with respect to d is uniquely determined and given by

$$d = V(c'V)^+\,, \tag{7}$$

where A^+ denotes the Moore-Penrose inverse of A. By virtue of

$$(c'V)^+ = \frac{(c'V)'}{\|c'V\|^2} = \frac{V'c}{\|c'V\|^2} \tag{8}$$

(5) can be written as

$$\|V - V\frac{V'cc'V}{\|c'V\|^2}\|^2 \rightarrow \min$$

or as

$$\|V - VSS'\|^2 \rightarrow \min \tag{9}$$

with

$$S = \frac{V'c}{\|V'c\|} \quad \text{and} \quad S'S = 1. \tag{10}$$

The second step calls for the solution of (9) and (10) with respect to S. But (9) and (10) represent a standard problem in factor analysis. The solution is (comp. for instance Opitz 1978, p. 55)

$$\left.\begin{array}{l} S = \text{standardized eigenvalue of } V'V \text{ with respect to} \\ \quad\;\; \text{the biggest eigenvalue } \lambda \text{ of } V'V\,. \end{array}\right\} \tag{11}$$

Hence we have

$$V'V \frac{V'c}{\|V'c\|} = \lambda \frac{V'c}{\|V'c\|}$$

or

$$V'VV'c = \lambda V'c \quad . \qquad (12)$$

Note that $V'c$ is the column vector of index values and that (according to Frobenius' theorem) $V'c$ is uniquely determined up to a standardizing factor. The most convenient standardization of $V'c$ is such that I_1 is equal to unity,

$$V'c = \begin{pmatrix} 1 \\ I_2 \\ \vdots \\ I_T \end{pmatrix} \quad . \qquad (13)$$

Whereas d is unambiguous by virtue of (7),(8),(12) and (13) ,

$$d = \frac{1}{\|V'c\|^2} VV'c = \frac{1}{1 + I_2^2 + \ldots + I_T^2} V \begin{pmatrix} 1 \\ I_2 \\ \vdots \\ I_T \end{pmatrix} \quad , \qquad (14)$$

the uniqueness of c is a matter of the rank of V . As we are primarily concerned with the index numbers, the eventual ambiguity of c is irrelevant. For practical purposes the knowledge of d is irrelevant too since the reconstruction process is a rather mental construction which hardly will be realized by a consumer explicitly.

We summarize the calculation of the index numbers in the following proposition.

Proposition 1: *The price index numbers $I_2,\ldots,I_T$ resulting from the minimization of the overall aggregation-disaggregation-loss (3) and the standardization $I_1 = 1$ are calculated as follows:*

1. *The maximal eigenvalue λ of $V'V$ must be determined, where V is the matrix (4) of all expenditure items.*
2. *The eigenvector of $V'V$ with respect to λ has to be standardized that its first component is equal to unity.*
3. *The elements of this standardized eigenvector are identical to the price index numbers $I_1 = 1$, $I_2,\ldots,I_T$.*

4. Restriction on a Base Period and a Current Period

The exclusive consideration of base period 1 and current period t leads to a two-column matrix

$$V = (v(1)\ v(t))$$

and a 2×2-matrix $V'V$,

$$V'V = \begin{pmatrix} v'(1)v(1) & v'(1)v(t) \\ v'(t)v(1) & v'(t)v(t) \end{pmatrix} = \begin{pmatrix} a & b \\ b & e \end{pmatrix} \tag{15}$$

whose maximal eigenvalue λ can be given explicitly,

$$\lambda = \frac{1}{2}\left[(a+e) + \sqrt{(a-e)^2 + 4b^2}\right] . \tag{16}$$

According to proposition 1 we have to look for the solution I_t of

$$V'V \begin{pmatrix} 1 \\ I_t \end{pmatrix} = \lambda \begin{pmatrix} 1 \\ I_t \end{pmatrix} . \tag{17}$$

The two (equivalent) equations (17) yield

$$I_t = \frac{\lambda - a}{b} . \tag{18}$$

Insert (15) and (16) into (18) to get the explicit representation of the price index number I_t,

$$I_t = \frac{\sum_{i=1}^{n} v_i^2(t) - \sum_{i=1}^{n} v_i^2(1) + \sqrt{\left[\sum_{i=1}^{n} v_i^2(t) - \sum_{i=1}^{n} v_i^2(1)\right]^2 + 4\left[\sum_{i=1}^{n} v_i(t)v_i(1)\right]^2}}{2\sum_{i=1}^{n} v_i(t)v_i(1)} \tag{19}$$

Observe that the application of formula (19) requires exactly the same data $v(1), v(t)$ as Laspeyres' formula (2). In contrast to Laspeyres' index the index I_t given by (19) is nonlinear in the current values $v_i(t)$ and in the current prices $p_i(t)$.

5. Properties of the Least-Squares Index

This short review of properties (satisfied or violated by the least-squares index) is based on the two-period case, i.e. on the explicit formula (19). For the sake of clarity we will use the more comprehensive notion

$$I[p(1), p(t), q(1)] , \tag{20}$$

instead of I_t, where $p(1)$ and $p(t)$ denote the price vectors of the base and the current period and $q(1)$ denotes the quantity vector of the base period. As usual, a quantity index will be obtained by interchanging the role of prices and quantities in the argument of (20). Accordingly

$$I[q(1),q(t),p(1)]$$

can be regarded as the least-squares quantity index.

Just as Laspeyres' index the least-squares index violates

- the <u>circular test</u>, i.e. in general we have

  $$I[p(1),p(t),q(1)]I[p(t),p(s),q(t)] \neq I[p(1),p(s),q(1)]$$

- the <u>factor reversal test</u>, i.e. in general we have

  $$I[p(1),p(t),q(1)]I[q(1),q(t),p(1)] \neq \frac{\sum_{i=1}^{n} p_i(t)q_i(t)}{\sum_{i=1}^{n} p_i(1)q_i(1)} .$$

As Pfouts (1966) has demonstrated there are important objections to require an index formula to satisfy these tests. On the other hand, several tests or axioms are satisfied both from Laspeyres' index and from the least-squares index.

Proposition 2: *The least-squares index (19) satisfies*

- *the identity axiom, i.e.*

  $$I[p(1),p(1),q(1)] = 1$$

- *the proportionality test, i.e.*

  $$I[p(1),\alpha p(1),q(1)] = \alpha$$

- *the dimensionality axiom, i.e.*

  $$I[\alpha p(1),\alpha p(t),q(1)] = I[p(1),p(t),q(1)]$$

- *the commensurability axiom, i.e.*

  $$I[\alpha p(1),\alpha p(t),\tfrac{1}{\alpha}q(1)] = I[p(1),p(t),q(1)]$$

- *the mean value test, i.e.*

  $$\min_i \frac{p_i(t)}{p_i(1)} \leq I[p(1),p(t),q(1)] \leq \max_i \frac{p_i(t)}{p_i(1)}$$

Proof: The validity of the first four tests or axioms can be inferred directly from (19). The right hand side of the mean value test can be verified by application of Schwarz' inequality on the last term under the square root in (19),

$$[\sum_{i=1}^{n} v_i(t)v_i(1)]^2 \leq \sum_{i=1}^{n} v_i^2(t) \sum_{i=1}^{n} v_i^2(1) \ . \qquad (20)$$

This leads to

$$I_t \leq \frac{\Sigma\, v_i^2(t) - \Sigma\, v_i^2(1) + \Sigma\, v_i^2(1)}{2\,\Sigma\, v_i(t)v_i(1)}$$

$$= \frac{\Sigma\, q_i^2 p_i^2(t)}{\Sigma\, q_i^2 p_i(t)p_i(1)} = \frac{\sum_{i=1}^{n} q_i^2 p_i(1)p_i(t)\,\frac{p_i(t)}{p_i(1)}}{\sum_{i=1}^{n} q_i^2 p_i(1)p_i(t)}$$

$$\leq \max_i \frac{p_i(t)}{p_i(1)} \ .$$

The left hand side of the mean value test is verified most conveniently by using the alternative representation

$$I_t = \frac{b}{\lambda - e}$$

obtainable from (17); the symbols b, λ, e have the meaning introduced in (15) and (16). Again upon application of Schwarz' inequality on the last term of the square root the appropriate lower bound will be established:

$$I_t \geq \frac{\Sigma\, v_i(t)v_i(1)}{\frac{1}{2}\,[\Sigma\, v_i^2(1) + \Sigma\, v_i^2(t) + \Sigma\, v_i^2(1) + \Sigma\, v_i^2(t)] - \Sigma\, v_i^2(t)}$$

$$= \frac{\Sigma\, q_i^2 p_i(t)p_i(1)}{\Sigma\, q_i^2 p_i^2(1)} = \frac{\sum_{i=1}^{n} q_i^2 p_i^2(1)\,\frac{p_i(t)}{p_i(1)}}{\sum_{i=1}^{n} q_i^2 p_i^2(1)}$$

$$\geq \min_i \frac{p_i(t)}{p_i(1)} \ . \qquad \square$$

As to the numerical comparison between the least-squares price index I^{ls} and the Laspeyres price index I^{Lasp} all conceivable cases can be observed. The following examples lead to $I^{ls} = I^{Lasp}$, to $I^{ls} > I^{Lasp}$ and to $I^{ls} < I^{Lasp}$ respectively. It is sufficient to restrict on $n = 2$ commodities and to consider the 2×2 value matrix V instead of prices and quantities separately.

Example:

The matrix

$$V = \begin{pmatrix} 2 & 3 \\ 3 & 2 \end{pmatrix}$$

entails

$$I^{ls} = \frac{13 - 13 + \sqrt{(13-13)^2 + 4 \cdot 12^2}}{2 \cdot 12} = 1 \quad \text{and} \quad I^{Lasp} = \frac{5}{5} = 1 \quad ,$$

i.e. $I^{ls} = I^{Lasp}$.

The matrix

$$V = \begin{pmatrix} 1 & 3 \\ 2 & 2 \end{pmatrix}$$

leads to

$$I^{ls} = \frac{13 - 5 + \sqrt{(13-5)^2 + 4 \cdot 7^2}}{2 \cdot 7} = 1{,}72 \quad \text{and} \quad I^{Lasp} = \frac{5}{3} = 1{,}67 \ ,$$

i.e. $I^{ls} > I^{Lasp}$.

Finally, the matrix

$$V = \begin{pmatrix} 1 & 2 \\ 2 & 3 \end{pmatrix}$$

leads to

$$I^{ls} = \frac{13 - 5 + \sqrt{(13-5)^2 + 4 \cdot 8^2}}{2 \cdot 8} = 1{,}62 \quad \text{and} \quad I^{Lasp} = \frac{5}{3} = 1{,}67 \ ,$$

i.e. $I^{ls} < I^{Lasp}$. □

6. Concluding Remarks

In accordance with Theil's approach the least-squares price index discussed in this paper could be constructed as well through a specific least-squares weighting scheme and an aggregating-disaggregating procedure applied on prices. The minimization of

$$\sum_{t=1}^{T} \sum_{i=1}^{n} [p_i(t) - \hat{p}_i(t)]^2 \; q_i^2$$

(where the reconstructed prices $\hat{p}_i(t)$ are again generated by two subsequent linear aggregation and disaggregation mappings) results in identical price index numbers provided that the standardization (i.e. $c'p(1) = 1$) is the same. A (weighted) least-squares justification can be found for some other price indices too. Laspeyres' price index, for instance, is the minimizer I of the objective function

$$\sum_{i=1}^{n} \left[\frac{p_i(t)}{p_i(1)} - I\right]^2 p_i(1) q_i(1) \; .$$

Our main concern was a reconsideration of Theil's indices under the aspect that the data requirement of Laspeyres' index and the competing index should be strictly identical. Another concern was the development of an explicit formula. The well known overestimation of the price development associated with Laspeyres' index is expected to be reduced since the least-squares price index can have a lower value than Laspeyres' price index. The easy availability of the least-squares price index allows the simultaneous calculation of both index numbers. The consideration of both time series could lead to a more realistic judgement about their accuracy and could prevent from misinterpretations of trends inspired from the consideration of one single time series of index numbers.

References

Eichhorn, W.; Voeller, J. (1976): Theory of the Price Index, Berlin-Heidelberg-New York

Hasenkamp, G. (1978): Economic and Atomistic Index Numbers: Contrasts and Similarities, 207-243 in: Eichhorn, W.; Henn, R.; Opitz, O.; Shephard, R.W. (Hrsg.): Theory and Applications of Economic Indices, Würzburg

Hild, C.; Hacker, G. (1978): A Note on Criteria for Price Index Systems, 245-255 in: Eichhorn, W.; Henn, R.; Opitz, O.; Shephard, R.W. (Hrsg.): Theory and Applications of Economic Indices, Würzburg

Kloek, T.; De Wit, G.M. (1961): Best Linear and Best Linear Unbiased Index Numbers, Econometrica 29, 602-616

Menges, G. (1978): Semantics and "Object Logic" of Price Indices, 43-54 in: Eichhorn, W.; Henn, R.; Opitz, O.; Shephard, R.W. (Hrsg.): Theory and Applications of Economic Indices, Würzburg

Opitz, O. (1978): Numerische Taxonomie in der Marktforschung, München

Pfouts, R.W. (1966): An Axiomatic Approach to Index Numbers, Review of the International Statistical Institute 34, 174-185

Pfouts, R.W. (1972): Index Number Systems, Econometrica 40, 931-934

Samuelson, P.A.; Swamy, S. (1974): Invariant Economic Index Numbers and Canonical Duality: Survey and Synthesis, American Economic Review 64, 566-593

Theil, H. (1960): Best Linear Index Numbers of Prices and Quantities, Econometrica 28, 464-480

Wald, A. (1937): Zur Theorie der Preisindexziffern, Zeitschrift für Nationalökonomie 8, 179-219

Wald, A. (1939): A New Formula for the Index of Cost of Living, Econometrica 7, 319-331.

STATIONARY STATE EQUATIONS FOR PERSONNEL FLOWS IN HIERARCHICAL ORGANIZATIONS WITH ENTRY AT LOWEST RANK AND PROMOTION FROM WITHIN

Martin J. Beckmann, München

Ziel dieses Aufsatzes ist, einige grundlegende Wahrscheinlichkeitsbegriffe betreffend hierarchische Organisationen aus der Struktur der Bewegungen von Kohorten herzuleiten.

The purpose of this paper is to derive some basic probabilities concerning personal status and promotion in hierarchical organizations from some simple assumptions about the movements of cohorts of personal.

Günter Menges was never rank conscious. But he was an effective organizer and organization man. His thinking was deeply imbued with the notions of probability and prediction. He might have considered the following with some amused interest. It is in this spirit that it is offered as a small tribute to him as a friend and an inspiring influence on my own thinking.

The central question to be studied in this paper concerns the probabilities of promotion. In Beckmann (1978) promotion probabilities were calculated on the assumption that promotion to rank r occurs, if it occurs, at fixed times t_r of service in the organization. In this note we allow promotion times to be random variables. Also we permit personnel to quit the organization before reaching retirement time T.

Let t denote the number of years of service completed in the organization. We consider a representative cohort of m persons entering the organization in one year. Let M_{rt} be the number of persons from this cohort who have entered into rank r by service time t. By assumption

(1) $$M_{0t} = m \qquad \text{all } t.$$

(2) $$M_{r0} = 0 \quad \text{for all } r > 0.$$

Let L_{rt} be the number of persons from this cohort who have entered rank

Contributions to Econometrics and Statistics Today
Edited by H. Schneeweiss and H. Strecker

r and left the organization by time t.
If T denotes the maximal service time (mandatory retirement time) then

(3) $L_{r0} = 0$ and

(4) $L_{rT} = M_{rT}$. In particular,

(5) $L_{0T} = M_{0T} = m$.

Denote the number of positions in rank r and higher by N_r. These positions are filled from the cohorts that have entered in the past T-1 years. The steady-state equations are

(6) $$N_r = \sum_{t=0}^{T-1} (M_{rt} - L_{rt}) .$$

Next, consider the number of persons from a cohort moving into rank r at completion of t years of service m_{rt}. By definition of M_{rt}

(7) $$m_{rt} = M_{rt} - M_{r,t-1} .$$

Then, the probability b_{rt} of promotion to rank r at the completion of t years of service is m_{rt} divided by the size of the cohort.

(8) $$b_{rt} = \frac{m_{rt}}{m} .$$

We consider next the average time for promotion to rank r, t_r. It is defined by

(9) $$t_r = \frac{\sum_{t=1}^{T} t b_{rt}}{\sum_{t=1}^{T} b_{rt}}$$

$$= \frac{\sum_{t=1}^{T} t(M_{rt}-M_{r,t-1})}{\sum_{t=1}^{T} (M_{rt}-M_{r,t-1})}$$

$$= \frac{M_{r1} - M_{r0} + 2M_{r2} - 2M_{r1} + \ldots + TM_{rT} - TM_{r,T-1}}{M_{rT} - M_{r0}}$$

(10) $$t_r = \frac{-\sum_{t=0}^{T-1} M_{rt} + TM_{rT}}{M_{rT}}$$ for $r > 0$ using (2).

For $r = 0$ we define

(11) $$t_0 = 0.$$

From (5)

(12) $$\sum_{t=0}^{T-1} M_{rt} = M_{rT}\,(T-t_r)\ .$$

In the same way we consider quitting. Let ℓ_{rt} be the number of persons in rank r or higher who quit at the moment of completing t years of service. Then

(13) $$\ell_{rt} = L_{rt} - L_{r,t-1}\ .$$

The probabilities q_{rt} of persons of rank r or higher quitting at the completion of t years of service is then this number divided by the size of the cohort.

(14) $$q_{rt} = \frac{\ell_{rt}}{m}\ .$$

In particular, q_{0t} is the probability of quitting at time t regardless of rank.

The expected length of service in the organization is then

(15) $$\tau_r = \frac{\sum_{t=1}^{T} tq_{rt}}{\sum_{t=1}^{T} q_{rt}}$$

$$= \frac{\sum_{t=1}^{T} t(L_{rt} - L_{r,t-1})}{\sum_{t=1}^{T} (L_{rt} - L_{r,t-1})}$$

$$= \frac{-\sum_{t=0}^{T-1} L_{rt} + TL_{rT}}{L_{rT} - L_{r0}}$$

(16) $$\tau_r = \frac{-\sum L_{rt} + TM_{rT}}{M_{rT}}$$ using (4) and (3) .

From this

(17) $$\sum_{t=0}^{T-1} L_{rt} = (T-\tau_r) M_{rT} .$$

Substituting (12) and (17) in (6)

(18) $$N_r = M_{rT} \cdot [\tau_r - t_r] .$$

In particular, for r = 0, writing $N_0 = N$ and observing (1)

(19) $$N = m \cdot \tau_0$$ using (11).

Now define P_r to be the probability of reaching rank r. By definition of M_{rt}, this is the same as the probability of having entered rank r by time T.

(20) $$P_r = \frac{M_{rT}}{m} .$$

Dividing (18) by m yields

$$(21) \qquad P_r = \frac{N_r}{m} \; \frac{1}{\tau_r - t_r} \; .$$

In particular, for r=0 using (19)

$$(22) \qquad P_0 = 1 = \frac{N}{m} \cdot \frac{1}{\tau_0} \; .$$

Dividing (22) into (21) yields

$$(23) \qquad P_r = \frac{N_r}{N} \cdot \frac{\tau_0}{\tau_r - t_r} \; .$$

This is the extension of the formula for promotion probability (9) in Beckmann (1978, p. 39) to the case of stochastic promotion times. When nobody quits before mandatory retirement $\tau_r = T$. In that case equation (23) becomes identical with the formula in Beckmann (1978). From this it is seen that the t_r are certainty equivalents: the promotion probabilities are the same whether the t_r are deterministic or expected values of random variables.

Observe that the steady-state flows M_{rt}, L_{rt} imply that promotion and quitting depend only on rank and service time (initial and current status) and not on the path through the various ranks in the organization.

In conclusion, we state a number of probabilities that can be defined in this steady-state system and pose a problem for generalization to nonstationary systems.

(24) $\qquad P_{rt} = \frac{M_{rt}}{M_{r0}} = \frac{M_{rt}}{m}$ is the probability of reaching

rank r by time t. In particular, from (20)

$$P_{rT} = P_r \; .$$

It is related to b_{rt}, the probability of reaching r exactly at time t by

(25) $$b_{rt} = \frac{m_{rt}}{m} = \frac{M_{rt} - M_{r,t-1}}{m} = P_{rt} - P_{r,t-1} \ .$$

Define $\bar{P}_{rt}$ as the probability of being in the organization in rank r or higher at time t. In view of quitting one has

(26) $$\bar{P}_{rt} = \frac{M_{rt} - L_{rt}}{m} \ .$$

Consider also

$\bar{p}_{rt}$ the probability of being in the organization after t years of service and having exactly rank r. Then

(27) $$\bar{p}_{rt} = \bar{P}_{rt} - \bar{P}_{r+1,t} \ .$$

If n_{rt} is the number of persons in the organization of rank r with service time t then

(28) $$\bar{p}_{rt} = \frac{n_{rt}}{m} \ .$$

Let Q_{rt} denote the probability of having quit the organization by time t from rank r or higher. Then

(29) $$Q_{rt} = \frac{L_{rt}}{m} \ .$$

The probability of having quit from exactly rank r by time t is then

(30) $$\bar{q}_{rt} = Q_{rt} - Q_{r+1,t} \ .$$

In particular, the probability of quitting from rank r regardless of time is

(31) $q_r = q_{rT}$.

The probability q_{rt} of quitting the organization at time t from rank r or higher was defined in (14). It is related to Q_{rt} by

(32) $q_{rt} = Q_{rt} - Q_{r,t-1}$.

From the fundamental probability b_{rt} one can construct two conditional probabilities

(33) $$b_{t|r} = \frac{b_{rt}}{\sum\limits_{t=1} b_{rt}}$$

probability that a promotion to rank r occurs at time t

(34) $$b_{r|t} = \frac{b_{rt}}{\sum\limits_{r=0}^{R} b_{rt}}$$

probability that a promotion occurring at time t is to rank r. Of greater interest is the probability of promotion of candidates in rank r-1 upon reaching service age t.

(35) $$p_{rt} = \frac{m_{rt}}{n_{r-1,t-1}} .$$

Problem: Let i denote cohorts. When the system is not in a stationary state, all flows and probabilities become dependent on cohorts i. Assume, however, that

(36) $q_{rti} = q_{rt}$ is independent of i and

(37) $p_{rti}/p_{rki} = p_{rt}/p_{rk}$ is independent of i.

The probability of quitting remains stationary and the probabilities of promotion to r remain in the same proportion for different age groups. Determine the flows m_{rti} and show that all probabilities converge to their stationary values.

REFERENCE

Beckmann, M., Rank in Organizations, Berlin, Heidelberg, New York, Springer 1978.

POLYNOMIAL ENTROPY

M. Behara

Let Δ_2 be the set of two-dimensional complete probability distributions given by

(1) $\Delta_2 = \{(p,\ 1-p):\ 0 \leq p \leq 1\}$.

Let a real-valued differentiable function f on Δ_2 denote the entropy of the probability distribution and possess the following properties of an information measure:

(a_1) $f(1,0) = f(0,1) = 0$

(a_2) $f(1/2,\ 1/2) = 1$

(a_3) $f(p,\ 1-p) = f(1-p,\ p),\ p \in [0,1]$.

We shall study the structure of the class of functions given by

(2) $\mathcal{C}_2 = \{(f) \mid f: \Delta_2 \to R$, differentiable and satisfying (a_1), (a_2) and (a_3)$\}$.

The Shannon entropy

(3) $S(\Delta_2) = -p \log_2 p - (1-p) \log_2(1-p)$

as well as the Rênyi entropy

(4) $R(\Delta_2) = (1-\alpha)^{-1} \log_2\{p^\alpha + (1-p)^\alpha\},\ \alpha > 0,\ \alpha \neq 1$

belong to the class $\mathcal{C}_2$. But in addition to these there are several other functions which belong to $\mathcal{C}_2$. Therefore, we shall investigate all such real-valued functions. In mathematical analysis, all real-valued functions are either algebraic or transcendental. The class $\mathcal{C}_2$ of entropies has both these types of functions. We shall first study algebraic functions, and, among algebraic functions consider the polynomial functions in this work. The derivation of transcendental entropies such as Shannon and Rênyi using methods outlined in this work will be attempted in a future study. Trigonometric entropies have already been derived (Behara and Chorneyko, [2]). It is hoped, a multitude of new and useful entropies can be derived system-

Contributions to Econometrics and Statistics Today
Edited by H. Schneeweiss and H. Strecker

atically in this way and then classified according to their various functional properties.

We shall now attempt to derive a formula for a generalized entropy directly from polynomial functions fulfilling the properties of information measures. We shall investigate two-dimensional polynomials here.

Definition 1. A two-dimensional complete probability polynomial of degree β, where β is a positive integer, is a real-valued function $B(\Delta_2)$ given by

(5) $$B(\Delta_2) \equiv B(p) = \sum_{k=0}^{\beta} c_k p^k,$$

where c_k's are the coefficients of p^k, $k=0, 1,\ldots,\beta$.

Let us write $f(p, 1-p) = B(p)$, wherever f is a two-dimensional complete probability polynomial of degree β as in Definition 1.

Now subjecting the two-dimensional polynomial to entropy properties (a_1), (a_2) and (a_3), we observe that the polynomial passes through the points $(0,0)$, $(1/2, 1)$ and $(1,0)$ and, therefore, $\beta=1$ is inadmissible. We shall, however, overcome this difficulty by taking the limits, as will be discussed later.

For $\beta\geq 2$, we have, by using (a_1), (a_2) and (a_3), and from (5) the following equations:

(6) $$c_0 = 0$$

(7) $$\sum_{k=1}^{\beta} c_k = 0$$

(8) $$\sum_{k=0}^{\beta-1} 2^k c_{\beta-k} = 2^\beta .$$

We shall call the polynomial in (5) a two-dimensional symmetric complete probability polynomial of degree β, if it fulfills (a_3).

Lemma 1. For a two-dimensional symmetric complete probability polynomial of degree β,

(9) $$B(p) = \sum_{k=0}^{\beta} c_k p^k, \quad \beta = 2,3,\ldots$$

we have

$$(10)\qquad c_j = (-1)^\beta c_{\beta-j} \quad \begin{cases} j = 1,2,\ldots,\frac{\beta}{2} - 1, & \beta \text{ even} \\ j = 1,2,\ldots,\frac{\beta-1}{2}, & \beta \text{ odd} \end{cases}$$

where c_k is the coefficient of p^k, $k = 1,2,\ldots,\beta$ in (9).

In order to establish the relationships between the successive coefficients of the polynomial, we have the following

Lemma 2. For a two-dimensional symmetric complete probability polynomial of degree β,

$$(11)\qquad B(p) = \sum_{k=0}^{\beta} c_k p^k, \quad \beta = 3,4,\ldots$$

we have

$$(12)\qquad c_{j+1} = (-1)^{\beta-j} \frac{1}{\beta} [\binom{\beta}{j+1} c_{\beta-1}], \quad j = 0, 1,\ldots,\beta-3$$

where c_k is the coefficient of p^k, $k = 1,2,\ldots,\beta$ in (11).

Proof. Upon jth differentiation of (11) with respect to p, we have

$$(13)\qquad B^{(j)}(p) = \sum_{k=j}^{\beta} \frac{k!}{(k-j)!} c_k p^{k-j}, \quad j = 1,2,\ldots,\beta.$$

Then, by using (10), we have

$$c_{j+1} = (-1)^{\beta-j} \frac{1}{\beta}[\binom{\beta}{j+1} c_{\beta-1}], \quad j = 0,2,\ldots,\beta-3.$$

Finally, in order to establish the relationship between c_β and $c_{\beta-1}$, we have, by using symmetry, i.e.: (a_3) on (9) and equating the coefficients of p^β and $p^{\beta-1}$, the following

Lemma 3. For a two-dimensional symmetric complete probability polynomial of degree β, as given in (9), we have

$$(14)\qquad c_{\beta-1} = -\frac{\beta}{2} c_\beta, \quad \beta \text{ even}$$

$$(15)\qquad c_\beta = 0 \qquad , \beta \text{ odd}$$

Now, we are in a position to state the main result for the two-dimensional complete probability polynomial as follows:

Theorem 1. A two-dimensional complete probability polynomial given by

$$f(p,\ 1-p) \equiv B(p) = \sum_{k=0}^{\beta} c_k p^k,\ \beta = 2,3,\ldots$$

subject to the entropy properties (a_1), (a_2) and (a_3), admits only the form

$$B(p) = \frac{p^\beta + (1-p)^\beta - 1}{2^{1-\beta} - 1},\ \beta = 2,3,\ldots \tag{16}$$

which will be called a "two-dimensional polynomial entropy".

Proof. Now, using Lemma 2 and 3 for (9), we have for $\beta = 2,3,\ldots$

$$B(p) = c_\beta p^\beta + c_{\beta-1}\frac{1}{\beta}\left[\sum_{j=0}^{\beta-2}(-1)^{\beta-j}\binom{\beta}{j+1}p^{j+1}\right]$$

$$= c_\beta p^\beta + \frac{\beta}{2}\cdot c_\beta\cdot\frac{1}{\beta}\left[(1-p)^\beta - p^\beta - 1\right]$$

$$= c_\beta\left[p^\beta + (1-p)^\beta - 1\right]$$

But, by (a_2), we have

$$c_\beta = \frac{1}{2^{1-\beta} - 1},\ \beta = 2,3,\ldots$$

Therefore,

$$B(p) = \frac{p^\beta + (1-p)^\beta - 1}{2^{1-\beta} - 1},\ \beta = 2,3,\ldots$$

Remark 1. For a positive non-integer β, $(1-p)^\beta$, $p < 1$ is equal to an infinite series which is convergent. In order to extend our result (16) to include positive non-integral values of β, we may define two-dimensional non-integral algebraic function on Δ_2 as convergent infinite series and then by subjecting it to the entropy properties given in (a_1), (a_2) and (a_3) exactly as above, we shall derive what may be called as "two-dimensional non-integral algebraic entropy" given by

$$B(p) = \frac{p^\beta + (1-p)^\beta - 1}{2^{1-\beta} - 1},\ \beta > 0 \text{ and non-integer.} \tag{17}$$

Remark 2. In order to overcome the problem for $\beta = 1$, we shall take the limiting case as follows:

(18) $$\lim_{\beta\to 1\pm} B(p) = - p \log_2 p - (1-p) \log_2 (1-p)$$

which is the Shannon entropy. This is a transcendental entropy, to be studied elsewhere.

Now defining a two-dimensional complete probability algebraic function as a real, finite or convergent infinite series on Δ_2, and which satisfies the entropy-properties as given in (a_1), (a_2) and (a_3), we derive uniquely from it, by combining (16), (17) and (18), the quantity

(19) $$B(p) = \frac{p^\beta + (1-p)^\beta - 1}{2^{1-\beta} - 1}, \quad \beta > 0, \; \beta \neq 1$$

which we shall call as the "two-dimensional algebraic entropy". The extension to higher dimension is straightforward.

The approach outlined above enables us to derive measures of information from various mathematical functions subjected to desired properties. Studies of properties and some applications of polynomial entropy may be found in [1]. For an application in relation to one of the latest works of Menges, see Behara, Kofler and Menges [3]. For characterization of polynomial entropy using functional equations, see Behara and Nath [5]. An account of geometric entropy or, in particular, parabolic entropy (the idea of polynomial entropy is derived from parabolic entropy, the methods of derivation are, however, different) based on my previous works (see [4]), may be found in Guiasu [6].

References

[1] Behara, M.: *Additive and Nonadditive Measures of Entropy with Applications.* J.Wiley, New York (to appear).

[2] Behara, M. and Chorneyko, I.Z.: Trogonometric Entropies (submitted for publication).

[3] Behara, M., Kofler, E. and Menges, G.: Entropy and informativity in decision situations under partial information. *Statistische Hefte*, Vol. 19 (1978), p. 124-130.

[4] Behara, M. and Nath, P.: Additive and non-additive entropies of finite measurable partitions. *Lecture Notes in Mathematics*, Springer-Verlag, Vol. 296 (1973), p. 216-223.

[5] Behara, M. and Nath, P.: Information and entropy of countable measurable partitions. - I, *Kybernetika*, Vol. X (1974), p. 145-154.

[6] Guiasu, S.: *Information Theory with Applications*, McGraw-Hill, New York, 1977.

ON THE FORMATION OF STATISTICAL MODELS

David Brenner, Toronto

Wissenschaftliche und allgemeine Aspekte statistischer Modellbildung werden untersucht. Die Bedeutung von Induktion und Deduktion wird diskutiert.

This paper examines scientific and general aspects leading to the formation of statistical models. The roles of induction and deduction are discussed.

1. The Formative Process

In a metaphorical sense we can view a statistical model, or for that matter any scientific model, as a portrait of an observable or possible real-world system that has been painted, as it were, using a mathematical paintbrush and empirical paint. For an observable real world system the model, over a period of time, may be added to, subtracted from, and refined in various ways with the objective of obtaining a more realistic picture of the system being representated. Certainly the term realistic can be taken only in relative terms; the model is not the system itself.

In practice, various things, basic or additional, other than the real-world system being portrayed, can affect the final picture - the special apparatus used for observation (spectroscope versus eyeball), the rules used (mathematical logic, principles, standards of propriety), the surface on which the painting is done (boundary conditions), the fact that it may be a continuation of previous work, and, potentially most influential of all, the tastes and biases of the individual or group doing the investigation. In scientific work we are concerned with eliminating or at least diminishing to insignificant levels the dependance of the model on these added influences.

After the transition to the "age of scientific reason" the central scientific intention above all else was to eliminate the dependence of theory on personal, including institutional-religious, frames of reference. Fortunately, this seemingly insurmountable difficulty was almost fully overcome by strict-adherence to a single fundamental scientific rule which is easy to state: a scientific model must be consistent with repeated observation. There is, of course, elegance in stating a fundamentale rule simply, but also the rule should not be separated from its intention.

A particular model does not exist in vacuo. The statistician-scientist-artist is the link between the model and the observable reality, and one can argue that the model is not merely a portrait of an external system but includes the definition of

Contributions to Econometrics and Statistics Today
Edited by H. Schneeweiss and H. Strecker

the observational process that generates our contact with the system. This is to recognize that we are ultimately modelling the interconnections and relations among observables as defined by the observational process. As the fundamental rule is designed to protect against personal peculiarities, its subsidiary purpose is to ensure that observations if not already quantified must be quantifiable and obtained in accord with fixed rules by stated apparatus, in order to be repeatable in the sense needed for confirmation. Apparatus and rules will then be recognized as an important part of the full conceptualization of the system, and in effect, dependence of the final picture on these inextricable elements is obviated by explicit recognition.

The scientific model makes explicit the relationships among observables, and the practical mechanisms for observing are fully prescribed, in order to admit verification with repeated and repeatable observation. With this in mind we will speak of a valid model - objective or realistic in accord with the standard definitions of these words.

The statistical model is a scientific model that has random components. If statistics is viewed overall as the process of determining and using models, then it is a science only so far as its core element, the model, stands the fundamental test, of validity.

From a familiar viewpoint we might adopt an older terminology and say that scientific induction is the process whereby a model is seen to be sufficiently consistent with observations based on it to be taken as given. For statistics this could be seen as compatible with Fisher's (1956) use of the term. If the model is seen to be totally consistent we could even call it a natural law. Certainly this is the place where things are noted such as: the model is a reasonable approximation for practical purposes. And certainly this is where "art" can exist in statistics. Of course there is a place to define and assess degree of approximation and degree of support for a model. But this is not an area for a rigorous logical analysis - there is no formal starting point and no well defined base.

In a parallel way, we might adopt the terminology: scientific deduction is the process whereby from a given model and corresponding measurements consequences are obtained using only the rules of logic. This is our view of inference and it is not intended in any way to limit the subject. Statistics and science as disciplines clearly proceed by an alternation between the two modes, as indeed many have noted.

We emphasize inference as the deductive part of statistics. It is the part where various methodologies can be presented and then rigorously compared. It is where underlying assumptions are clearly stated and can then be rigorously checked for internal logic and consistency. In short, it is the part of the subject where integrating overviews are possible, permitting a general examination of methods. We now consider some details.

2. Induction and Deduction

Within the framework so far, we note that the temptation may be great to define inference in a wider sense to embrace the two parts, the inductive and the deductive, and thereby seeming to encompass a much wider field of study. There is, however, a certain futility in such an apparently wider definition and the first impression that it encompasses more is illusory.

We have noted that induction is the process by which models, in the wide sense, are arrived at initially, and that this is where elements of "art" may be found. As our direction is to take inference as the deductive part of statistics, we find it appropriate to make further clarifications at this point.

It is certainly reasonable to contemplate how models, in the wide sense, are obtained, and how concepts are formed. There is obviously here a vast uncharted expanse with room for many different explanatories: philosophical, psychological, neurological, linguistical, historical, even poetical and spiritual.

Science has one fundamental rule to which all others are subsidiary and to that extent is an institution like some others. Science also has its component of democratic freedom - anyone can entertain any model anytime, model in the wide sense. But for verification and validity, for a valid model, the fundamental rule is involved.

How can a new model come to exist, an idea come to evolve? One aspect of this can be made fairly clear: at any one time science has an existing array of models all in varying states of verification, from pure hypothesis to natural law, a sort of gene-pool, and the subset of these contemporary models that an individual is familiar with may be regarded for argument's sake as his own personal meta-model. To call such a collection personal may sound like subjectivity, but not so. An important fact remains: it is a proper subset of the full scientific collection. Thus when the individual (one or several) engages in the "art" of inducing a new model it is necessarily an offspring of his current metamodel, hence of the full collection. The offspring will prosper, however, in accord with how it stands with the fundamental rule.

The matter we are stressing is not one of mere whimsy. It seems important to note and acknowledge that mechanisms of model formation are not only little understood but likely never will be to any practical end, largely because no important questions about such mechanisms can be framed in completely scientific terms, apart from aspects of taste and art.

Note, however, that this does not mean that we as statisticians have nothing to say about models - just about how they come to exist. We can have much to say, for instance, about the types of models that are statistical, and indeed about the essential properties and requirements that bear on validity, the fundamental rule.

We mention one final point. There does seem to be some element of "decision" involved in the process of model-formation and induction, and historically, mid-century, much of the philosophical push was to cast the subject of statistics as a process of decision making in the face of uncertainty, a game between the statistician and nature. A close correspondent of this was the notion that all questions posed in the face of uncertain knowledge could be rigorously dealt with by the concepts of probability. In both instances, we have a bold effort to axiomatize the process of "inductive reasoning". However, we have argued that the process is intrinsically not a subject for purely scientific analysis. Accordingly what we are left with is a proposed mechanization of the production of new knowledge, a sort of concept-forming "philosopher's stone". The mechanism itself has not stood the fundamental test, and its role then remains as one of subverting the process it was intended to expedite.

In short, we are arguing that the process (itself) of induction is not a matter for scientific analysis, nor does it need to be, as it simply proceeds whether we analyze it or not, giving birth to new models from the current scientific pool. We only require the test of validity: that it be and remain consistent with repeated observation - the fundamental rule. Such a model becomes "law" when it is never for all practical purposes seen to be false - against a background of all current scientific knowledge. This is not a test of utility in any economic sense. To try to axiomatize and study this process from a statistical viewpoint is essentially misleading and counterproductive.

For some related discussion concerning formalities of and deduction from statistical models, see Fraser (1983).

Reference

Fraser, D.A.S. (1983). Statistical modelling, Statistische Hefte, 24.

ESTIMATION WITHOUT INVARIANCE AND HSU'S THEOREM IN VARIANCE COMPONENT MODELS

Hilmar Drygas, Kassel

This paper deals with the linear model $y = X\Theta + U\varepsilon$, $E\varepsilon = 0$, $\text{Cov}\ \varepsilon = \sum_{i=1}^{m} \sigma_i^2 V_i$. It is investigated when a best quadratic unbiased estimator of certain linear parametric functions of the σ_i^2 exists. This question is investigated in the normal and non-normal case. The obtained conditions generalize Hsu's theorem for the invariant case. Finally it is shown that the obtained conditions are met in balanced one-way and two-way classification models.

Diese Arbeit beschäftigt sich mit dem linearen Modell $y = X\Theta + U\varepsilon$, $E\varepsilon = 0$, $\text{Cov}\ \varepsilon = \sum_{i=1}^{m} \sigma_i^2 V_i$. Es wird untersucht, wann eine beste quadratische unverfälschte Schätzung gewisser linearer parametrischer Funktionen der σ_i^2 existiert. Diese Frage wird sowohl im normalen als auch im nicht-normalen Fall diskutiert. Die erhaltenen Bedingungen verallgemeinern den Satz von Hsu im invarianten Falle. Schließlich wird gezeigt, daß die erhaltenen Bedingungen für die Modelle der einfachen und zweifachen Klassifikation erfüllt sind.

0. Introduction

This paper deals with linear models of the kind $y = X\Theta + \sum_{i=1}^{m} \sigma_i U_i \varepsilon_i$, where $\varepsilon = (\varepsilon_1', \ldots, \varepsilon_m')'$ is a vector composed of independent random variables. Let $U = (U_1, \ldots, U_m)$, then $y = X\Theta + U\text{diag}(\sigma_i I_{n_i})\varepsilon$, where I_{n_i} is a unit-matrix of appropriate order. If $E(\varepsilon) = 0$ and $E(\varepsilon\varepsilon') = I_r$, then $Ey = X\Theta$, $\text{Cov}\ y = UVU'$, where $V = \sum_{i=1}^{m} \sigma_i^2 V_i = \sum_{i=1}^{m} \sigma_i^2 \times \text{diag}$ $(0, \ldots I_{n_i}, \ldots 0)$. In Drygas [4] it has been discussed when a best invariant quadratic unbiased estimator in the quasi-normal case is also best invariant quadratic unbiased estimator in the non-normal case. In this paper the assumption of invariance is abandoned. We will therefore study the problem when a best quadratic unbiased estimator (BQUE) of $f'\sigma = \sum_{i=1}^{m} f_i \sigma_i^2$ in the quasi-normal case is best unbiased quadratic in general. Of particular interest will be the case that an invariant quadratic estimator is best quadratic unbiased estimator. This leads to a new Hsu-condition. We verify the conditions for two examples: the balanced one-way and balanced two-way classification model.

Contributions to Econometrics and Statistics Today
Edited by H. Schneeweiss and H. Strecker

1. Notation, Hsu's theorem

Let X be a nxs-matrix, let Θ be a sx1 -vector and let $U_i (i=1,\dots,m)$ be a nxn_i-matrix. Consider the linear model

$$(1.1) \qquad y = X\Theta + \sum_{i=1}^{m} \sigma_i U_i \varepsilon_i ,$$

where ε_i are mutually independent random $n_i x1$-vectors on some probability-space (Ω,F,P) such that

$$(1.2) \qquad E(\varepsilon_i) = O, \ E(\varepsilon_i \varepsilon_i') = I_{n_i} .$$

If $\varepsilon = (\varepsilon_1', \varepsilon_2', \dots, \varepsilon_m')'$, then

$$(1.3) \qquad y = X\Theta + U \operatorname{diag}(\sigma_i I_{n_i}) \varepsilon .$$

ε is a random rx1-vector, $U = (U_1 \dots U_m)$ a nxr-matrix, where $r = \sum_{i=1}^{m} n_i$. As in Drygas [4] the components of ε must only meet the condition of independence up to order 4. Of course, again

$$(1.4) \qquad E\varepsilon = O, \ E\varepsilon\varepsilon' = I_r .$$

From this it follows that

$$(1.5) \qquad Ey = X\Theta , \ \operatorname{Cov} y = U\,V\,U', \ V = \sum_{i=1}^{m} \sigma_i^2 V_i ,$$

where

$$(1.6) \qquad V_i = \operatorname{diag}(O, \dots, I_{n_i}, O, \dots O) .$$

O are zero-matrices and I_a is the unit-matrix of order a. $\operatorname{diag}(B_1,\dots,B_m)$ is a block-diagonal matrix with blocks $B_1,\dots,B_m$. Then it follows, that, moreover

$$(1.7) \qquad Eyy' = X\Theta\Theta'X' + \sum_{i=1}^{m} \sigma_i^2 U V_i U' .$$

Concerning the moments of higher order we assume that $\varepsilon_i = (\varepsilon_{i1},\dots,\varepsilon_{in_i})'$ meets the following conditions:

$$(1.8) \qquad E(\varepsilon_{ij}^{\,3}) = \delta_{ij}, \ E(\varepsilon_{ij}^{\,4}) = \gamma_{ij}$$

and introduce the vectors δ and γ, respectively by ordering δ_{ij} and γ_{ij}, respectively, lexicographically:

$$(1.9)\qquad \delta = (\delta_{11},\ldots,\delta_{1n_1};\delta_{21},\ldots\delta_{2n_2};\ldots;\delta_{m1}\ldots,\delta_{mn_m})'$$

$$(1.10)\qquad \gamma = (\gamma_{11},\ldots\gamma_{1n_1};\gamma_{21},\ldots\gamma_{2n_2};\ldots;\gamma_{m_1},\ldots,\gamma_{mn_m})'.$$

In the quasi-normal case $\beta_{ij} = \gamma_{ij} - 3 = 0$. $\gamma_{ij} - 3 = \beta_{ij}$ is called the kurtosis of the random variable ε_{ij}, while δ_{ij} is called its skewness.

We denote by Diag A the diagonal-matrix with the same diagonal elements as the matrix A and by diag α the diagonal matrix whose i-th diagonal element equals the i-th component of the vector α. If A and B are two matrices of the same order then the Hadamard-product of A and B is denoted by $A * B$ and defined $A * B = (a_{ij}b_{ij})$. Clearly, Diag $A = A * I$.

We want to estimate $f'\sigma, f = (f_1,\ldots,f_m)', \sigma = (\sigma_1^2,\ldots,\sigma_m^2)'$ by $y'Ay$. Since $E(y'Ay) = tr(AEyy') = \Theta'X'AX\Theta + \sum_{i=1}^{m} \sigma_i^2 tr(AUV_iU')$ this estimator is unbiased iff $X'AX = 0$ and $tr(AUV_iU') = f_i\ (i=1,2,\ldots,m)$. Let $P = XX^+$ be the projection onto im(X), then $X'AX = 0$ iff $PAP = 0$ or $(I-P\otimes P)A = A$, where in general $(A \otimes B)C = ACB'$ is the tensor product. Now if $X'AX=0$, then $y'Ay = tr(Ayy') = tr(A(I-P \otimes P)yy')$. Therefore it is convenient to consider the random matrix

$$(1.11)\qquad Z = (I - P \otimes P)yy'.$$

Z is a H-valued random element where H denote the set of all symmetric nxn-matrices A meeting the condition $X'AX = 0$. From (1.7) it follows that

$$(1.12)\qquad EZ = (I - P \otimes P)Eyy' = \sum_{i=1}^{m} \sigma_i^2 (I - P \otimes P)UV_iU'$$

$$(1.13)\qquad (\mathrm{Cov}\ Z)A = (I - P \otimes P)(\mathrm{Cov}\ yy')A$$

for all $A \in H$ since $(I - P \otimes P)A = A$ for all $A \in H$. To compute Cov(yy') we use the result obtained by Kleffe and Pincus ([8], p. 151):

(1.14) $\mathrm{Var}(y'Ay) = 4\Theta'X'A\,UVU'AX\Theta + 2\,\mathrm{tr}\,(U'AUVU'AUV)$
$+ \mathrm{tr}\,(U'AU\,\mathrm{diag}(\gamma-3\cdot 1_r)V^2\,\mathrm{Diag}(U'AU))$
$+ 4\Theta'X'AU\,\mathrm{Diag}(U'AU)V^{3/2}\,\delta = \mathrm{tr}\,(A\cdot(\mathrm{Cov}\,yy')A)$.

From the requirement that Cov yy' is the unique selfadjoint mapping C from the set of symmetric nxn-matrices into itself satisfying $\mathrm{Var}\,y'Ay = \mathrm{tr}(A\cdot C(A))$ it follows that (see also Drygas-Srzednicka [2]):

(1.15) $(\mathrm{Cov}\,yy')A = 2(UVU'AX\Theta\Theta'X' + X\Theta\Theta'X'A\,UVU')$
$+ 2\,UVU'AUVU' + U\,\mathrm{diag}\,(\gamma-3\cdot 1_r)V^2\,\mathrm{Diag}(U'AU)U'$
$+ 2\,U\,\mathrm{diag}(V^{3/2}\delta)\mathrm{diag}(U'AX\Theta)U'$
$+ U\,\mathrm{Diag}(U'AU)V^{3/2}\delta\Theta'X' + X\Theta\delta'V^{3/2}\,\delta\,\mathrm{Diag}(U'AU)U'$,

where $1_r = (1,\ldots,1)'$ is all one 1xr-vector and evidently

$$V^2 = \sum_{i=1}^{m} \sigma_i^4 V_i, \quad V^{3/2} = \sum_{i=1}^{m} \sigma_i^3 V_i .$$

It is clear that this expression is much less complicated if $O = AX$, i.e., if the estimator $y'Ay$ is invariant. In this case only the second and the third term appear as if $\delta = O$, $\Theta = O$.

<u>1.1. Theorem:</u> (a) $y'Ay$ is BQUE of $f'\sigma$ iff (i) $A \in H$

(ii) $(\mathrm{tr}(AUV_iU');\ i = 1,\ldots,m)' = f$

(iii) $(I - P \otimes P)\mathrm{Cov}(yy')A \in \mathrm{span}\,\{(I-P \otimes P)UV_iU';\ i = 1,\ldots,m)\}$,

$\forall V \in \mathrm{span}\,\{V_1,\ldots,V_m\}$

(b) If $y'Ay$ is already BQUE of $f'\sigma$ in the quasinormal case, i.e., if for all $V \in \mathrm{span}\{V_1,\ldots,V_m\}$ and all $\Theta \in \mathbb{R}^s$

(iii') $2(I-P \otimes P)(UVU'AX\Theta\Theta'X + X\Theta\Theta'XAUVU')$
$+ 2(I-P \otimes P)UVU'AUVU' \in \mathrm{span}\,\{(I-P \otimes P)UV_iU';\ i = 1,\ldots, m\}$,

then $y'Ay$ is BQUE of $f'\sigma$ iff

(iii") $(I-P \otimes P)\{U\,\mathrm{diag}(\gamma-3\cdot 1_r)V^2\,\mathrm{Diag}(U'AU)U'$
$+ 2U\,\mathrm{diag}(V^{3/2}\delta)\mathrm{diag}(U'AX\Theta)U'$
$+ U\,\mathrm{Diag}(U'AU)V^{3/2}\delta\Theta'X' + X\Theta\delta'V^{3/2}\,\mathrm{Diag}(U'AU)U\}$
$\in \mathrm{span}\,\{(I-P \otimes P)UV_iU';\ i = 1,2,\ldots,m\}$.

The proof of the theorem goes along the lines of the projection theorem or the Lehmann-Scheffé Theorem as in Drygas [4]. To simplify condition (iii") the following lemma is useful:

1.2. Lemma: If A is symmetric, then $(I-P \otimes P)A = O$ is equivalent to $MA = O$, where $M = I-P$. Thus $(I-P \otimes P)A = O$ is also equivalent to $A = PA = AP$.

Proof: $(I-P \otimes P)A = O$ holds iff $A = PAP$. From this of course $MA = MPAP = O$ is obtained. On the other hand if $MA = O$, i.e., $PA = A$, then from symmetry of A : $A = AP = PAP$ is obtained, q.e.d.

1.3. Corollary: The condition (iii") in theorem 1.1 is equivalent to

$$M\{U\,\mathrm{diag}(\gamma-3\cdot 1_r)V^2\,\mathrm{Diag}(U'AU)U' + 2\,U\,\mathrm{diag}(V^{3/2}\delta)\mathrm{diag}(U'AX\theta)U' + U\,\mathrm{Diag}(UAU)V^{3/2}\delta\theta'X'U'\} \in \mathrm{span}\{MUV_iU';\ i=1,\ldots,m\}\ \forall\theta \in \mathbb{R}^s,\ V \in \mathrm{span}\{V_1,\ldots,V_m\}$$

If $\theta = O$, then it follows that

$$MU\,\mathrm{diag}\,(\gamma-3\cdot 1_r)V^2\mathrm{Diag}(U'AU)U' \in \mathrm{span}\{MUV_iU';\ i=1,2,\ldots,m\} \tag{1.16}$$

must hold for all $V \in \mathrm{span}\{V_1,\ldots,V_m\}$. This condition is equivalent to

$$U'MU\,\mathrm{diag}(\gamma-3\cdot 1_r)V^2\mathrm{Diag}(U'AU)U'U \in \mathrm{span}\{U'MUV_iU'U;\ i=1,\ldots,m\} \tag{1.17}$$

Now let b be such that $\mathrm{diag}\,b = \mathrm{diag}(\gamma-3\cdot 1_r)V^2\,\mathrm{Diag}(U'AU)$ and v_i be such that $\mathrm{diag}(v_i) = V_i$. We now note the fact that $U'MU$ and $U'U$ are non-negative definite (n.n.d.). From this it follows by Hsu's theorem (Theorem 1.2 in Drygas [4]) that (1.17) is equivalent to

$$(U'MU * U'U)b \in \mathrm{span}\{(U'MU * U'U)v_1\ ,\ \ldots\ (U'MU * U'U)v_m\}\ . \tag{1.18}$$

The second condition that we get from Corollary 1.3 is

$$M\{U\,\mathrm{diag}(V^{3/2}\delta)\mathrm{diag}(U'AX\theta)U' + U\,\mathrm{Diag}(U'AU)V^{3/2}\delta\theta'X'\} \in \mathrm{span}\{MUV_iU';\ i=1,\ldots,m\}\quad \forall\ V \in \mathrm{span}\{V_1,\ldots,V_m\},\ \theta \in \mathbb{R}^s\ . \tag{1.19}$$

This condition can hardly be simplified without additional assumptions. Let us therefore assume that M is interchangeable with UV_iU' and $U\,\mathrm{diag}(V^{3/2}\delta)\mathrm{diag}(U'AX\theta)U'$. Since $\mathrm{im}(X) \cap \mathrm{im}\,(M) = \{O\}$ it will then follow that

$$MU\,\mathrm{Diag}(U'AU)V^{3/2}\delta\theta'X' = O\ . \tag{1.20}$$

But $xy' = O$ iff $x = o$ or $y = O$. Therefore either $X\theta = O$ for all θ , meaning $X = O$, or,

$$(1.21) \qquad MU\,\mathrm{Diag}(U'AU)V^{3/2}\delta = O$$

meaning $U\,\mathrm{Diag}(U'AU)V^{3/2}\delta \in \mathrm{im}\,X$. This again is equivalent to $U\,\mathrm{Diag}(U'AU)V_i^{3/2}\delta \in \mathrm{im}\,(X)$, $i=1,2,\ldots,m$. As a last condition from (1.19) we get that for all $\Theta \in \mathbb{R}^s$, $V \in \mathrm{span}\{V_1,\ldots,V_m\}$

$$(1.22) \qquad MU\,\mathrm{diag}(V^{3/2}\delta * U'AX\Theta)U' \in \mathrm{span}\{MUV_iU',\ i=1,\ldots,m\}$$

or equivalently

$$(1.23) \qquad MU\,\mathrm{diag}(V_j^{3/2}\delta * U'(AX\Theta)U' \in \mathrm{span}\{MUV_iU',\ i=1,\ldots,m\},\ j=1,\ldots,m,\ \Theta \in \mathbb{R}^s.$$

Clearly this condition is met if $y'Ay$ is already an invariant estimator, i.e., $AX = O$. Otherwise this condition is equivalent to

$$(1.24) \qquad (U'MU * U'U)(v_j^{3/2} * U'AX\Theta) \in \mathrm{span}\{(U'MU * U'U)(v_i);\ i=1,\ldots,m\},\ j=1,\ldots,m,\ \Theta \in \mathbb{R}^s,$$

where $V_i = \mathrm{diag}(v_i)$.

Another simplification is possible if $AX = O$ (invariance) and the matrices $MUV_iU'M$ are linearly independent. In this case it follows from (1.19) that there are constants $\rho_i\,(i=1,2,\ldots,m)$ such that

$$(1.25) \qquad MU\,\mathrm{Diag}(U'AU)V^{3/2}\delta\Theta'X' = \sum_{i=1}^{m} \rho_i MUV_iU'.$$

Postmultiplying with M, using $X'M = O$ and the linear independence of $\{MUV_iU'M\}$ yields $\rho_1 = \rho_2 = \ldots = \rho_m = 0$ and therefore the same condition as in (1.21).
Analogously to theorem 1.4 in Drygas [4] we now get

1.4 Theorem (Hsu's theorem for variance component models):

(a) Let c_{ij} be a $r \times 1$-vector such that

$$(1.26) \qquad \mathrm{diag}\,c_{ij} = V_i\,\mathrm{Diag}(U'AU)\mathrm{diag}(\gamma - 3\cdot 1_r)V_j$$

and

$$(1.27) \qquad C = (c_{11}, c_{12}, \ldots, c_{1m}, \ldots, c_{mm}),$$

$$(1.28) \qquad D = (v_1, \ldots, v_m),\ \mathrm{diag}(v_i) = V_i.$$

Then necessary and sufficient conditions for y'Ay to be BQUE of $f'\sigma$ provided y'Ay is already BQUE in the quasi-normal case is the existence of a $m \times m^2$-matric P such that

(1.29) $\quad (U'MU * U'U)\ (C - DP) = O$

and that (1.21) holds.

(b) If AX = O and $\{MUV_iU'M;\ i=1,\ldots,m\}$ are linearly independent, then (1.21) holds if and only if either X = O or

(1.30) $\quad U\ \mathrm{Diag}(U'AU)V_j^{3/2}\delta \in \mathrm{im}\ (X),\ j=1,2,\ldots,m.$

(c) If UV_iU' and $U\ \mathrm{diag}(V^{3/2}\delta * U'AX\theta)U'$ are both interchangeable with M, then (1.21) holds iff either X = O or (1.28) holds and

(1.24), (1.31) $\quad (U'MU * U'U)\ (v_j^{3/2} * U'AX\theta) \in \mathrm{span}\{(U'MU * U'U)\ (v_i)\}\quad j=1,\ldots,m,\ \theta \in \mathbb{R}^s.$

<u>1.5 Remark</u>: In almost all applications $V_iV_j = \delta_{ij}V_i$ and therefore $c_{ij} = O$ if $i \neq j$. In this case C may replaced by $(c_{11}\ldots c_{mm})$ and P is a $m \times m$-matrix.

2. Applications, examples

(A) Consider the case m=1, $U_1=I_n$. This leads to the classical linear regression model $Ey=X\theta$, Cov $y=\sigma^2 I$. This case has been dealt with in Drygas-Srzednicka [2] and Khatri [5]; see also Khatri [6]. Since the BQUE of σ^2 is (y'My)/(trM), which is an invariant estimator, U=I and finally M is interchangeable with $UV_iU' = I$, it follows that the optimality conditions for the usual estimator of σ^2 are:

(2.1) $\quad (M * I)(m * (\gamma - 3\cdot 1_n) - \rho 1_n) = O$ for some $\rho \in \mathbb{R}$

and

(2.2) $\quad X = O$ or $\mathrm{Diag}(M)\delta = (\mathrm{diag}\ m)\delta \in \mathrm{im}\ X.$

Now $(M * I) = \mathrm{Diag}(M) = \mathrm{diag}(m)$, implying that (2.1) is equivalent to

(2.3) $\quad m * m * (\gamma - 3\cdot 1_n) = \rho\ m * 1_n$

for some $\rho \in \mathbb{R}$. This means that all $m_{ii}(\gamma_i - 3)$, for which $m_{ii} \neq 0$, must be equal to ρ. This coincides with the result obtained by Khatri and

Drygas-Srzednicka. Iff all m_{ii} are equal, then (2.2) simply means $X = O$ or $\delta \in \operatorname{im} X$.

(B) Balanced one-way classification.

Let $y_{ij} = \mu + \sigma_1 a_i + \sigma_2 \varepsilon_{ij}$, $j=1,\dots,n$; $i=1,\dots,k$. a_i and ε_{ij} are independent random variables with expectation zero. μ is a constant to be estimated. It is assumed that $E(a_i^2) = E(\varepsilon_{ij}^2) = 1$ for all i,j.

We denote by $A \circ B$ the Kronecker product of the matrices A and B, $A \circ B = (a_{ij}B)$. Let, moreover, I_t denote the unit-matrix of order t and 1_t the $t \times 1$-vector whose entries are all equal to one. Then as in Drygas [4] with

$$(2.4)\qquad \begin{aligned} y &= (y_{11},\dots,y_{1n};\ y_{21},\dots,y_{2n};\dots,y_{k1},\dots,y_{kn}) \\ &= X\Theta + U\operatorname{diag}(\sigma_1 I_k, \sigma_2 I_{kn})\varepsilon \end{aligned}$$

where

$$(2.5)\qquad \Theta = \mu,\ X = 1_k \circ 1_n = 1_{nk}$$

$$(2.6)\qquad U = (I_k \circ 1_n \ \vdots\ I_k \circ I_n)$$

$$(2.7)\qquad \varepsilon = (a_1,\dots,a_k;\ \varepsilon_{11},\dots,\varepsilon_{1n};\ \dots,\varepsilon_{k1},\dots,\varepsilon_{kn})' .$$

Then U has order $nk\mathrm{x}(k+nk) =: nk\mathrm{x}r$ and

$$(2.8)\qquad V_1 = \operatorname{diag}(I_k, O_k \circ I_n),\ V_2 = (O_k, I_k \circ I_n)$$

$$(2.9)\qquad UV_1U' = I_k \circ 1_n 1_n',\ UV_2U' = I_{nm},\ V_1V_2 = O.$$

We introduce the projection $P_l = P_{\operatorname{im}(1_l)} = l^{-1} 1_l 1_l'$ and $M_l = I - l^{-1} 1_l 1_l' = P_{(1_l)^\perp}$. Evidently

$$(2.10)\qquad M = M_{nk} = I_k \circ I_n - P_k \circ P_n .$$

$$(2.11)\qquad U'MU = \left[\begin{array}{c|c} n\ M_k & M_k \circ 1_n' \\ \hline M_k \circ 1_n & M \end{array}\right]$$

$$(2.12)\qquad U'U = \left[\begin{array}{c|c} n\ I_k & I_k \circ 1_n' \\ \hline I_k \circ 1_n & I_k \circ I_n \end{array}\right]$$

$$(2.13)\qquad U'MU*U'U = \left[\begin{array}{c|c} n^2 \operatorname{Diag}(M_k) & \operatorname{Diag}(M_k) \circ 1_n' \\ \hline \operatorname{Diag}(M_k) \circ 1_{n_1}' & \operatorname{Diag}(M) \end{array}\right] = \left[\begin{array}{c|c} n^2 (k-1) b^{-1} I_k & (k-1)k^{-1} I_k \circ 1_n' \\ \hline (k-1)k^{-1} I_k \circ 1_n & (nk-1)(nk)^{-1} I_{kn} \end{array}\right]$$

$$(2.14)\qquad U'(I_k \circ M_n)U = \left[\begin{array}{c|c} O & O \\ \hline O & I_k \circ M_n \end{array}\right]$$

$$(2.15)\qquad U'(M_k \circ P_n)U = \left[\begin{array}{c|c} n\ M_k & M_k \circ 1_n' \\ \hline M_k \circ 1_n & M_k \circ P_n \end{array}\right]$$

Let us now split up $\gamma - 3 \cdot 1_r$ as follows:

$$(2.16)\qquad \gamma - 3 \cdot 1_r = ((\gamma_1 - 3 \cdot 1_k)', (\gamma_2 - 3 \cdot 1_{kn})')' .$$

We want to study $y'Ay$ for $A = I_k \circ M_n, M_k \circ P_n, M$.
These estimators are invariant. For this reason part b) of theorem 1.4 applies. Since M is interchangeable with UV_1U' and UV_2U' and $V = \text{span}\{1_{nk}1_{nk}', I_k \circ 1_n 1_n', I_{nk}\}$ is a quadratic subspace which contains I_{nk} it follows from general theorems (see Drygas [1]) that there are uniformly best quadratic unbiased estimators of all estimable functions of σ_1^2, σ_2^2 in the quasi-normal case. These estimators can be found from certain least squares equations. Therefore the considered $y'Ay$ are BQUE of their expectations in the quasi-normal case.

We study the two conditions

$$(2.17)\qquad (U'MU * U'U)\,[C-DP] = O,\ U\,\text{Diag}(U'AU)V_j\delta \in \text{im}(X),\ j = 1,2$$

for $A = I_k \circ M_n$. Then $U'AU = \text{diag}(O, I_k \circ M_n)$, $\text{Diag}(U'AU) =$
$= \text{Diag}(O, (n-1)n^{-1} I_k \circ I_n)$ and

$$(2.18)\qquad U\,\text{Diag}(J'AU) = (O \,\vdots\, (n-1)n^{-1} I_k \circ I_n) .$$

Let us split up $\delta = (\delta_1', \delta_2')'$, where $\delta_1 \in \mathbb{R}_k$, $\delta_2 \in \mathbb{R}_{nk}$.

Then $U\,\text{Diag}(U'AU)V_1\,\delta = (n-1)n^{-1}\,\delta_1 \circ 1_n$ and $U\,\text{Diag}(U'AU)V_2\,\delta =$
$= (n-1)n^{-1}\delta_2$. These vectors belong to $\text{im}(X) = \text{span}\{1_{nk}\}$ iff $\delta_1 = \rho_{11} 1_k$, $\delta_2 = \rho_{21} 1_{nk}$ unless $n = 1$. To verify the first condition of (2.17) we split γ up as follows:

$$(2.19)\qquad \gamma - 3 \cdot 1_r = ((\gamma_1 - 3 \cdot 1_k)', (\gamma_2 - 3 \cdot 1_{nk})')' .$$

Then as in Drygas [4, p. 102] : $c_1 = 0$, $c_2 = k_o(0', (\gamma_2 - 3 \cdot 1_{nk})')'$, where $k_o = (n-1)n^{-1} > 0$ iff $n > 1$. Now

$$(2.20)\qquad (U'MU * U'U)\,c_2 = \left[\begin{array}{c} k_o k_{12} (\gamma_{2i} - 3 \cdot 1_n)' 1_n \\ \hline k_o k_{22} (\gamma_2 - 3 \cdot 1_{nk}) \end{array}\right] ,$$

where γ_2 is split as $\gamma_2 = (\gamma_{21}', \ldots, \gamma_{2k}')'$ and $k_{12} = (k-1)k^{-1} \neq 0$

iff $k > 1$ and $k_{22} = (nk-1)(nk)^{-1} \neq 0$ iff $n > 1$ or $k > 1$. Therefore if either $k > 1$ or $n > 1$, $(U'MU * U'U)c_2 \in \mathrm{span}\{(U'MU* U'U)(v_i), i = 1,2\}$ iff $\gamma_2 = \rho_{22} 1_{nk}$ for some $\rho_{22} \in \mathbb{R}$.

If $A = M_k \circ P_n$, then $U\,\mathrm{Diag}(U'AU) = U\,\mathrm{Diag}\,(k_1 I_k, k_2 I_{nk})$, where $k_1 = n(k-1)k^{-1}$, $k_2 = (k-1)k^{-1}(n-1)$ and therefore $k_1 \neq 0$ if $k \neq 1$ and $k_2 \neq 1$ and $k_2 \neq 0$ iff $n > 1$. Consequently $U\,\mathrm{Diag}(U'AU) = (k_1(I_k \circ 1_n) \vdots k_2 I_{kn})$ and if again $\delta = (\delta_1', \delta_2')'$, $U\,\mathrm{Diag}(U'AU)V_j\,\delta \in \mathrm{im}\,X$ iff $\delta_1 = \rho_{11} 1_k$, $\delta_2 = \rho_{21} 1_{nm}$ unless $k = 1$ (δ_1, δ_2 arbitrary) or $n = 1$ (δ_2 arbitrary).
If $A = M$ then $\mathrm{Diag}\,(U'AU) = \mathrm{Diag}\,(n(k-1)k^{-1} I_k, (nk-1)(nk)^{-1} I_{nk})$ and $U\,\mathrm{Diag}(U'AU) = (l_1 I_k \circ 1_n \vdots l_2 I_{nk})$, where $l_1 = n(k-1)k^{-1} \neq 0$ iff $k \neq 1$ and $l_2 = (nk-1)(nk)^{-1} \neq 0$ unless $k = n = 1$. Therefore again $U\,\mathrm{Diag}(U'AU)V_j\,\delta \in \mathrm{im}\,X$ iff $\delta_1 = \rho_{11} 1_k$, $\delta_2 = \rho_{21} 1_{nk}$ unless $k = 1$ (δ_1 arbitrary) or $k = 1$, $n = 1$ (δ_2 arbitrary).
Thus we get

<u>2.1 Theorem:</u> Consider the model

(2.21) $$Ey = \mu 1_{nk},\ \mathrm{Cov}\ y = \sigma_1^2 I_m \circ 1_n 1_n' + \sigma_2^2 I_m \circ I_n .$$

(a) $y'(I_m \circ M_n)y$ is BQUE of its expectation $\sigma_2^2 k(n-1)n^{-1}$

iff

(2.22) $$\delta_2 = \rho_{21} 1_{nk},\quad \gamma_2 = \rho_{22} 1_{nk} \quad \text{for some } \rho_{21}, \rho_{22} \in \mathbb{R}$$

provided $n > 1$. If $n = 1$, then δ_2 and γ_2 are allowed to be arbitrary.

(b) There exist BQUE of all estimable functions of σ_1^2, σ_2^2

iff

(2.23) $$\delta_1 = \rho_{11} 1_k,\ \delta_2 = \rho_{21} 1_{nk},\ \gamma_1 = \rho_{12} 1_k,\ \gamma_2 = \rho_{22} 1_{nk}$$

for constants $\rho_{11}, \rho_{21}, \rho_{12}, \rho_{22} \in \mathbb{R}$ provided $n > 1$, $k > 1$.
If $k = 1$ then γ_1, δ_1 are arbitrary and if, moreover, $n = 1$ then γ_2, δ_2 are arbitrary as well.

<u>Proof:</u> For $A = M_k \circ P_n$ we get $c_1 = n(k-1)k^{-1}((\gamma_1 - 3\cdot 1_k)', 0')'$, $c_2 = (nk)^{-1}(k-1)(0', (\gamma_2 - 3\cdot 1_{nk})')'$ while for $A = M$

(2.24) $$c_1 = n(k-1)k^{-1}((\gamma_1 - 3\cdot 1_k)', 0')' ,$$

(2.25) $$c_2 = (nk-1)(nk)^{-1}(0', (\gamma_2 - 3\cdot 1_{nk})')' .$$

In both cases c_2 is of the form dealt with when considering $A = I_k \circ M_n$. Unless $nk = 1$ it follows that $\gamma_2 = \rho_{22} 1_{nk}$, $\delta_2 = \rho_{12} 1_{nk}$ for some $\rho_{12}, \rho_{22} \in \mathbb{R}$. If $nk = 1$, then γ_2 and δ_2 are arbitrary. Since

$$(2.26)\qquad (U'MU * U'U)c_1 = n(k-1)^2k^{-1}\cdot\begin{bmatrix} n^2(\gamma_1-3\cdot 1_k) \\ \hdashline (\gamma_1-3\cdot 1_k)\circ 1_n\end{bmatrix}$$

it follows that, unless $k = 1$, this vector belongs to span $\{(U'MU * U'U)(v_i),\ i=1,2\}$ iff $\gamma_1 = \rho_{12} 1_k$ for some $\rho_{12} \in \mathbb{R}$. If $k = 1$, then γ_1 is arbitrary.

(C) Balanced two-way classification.

Let $y_{ij} = \mu + a_i + b_j + \varepsilon_{ij}$; $i=1,\ldots,k$; $j=1,\ldots,n$. Here $a_1,\ldots,a_k$; $b_1,\ldots,b_n$; $\varepsilon_{11},\ldots,\varepsilon_{kn}$ are again independent random variables with expectation zero, μ an unknown constant. This example has also been studied in some detail by Kleffe [7]. Let again $y = (y_{11},\ldots,y_{k1},\ldots,y_{kn})'$, $X = 1_{kn}, \theta = \mu$; $\varepsilon = (a_1,\ldots,a_k;\ b_1,\ldots,b_n;\ \varepsilon_{11},\ldots,\varepsilon_{kn})'$. Then

$$(2.27)\qquad y = X\theta + U\varepsilon ,$$

where

$$(2.28)\qquad U = (I_k \circ 1_n \vdots 1_k \circ I_n \vdots I_k \circ I_n).$$

Here, again, $M = I - (kn)^{-1} 1_k 1_k' \circ 1_n 1_n'$ and

$$(2.29)\qquad V_1 = \mathrm{diag}(I_k,0,0),\ V_2 = \mathrm{diag}(0,I_n,0),\ V_3 = \mathrm{diag}(0,0,I_k\circ I_n).$$

Again, $I_{kn} \in \mathrm{span}\{1_{nk}1_{nk}', UV_1U',\ldots,UV_3U'\}$, which is a quadratic subspace. Since M commutes with all UV_iU', again a BQUE of all estimable functions exists under quasi-normality. Therefore $y'Ay$ is BQUE of its expectation for $A = P_k \circ M_n, M_k \circ P_n, M$. We will also investigate $A = M_k \circ M_n$. All these estimators are invariant. Straightforward calculations yield:

$$(2.30)\qquad U'MU = \begin{bmatrix} nM_k & 0 & M_k \circ 1_n' \\ 0 & kM_n & 1_k' \circ M_n \\ M_k \circ 1_n & 1_k \circ M_n & M \end{bmatrix}$$

$$(2.31)\qquad U'U = \begin{bmatrix} nI_k & 1_k \circ 1_n' & I_k \circ 1_n' \\ 1_k' \circ 1_n & kI_n & 1_k' \circ I_n \\ I_k \circ 1_n & 1_k \circ I_n & I_k \circ I_n \end{bmatrix}$$

For $U'MU * U'U$ we get in view of $A * I = \mathrm{Diag}(A)$:

$$(2.32)\qquad U'MU * U'U = \left[\begin{array}{c|c|c} nk^{-1}(k-1)I & 0 & (k-1)k^{-1}I_k \circ 1_n' \\ \hline 0 & k(n-1)n^{-1}I_n & n^{-1}(n-1)1_k' \circ I_n \\ \hline (k-1)k^{-1}I_k \circ 1_n & (n-1)n^{-1}1_k \circ I_n & (nk-1)(nk)^{-1}I_{nk} \end{array}\right]$$

We split up as follows:

$$(2.33)\qquad \delta = (\delta_1', \delta_2', \delta_3')', \ \gamma = (\gamma_1', \gamma_2', \gamma_3')',$$

where $\delta_1, \gamma_1 \in \mathbb{R}^k$; $\delta_2, \gamma_2 \in \mathbb{R}^n$; $\delta_3, \gamma_3 \in \mathbb{R}_{nk}$. For $A = M_k \circ M_n$ we obtain $U'AU = \mathrm{Diag}(0,0,M_k \circ M_n)$; $\mathrm{Diag}(U'AU) = (n-1)(k-1)(nk)^{-1}\,\mathrm{diag}(0,0,I_k \circ I_n)$, $U\,\mathrm{Diag}(U'AU) = (n-1)(k-1)(nk)^{-1}(0 \vdots 0 \vdots I_k \circ I_n)$. Thus $U\,\mathrm{Diag}(U'AU)\,V_j\delta = 0, j = 1,2$ and $U\,\mathrm{Diag}(U'AU)V_3\delta = (n-1)(k-1)(nk)^{-1}\delta_3 \in \mathrm{im}\,X$ iff $\delta_3 = \rho_{31}1_{nl}$ unless $n = 1$ or $k = 1$ in which case δ_3 is allowed to be arbitrary. To verify the first condition in (2.17) we note that $c_1 = c_2 = 0$, $c_3 = (n-1)(k-1)(nk)^{-1}(0',0',(\gamma_3 - 3\cdot 1_{kn})')'$. If $n > 1$, $k > 1$ - otherwise γ_3 is arbitrary - then it can easily be checked that $(U'MU * U'U)(c_3) \in \mathrm{span}\{(U'MU * U'U)(v_i),\ i = 1,2,3\}$ iff $\gamma_3 = \rho_{32}1_{nk}$ for some $\rho_{32} \in \mathbb{R}$.

If $A = M_k \circ P_n$ then $U\,\mathrm{Diag}(U'AU) = (n(k-1)k^{-1}I_n \vdots (k-1)(nk)^{-1}I_{nk})$. From this it easily follows that unless $k = 1$ - in this case there is no restriction on $\delta_1, \delta_2, \delta_3$ - the second condition of (2.17) is met iff $\delta_1 = \rho_{11}1_k$, $\delta_3 = \rho_{31}1_{nk}$ for some $\rho_{11}, \rho_{31} \in \mathbb{R}$. To verify the first condition of (2.17) we first realize that $c_1 = n(k-1)k^{-1}((\gamma_1 - 3\cdot 1_k)', 0', 0')'$, $c_2 = 0$, $c_3 = (k-1)(nk)^{-1}(0',0',(\gamma_3 - 3\cdot 1_{nk})')'$. The vector c_3 is of the form discussed above. Therefore, unless $k = 1$, optimality is preserved iff $\gamma_3 = \rho_{32}1_{nk}$ for some $\rho_{32} \in \mathbb{R}$. In the same way it follows that unless $k = 1$, $\gamma_1 = \rho_{12}1_k$ for some $\rho_{12} \in \mathbb{R}$. Similar results are obtained for $A = P_k \circ M_n$, namely

$$(2.34)\qquad \begin{aligned} c_1 &= 0,\ c_2 = (n-1)n^{-1}(0', (\gamma_2 - 3\cdot 1_n)', 0')', \\ c_3 &= (n-1)(nk)^{-1}(0',0',(\gamma_3 - 3\cdot 1_{nk})')'. \end{aligned}$$

Thus if $n > 1$, the BQUE-property is preserved iff $\gamma_2 = \rho_{22}1_n$, $\gamma_3 = \rho_{32}1_{nk}$. Finally $A = M$ yields

$$(2.35)\qquad \begin{aligned} c_1 &= n(k-1)k^{-1}(\gamma_1 - 3\cdot 1_k)', 0', 0')', \\ c_2 &= (n-1)n^{-1}(0', (\gamma_2 - 3\cdot 1_n)', 0')', \\ c_3 &= (nm-1)(nm)^{-1}(0',0',(\gamma_3 - 3\cdot 1_{nk})')'. \end{aligned}$$

From this it follows that unless $k = 1$, the BQUE is preserved iff $\gamma_1 = \rho_{12} 1_k$, $\gamma_2 = \rho_{22} 1_n$ (unless $n = 1$) and $\gamma_3 = \rho_{32} 1_{nk}$ (unless $n = k = 1$). We have still to study the second condition of (2.17) for $A = P_k \circ M_n$, which yields

$$(2.36) \qquad U(\mathrm{Diag}(U'AU) = (0 \vdots 1_k \circ I_n \vdots (nk)^{-1} I_{nk})(n-1)$$

and for $A = M$

$$(2.37) \qquad U\,\mathrm{Diag}(U'AU) = ((nk)^{-1}(n^2(k-1) I_k \circ 1_n \vdots k^2(n-1) 1_k \circ I_n \vdots (nk-1) I_{nk})$$

Therefore $A = P_k \circ M_n$ yields $\delta_2 = \rho_{12} 1_n$, $\delta_3 = \rho_{31} 1_{nk}$ (unless $n = 1$), while $A = M$ yields $\delta_1 = \rho_{11} 1_k$ (unless $k = 1$), $\delta_2 = \rho_{21} 1_n$ (unless $n = 1$) and $\delta_3 = \rho_{31} 1_{nk}$ (unless $n = k = 1$).

We summarize these results in

<u>2.2 Theorem</u>: Let the model $Ey = \mu 1_{nk}$,

$$\mathrm{Cov}\ y = \sigma_1^2\ I_k \circ 1_n 1_n' + \sigma_2^2\ 1_k 1_k' \circ I_n + \sigma_3^2\ I_k \circ I_n$$

be given.

(a) $y'(M_k \circ M_n)y$ is BQUE of its expectation $\sigma_3^2\ (n-1)(k-1)(nk)^{-1}$ iff

$$(2.38) \qquad \delta_3 = \rho_{31} 1_{nk},\ \gamma_3 = \rho_{32} 1_{nk} \text{ for some } \rho_{31}, \rho_{32} \in \mathbb{R}$$

provided $n > 1$, $k > 1$. If $n = 1$ or $k = 1$ then δ_3 and γ_3 can trivially be arbitrary.

(b) There exist a BQUE of all estimable functions of $\sigma_1^2, \sigma_2^3, \sigma_3^2$ iff all δ_i and all γ_i are proportional to the all one-vector of appropriate order provided $n > 1$, $k > 1$. If $k = 1$, then γ_1, δ_1 are arbitrary. If $n = 1$, then δ_2, γ_2 are arbitrary. If finally $k = 1$, $n = 1$ then there are no restrictions on δ_3, γ_3.

3. <u>Extensions</u>

The examples of the previous paragraph can be extended to a general class of linear models called balanced ANOVA-models. These are caracterized by $y = \Sigma X_i \beta_i + \Sigma \sigma_i U_i \varepsilon_i$, where the X_i and U_j are Kronecker-Products where each factor is either 1_{n_i} or I_{n_i}.

Homburg [4a] showed that these models allow a unique treatment and he showed that the results of Drygas [4] extend to this class of models. It is to be expected that also the results of this paper apply to these models.

References

[1] Drygas, H.: "Best quadratic unbiased estimation in variance-covariance component models". Math. Operationsf. und Statistik, 8 (1977), 211-231.

[2] Drygas, H. and J. Srzednicka: "A new result in Hsu's model of regression analysis". Bull. Polish Acad. Sci. 24 (1976), 1133-1136.

[3] Drygas, H. and G. Hupet: "A new proof of Hsu's theorem in regression analysis - A coordinate-free approach". Math. Operationsf. und Statistik, 8 (1977), 333-335.

[4] Drygas, H.: "Hsu's theorem in variance component models" in Mathematical Statistics, Banach Center Publications, Volume 6, 95-107, Warszawa 1980.

[4a] Homburg, W.: "Varianzkomponentenschätzung bei balancierten ANOVA-Modellen". (1982), Diplomarbeit an der Gesamthochschule Kassel.

[5] Khatri, C.G,: "Minimum Variance Unbiased Estimate of Variance Under ANOVA Model". Gujarat Statistical Review, Vol. V, No. 2, October 1978, 33-41.

[6] Khatri, C.G.: "Minimum Variance Quadratic Unbiased Estimate of a Linear Function of Variances and Covariances Under MANOVA Model". Journal of Statistical Inference and Planning, 3 (1979), 299-303.

[7] Kleffe, J.: "Best Quadratic Unbiased Estimators for Variance Components in the Balanced Two-way Classification Model". Math. Operationsf. u. Statistik 6 (1975), 189-196.

[8] Kleffe, J. and R. Pincus: "Bayes and Best Quadratic Unbiased Estimators for Variance Components and Heteroscedastic Variances in Linear Models". ibid 5 (1974), 147-159.

[9] Kleffe, J. and R. Pincus: "Bayes and Best Quadratic Unbiased Estimators of the Covariance Matrix in a Linear Model", ibid 5 (1974), 43-67.

KONZEPTE ZUR WEICHEN MODELLIERUNG SOZIO-ÖKONOMISCHER ZUSAMMENHÄNGE

Roland Fahrion, Heidelberg

Unter den zahlreichen Ansätzen zur Modellierung von nicht exakt beschreibbaren Prozessen in der Sozio-Ökonomie konzentriert sich diese Arbeit auf das Konzept der stochastischen partiellen Information. Nach generellen Bemerkungen über die Theorie der fuzzy sets und der stochastischen partiellen Information erfolgt die Formalisierung der Unschärfe-Eigenschaften von Schätzfunktionen bei Unschärfe in den Beobachtungsdaten. Danach wird die Frage der Festlegung der Kausalrichtungen in weichen Modellen, wie auch das Problem der Bewertung von stochastischer partieller Information aufgegriffen. Schließlich werden Lösungsmöglichkeiten für das Spezifikationsproblem in linearen Modellen und für ein Invarianzproblem in der dynamischen Input-Output Analyse unter Verwendung von partieller Information angegeben.

Among numerous approaches for soft modelling processes in socio-economics, this paper deals with the concept of stochastic partial information. General remarks on the theory of fuzzy sets and of stochastic partial information are followed by the formalization of fuzziness in linear estimation problems when the observation data are fuzzy. Then the problem of choosing the causal effects in soft models and the evaluation of stochastic partial information is considered. Finally, with respect to partial information, solutions to the problem of an adequate specification in linear models, and to an invariance problem in dynamic input-output analysis are given.

1. Einleitung und Übersicht

Bereits seit einiger Zeit zeichnet sich im Bereich der empirischen Wirtschaftsforschung und Ökonometrie immer deutlicher ab, daß den Erwartungen an die mit ökonometrischen Modellrechnungen ermittelten Forschungsergebnisse nicht entsprochen werden konnte. Auch wenn der gleichbleibend hohe Forschungsaufwand für die Weiterentwicklung und Verfeinerung der ökonometrisch-statistischen Schätzverfahren aufrecht erhalten wurde, konnten wesentliche qualitative Verbesserungen kaum erreicht werden.

Contributions to Econometrics and Statistics Today
Edited by H. Schneeweiss and H. Strecker

Ein wichtiger Grund dürfte darin bestehen, daß in der klassischen Ökonometrie versucht wurde, das Prinzip des naturwissenschaftlichen Experiments auf sozialwissenschaftliche Phänomene zu übertragen. Im allgemeinen ist aber im sozio-ökonomischen Bereich eine mehrfache Wiederholung des Experiments und der hierdurch bedingten Stabilisierung der Datenqualität nicht möglich, so daß die Anforderungen an die Spezifikation und Stochastisierung der Modellrelationen nicht 'hart' abgegrenzt werden können.

Es sind nun in den letzten 15 Jahren verschiedene Anstrengungen unternommen worden, um die bekannten harten Annahmen der Ökonometrie abzuschwächen. Zum Beispiel sind im Rahmen der robusten Schätzverfahren zahlreiche Modifikationen der klassischen Ausgleichsmethode angegeben worden, die nach verschiedenen Robustheitstypen (Daten-, Parameter-, Verteilungsrobustheit, u.a.) klassifiziert werden können (siehe z.B. Launer und Wilkinson (1979)). Da sich bei jedem Schätzproblem insbesondere die Frage nach der Qualität der Daten stellt, sind die robusten Schätztechniken besonders hinsichtlich ihrer Unempfindlichkeit gegenüber Fehlern in den Beobachtungen konstruiert worden.

Der Begriff der weichen Modellbildung und der damit verbundenen Abschwächung der stochastischen Annahmen, wie auch der Festlegung der Kausalrichtungen in ökonomischen Systemen, geht auf Herman Wold (1974) zurück (s. Menges (1975)). Er versuchte die beiden Extreme - die bloße Modellspezifikation ohne Einbeziehung von qualitativen Aspekten der Variablen bzw. Beobachtungen einerseits, und der reinen Datenanalyse (kanonische Korrelation, Prinzipalkomponenten) andererseits - dadurch zu kombinieren, daß er die bekannten Pfadmodelle in einen 'matching-Prozeß' des interaktiven Zusammenwirkens von theoretischem und empirischem Wissen einbettete. Die vornehmlich prognostische Zielsetzung bei Wold initialisierte eine Prädiktorspezifikation, welche verteilungsfrei ist, aber nur noch konsistente Schätzfunktionen liefert.

Da man gerade bei der Nachahmung des naturwissenschaftlichen Experiments versucht hatte, 'exakte' Begriffe anzustreben, die meist nicht genau abgegrenzt werden können und 'weich' sind, wurden verschiedene theoretische Konzepte zur Beschreibung unscharfer und vager Phänomene entwickelt. Zahllose Begriffe, teilweise verstärkt durch Attribute, können nur unscharf umrissen werden, man denke nur an die im Stabilitätsgesetz vorgegebenen Kriterien für wirtschaftspolitische Entscheidungen wie z.B. 'angemessenes' Wachstum, 'hoher' Beschäftigungsgrad, 'stabiles' Preisniveau etc.. Für die Beschreibung der begrifflichen Unschärfe, bei der ein Ereignis selbst nicht hinreichend genau beschrieben werden kann, liefert die Theorie der fuzzy sets geeignete Formalismen, wohingegen sich eine Unschärfe, die durch ungenaues Messen (im weiteren Sinne) bedingt ist - bei der das Ereignis selbst fest definiert ist, nur das Eintreten des Ereignisses unsicher ist - besser im Rahmen der Theorie der stochastischen partiellen Information (SPI) erfassen läßt. Gerade Günter Menges hat sich mit dieser Theorie beschäftigt und zahlreiche Arbeiten hierzu veröffentlicht. Im Rahmen der statistischen Entscheidungstheorie läßt sich das Konzept der SPI als eine Generalisierung von Entscheidungsproblemen bei Risiko auffassen. Sowohl fuzzy sets als auch SPI sind anerkannte Konzepte zur Formalisierung von Unschärfe bzw. Vagheit.

Unter Bezugnahme auf die Interessensbereiche von Günter Menges werden im folgenden aus den zahlreichen Ansätzen zur Modellierung von nicht exakt beschreibbaren Prozessen diejenigen Schwerpunkte näher beleuchtet, die zu den Arbeiten von Menges in engerem Zusammenhang stehen. Nach mehr allgemein gehaltenen Bemerkungen über die Theorie der fuzzy sets und der stochastischen partiellen Information wird in Abschnitt 3 gezeigt, wie sich eine geeignet formalisierte Unschärfe in den Beobachtungsdaten auf verschiedene Schätzfunktionen (OLS- und Pseudo-Bayessche Schätzer) auswirkt. Mit der Einbeziehung von Unschärfekonzepten in die ökonometrische Modellstruktur befassen wir uns in Abschnitt 4. Ausgehend von einer Rohdatenanalyse sollte eine Klassifizierung (Clusteranalyse, oder Erzeugung von 'cartoons' im Sinne von Chernoff (1973)) sowohl nach Fällen vorgenommen werden, um der Inhomogenität der Daten Rechnung zu tragen (Querschnitte), als auch nach Variablen, um das Modell in Beobachtungsblöcken formulieren zu können (Zeitreihen). Wir befassen uns insbesondere mit der Festlegung und Bewertung der Kausalrichtungen innerhalb der inneren und äußeren Relationen, wobei wir auf eine Exemplifizierung anhand von Pfadmodellen weitgehend verzichten. Jedoch wird gezeigt, wie dieses Auswahlproblem auf der Basis stochastisch partieller Information formuliert werden kann. In Abschnitt 5 werden die bereits bei Fahrion (1980) angegebenen Möglichkeiten zur Bewertung von stochastischer Information aufgegriffen. Durch Verwendung eines generalisierten Entropie-Begriffs wird bei der Konstruktion eines Informationsmaßes versucht, eine Brücke zur Informationstheorie zu schlagen. In verschiedenen Gesprächen mit Günter Menges über die Bewertung stochastischer Information, insbesondere über die m. E. nicht ausreichende Flexibilität seines 'Volumen'-Maßes, kam zum Ausdruck, daß er den Begriff der stochastischen Information nicht im Sinne des in der Informationstheorie verwendeten Begriffs versteht. Daher hatte er auch die Zielsetzung einer Verbindung von SPI-Theorie zur Informationstheorie stets abgelehnt. Im abschließenden Abschn. 6 werden noch zwei Anwendungen für die Verwendung des Informationsmaßes angegeben.

2. Fuzzy sets und stochastische partielle Information

Die Theorie der fuzzy sets stellt eine Erweiterung des zweiwertigen Mengenkonzepts dar, bei dem der binäre Zugehörigkeitsgrad eines Elements zu einer Menge für alle Werte im Intervall [0,1] möglich ist. In einer Fülle von Arbeiten werden praktisch alle wichtigen Bereiche der Mathematik wie Logik, Wahrscheinlichkeitstheorie, Informationstheorie u.a. im Kontext der fuzzy sets behandelt. Dem empirischen Forscher ist mit den fuzzy sets ein Instrument an die Hand gegeben, um sozio-ökonomische Zusammenhänge verbal zu charakterisieren. Dies ist wegen der leichteren Kommunizierbarkeit wünschenswert, außerdem erlaubt die hochentwickelte mathematische Theorie Aussagen über die verschiedenartigsten Verknüpfungen von unscharfen Variablen. Dazu werden einige Beispiele angeführt, in welchen Bereichen der Ökonomie die fuzzy sets-Theorie zur Anwendung gelangt. Der klassischen Entscheidungstheorie liegen die Annahmen zugrunde, daß das Individuum in der Lage ist, a) alle Aktionen und Zustände für eine konkrete Entscheidungssituation anzugeben, b) jedem Paar (Aktion, Zustand) einen Nutzenwert zuzuordnen, c) die Ergebnisse zu bewerten oder zumindest schwach zu ordnen, d) mit Hilfe eines Entscheidungskriteriums aufgrund der auf diese Weise gegebenen Präferenzordnung eine bestmögliche Aktion auszuwählen. Jedoch sind diese, in gewisser Weise idealisierenden Annahmen durch das Individuum meist nicht realisierbar, zumal es nicht in der Lage ist, alle - das optimale Ergebnis beeinflussende Faktoren - zu kontrollieren. Statt auf ein solches Optimalergebnis abzuheben, empfiehlt es sich, eine solche Aktion zu wählen, die ein bestimmtes Anspruchsniveau erfüllt. Diese Niveaus sollten nicht exakt definierte Punkte der Nutzenskala sein, sondern eine Art Fühlbarkeitsschwelle, oder auch Toleranzstreifen, die um diese Skalenpunkte gelegt werden. Die intuitive Setzung dieser Schwellenwerte ist bei vielen alltäglichen Vorgängen eine Selbstverständlichkeit, und erfolgt mit Hilfe bestimmter Strukturbilder im Gedächtnis des Individuums, die nach einem spezifischen Muster hinsichtlich ihrer Dominanz gebildet werden. Auch ist in diesem Zusammenhang vielleicht das Entscheidungskonzept von Bellman und Zadeh zu erwähnen, bei dem Ziel(funktion) und Restriktionen in der Weise gleichrangig behandelt werden, daß Ziel und Restriktionen unscharfe Mengen darstellen, und die Entscheidung als fuzzy-theoretischer Durchschnitt über dem Alternativenraum aufgefaßt wird. Insbesondere für Optimierungsprobleme ist dieser Gedanke der Gleichbehandlung von Ziel und Restriktion sehr bedeutsam (siehe z.B. Zimmermann (1976), Sommer (1978)).

Ein weiteres, sehr intensiv diskutiertes Entscheidungsproblem der vergangenen Jahrzehnte stellt im Kontext der sozialen Wahlhandlungstheorie die Aggregation individueller Präferenzordnungen zu einer sozialen Präferenzordnung dar. Ausgangspunkt dieser Diskussion war bekanntlich eine Arbeit von Arrow aus dem Jahre 1951, wo bei Gültigkeit gewisser Bedingungen die Nichtexistenz einer solchen sozialen Wohlfahrtsfunktion gezeigt wurde. Es gibt verschiedene Korrekturen und Reinterpretationen des Arrow'schen Unmöglichkeitstheorems (Gäfgen (1961)), insbesondere ist auch auf eine Arbeit von Flemming (1977) bezüglich der Behandlung aggregierter Präferenzrelationen mit fuzzy sets hinzuweisen. Gerade in neuerer Zeit sind auch große Anstrengungen gemacht worden, um vage Prozesse mit Hilfe von linguistischen Variablen zu beschreiben. Diese ermöglichen, im Gegensatz zu numerischen Variablen, die Darstellung von Worten oder auch Sätzen einer natürlichen Sprache (z.B. Attribute 'ziemlich schlecht', 'recht gut', u.a., siehe Zadeh (1975)).

Eine besondere Schwierigkeit entsteht bei der konkreten Bestimmung der Zugehörigkeitsgrade. Sie ist in hohem Grade kontextabhängig und einer starken Subjektivität unterworfen. Die Ergebnisse sind von der a priori Vorgabe der Gestalt der Zugehörigkeitsfunktionen abhängig. Egle (1975) spricht von einer hieraus resultierenden 'Wolke von Konsequenzen'. Nehmen wir z.B. die linguistischen "modifier" 'sehr', 'mehr oder weniger', 'ziemlich' usw., oder eine andere Gruppe von "modifiern", 'wesentlich', 'in gewissem Sinne', 'strikt', usw., so müssen diese funktional charakterisiert werden, wenn wir derartige qualitative Attribute zum Zwecke der besseren Informationsausnutzung und des damit verbundenen höheren Informationsgewinns in die Modellierung einbeziehen wollen.

In den wenigen anwendungsbezogenen Studien wird der Zugehörigkeitsgrad probabilistisch bestimmt. Einer Anzahl von Leuten wird eine bestimmte Frage gestellt, und die Anzahl der spezifischen Antworten werden in Histogrammen abgetragen (Gruppenaspekt der Zugehörigkeit), oder es wird *eine* Person mehrmals befragt (individueller Aspekt der Zugehörigkeit). Es gibt auch Ansätze die sich mehr an den Klassifizierungsverfahren der empirischen Sozialforschung orientieren. Hierbei werden Befragungswerte zunächst gruppiert, anschließend die Gruppenmittelwerte zur Interpolation der Zugehörigkeitsfunktion verwendet (Kochen, Badre (1974)). Gruppendurchschnitte binärer Antworten dienen häufig auch zur Darstellung der Zugehörigkeitsgrade. Man greift also bisher auf traditionelle statistische Methoden zurück, so daß sich zumindest aus der Anwendersicht die Frage nach dem Vorteil der 'Fuzzifizierung' gegenüber dem bisherigen Vorgehen stellt. Die Fuzzifizierung z.B. eines Konjunkturindikators wäre wenig sinnvoll, da die Befragung der Unternehmer nach ihren Zugehörigkeitsfunktionen kaum möglich sein dürfte. Auch eine Formalisierung der bestehenden Sozialindikatoren hinsichtlich der Darstellung als Zugehörigkeitsfunktionen ist wenig sinnvoll, wenn diese durch Ausglättung von Histogrammen bestimmt werden. Insgesamt bleibt festzustellen, daß die

Vorschläge für den praktischen Einsatz der fuzzy sets der theoretischen Entwicklung weit nachhängen. Es gibt zwar bereits programmierte 'fuzzy sets manipulation systems' (z.B. Umano, Mizumoto, Tanaki (1978)), bei denen jedoch die Zugehörigkeitsfunktionen vorgegeben werden müssen.

Das andere wichtige Konzept zur Beschreibung von Unbestimmtheit ist das der stochastischen partiellen Information (SPI), das maßgeblich von Kofler und Menges (1976) geprägt wurde. Dieses orientiert sich stark an der klassischen Entscheidungstheorie von A. Wald, und ist zwischen dem Bernoulli-Kriterium (exakte Kenntnis der Verteilung) und dem Maximin-Prinzip (keine a priori Information über die Verteilung der Zustandskomponenten) einzuordnen. Bei n vorgegebenen Zuständen wird eine SPI durch ein System von Ungleichungen im (n-1)-dimensionalen Wahrscheinlichkeitssimplex festgelegt. Durch Verknüpfung der Matrix der Extremalverteilungen mit der Nutzenmatrix ergibt sich die Matrix der erwarteten Nutzen. Partielle Information ist hierbei also in dem Sinne zu verstehen, daß eine konvexe Menge relevanter Wahrscheinlichkeiten für die Bewertung der Zustände favorisiert wird. Die Zustände selbst sind fest vorgegeben und sind daher wie in der Wahrscheinlichkeitstheorie als Ereignisse aufzufassen. Hierin liegt der wesentliche Unterschied zwischen der Theorie der fuzzy sets und der SPI: In der fuzzy Theorie sind die Objekte unscharf, und das Eintreten des Ereignisses ist gesichert. Bei der SPI ist das Eintreten des Ereignisses nicht gesichert, hier interessiert die Objektunschärfe nicht, die Ereignisse sind fest abgegrenzt. Somit erscheint für die Sozialwissenschaften das SPI-Konzept als das adäquatere, weil z.B. beim Ereignis 'Wendepunkt der Konjunktur' weniger die Unschärfe und Problematik des Begriffs Konjunktur als solchem interessiert, sondern vielmehr eine Unsicherheit über das Eintreten des Wendepunktes besteht.

3. SPI in der Schätztheorie

Angeregt durch zahlreiche Diskussionen mit G. Menges während der Jahre 1979-1981, beschäftigte ich mich mit der Frage, wie sich in linearen Regressionsbeziehungen eine Unschärfe in den Beobachtungsdaten auf die Schätzparameter auswirkt. In einem bisher unveröffentlichten Papier habe ich das bestehende SPI-Konzept erweitert, um die Projektions- und Schätzoperatoren im SPI-Sinne überhaupt fassen zu können. Auch ist eine Erweiterung auf den Einheitskubus erforderlich, weil die Summationsbedingung $e'p=1$ i.a. zerstört wird. Im folgenden werden die SPI-Charakterisierungen des OLS-Schätzers und der Pseudo-Bayesschen Schätzer dargestellt.
Wir bezeichnen das (T-1)-dimensionale Wahrscheinlichkeitssimplex mit $S^{(T)}=\{p \in \mathbb{R}_{+}^{T} | e'p=1\}$, den Einheitskubus mit $K^{(T)}=\{p \in \mathbb{R}_{+}^{T} | 0 \leq p_i \leq 1, i=1,\ldots,T\}$,

die Menge der Beobachtungszustände mit $\mathcal{Y} = \{(y_{1i},\dots,y_{Ti}) \mid i\in\mathbb{N}\}$. Mit

$\iota^{m,T}_{D,d} : \mathcal{Y}\to\mathcal{T}^{m,T}_{D,d} = \{p\in\mathcal{S}^{(T)} \mid Dp\geq d, D\in\mathbb{R}_{m,T}, d\in\mathbb{R}^m\}$ sei die starke SPI, mit

$\varkappa^{m,T}_{D,d} : \mathcal{Y}\to\mathcal{V}^{m,T}_{D,d} = \{p\in\mathcal{K}^{(T)} \mid Dp\geq d, D\in\mathbb{R}_{m,T}, d\in\mathbb{R}^m\}$ die schwache SPI bezeichnet.

$\Sigma_{\mathcal{S}^{(T)}}$ und $\Sigma_{\mathcal{K}^{(T)}}$ seien die σ-Algebren der starken und schwachen SPI.

Weiterhin sei $E_1 = \{e_1,\dots,e_T\}$ die Menge der Einheitsvektoren im R^T.

Definition 1:

Sei $Q\in\Sigma_{\mathcal{S}^{(T)}}$ bzw. $\Sigma_{\mathcal{K}^{(T)}}$. Dann heiße $\mathcal{Y}$ stark bzw. schwach Q-unscharf, wenn für vorgegebene $D\in R_{m,T}, d\in R^m, m, T\in\mathbb{N}, \iota^{m,T}_{D,d}(\mathcal{Y}) = Q$ bzw. $\varkappa^{m,T}_{D,d}(\mathcal{Y}) = Q$.

Definition 2:

a) $\mathcal{K}\subset\mathbb{R}^T_+$ heiße positiv ausgeglichen, wenn $\forall_{x\in\mathbb{R}^T_+} \; \exists_{\nu\in(0,\infty)} \; x\in\nu\mathcal{K}$.

b) Ist $Q\in\Sigma_{\mathcal{S}^{(T)}}$ $(\Sigma_{\mathcal{K}^{(T)}})$ pos. ausgeglichen, so heiße Q stark (schwach) ausgeglichen.

c) $A\in\mathbb{R}_{T,T}$ heiße $\mathcal{K}$-minimal, wenn es eine konvexe und positiv ausgeglichene Menge $\mathcal{K}\subset\mathbb{R}^T_+$ gibt, so daß für den Spektralradius $\sigma(A)$ gilt:
$\sigma(A) = \text{lub}_{\mathcal{K}}\, A := \inf\{\nu \mid A\mathcal{K}\subset\nu\mathcal{K}\}$
(lub = 'lowest upper bound', $\text{lub}_K\, A$ = 'lub-Norm von A **bezüglich** K')

d) Ist $\mathcal{K}\in\Sigma_{\mathcal{S}^{(T)}}$, $A\in\mathbb{R}_{T,T}$ $\mathcal{K}$-minimal, dann heiße A stark SPI-minimal.

e) Ist $\mathcal{K}\in\Sigma_{\mathcal{K}^{(T)}}$, $A\in\mathbb{R}_{T,T}$ $\mathcal{K}$-minimal, dann heiße A schwach SPI-minimal.-

Setzen wir $E = \{x\in R^T_+ \mid x\leq(1,\dots,1)'\} = \Sigma^T_{i=1}[e_i]$, $\|x\|_E = \inf\{\nu \mid x\in\nu E\}$, so folgt aus dem Beweis des Satzes von Perron-Frobenius (siehe Householder (1964), S. 65 ff.)

Proposition 1:

Sei $A\in\mathbb{R}^+_{T,T}$ irreduzibel, $v\in\{w \mid Aw=\sigma(A)w\}$, $v^\sigma = \frac{v}{\|v\|_E}$,

$G = \text{diag}(v^\sigma_1,\dots,v^\sigma_T)$, $GE = \Sigma^T_{i=1} v^\sigma_i [e_i]$. Dann ist A **GE-minimal**.-

Mit diesen Voraussetzungen können wir nun die Kleinstquadratschätzung bei SPI-unscharfen Beobachtungsdaten betrachten. Für den OLS-Projektionsoperator $\Gamma: \mathcal{Y} \to \hat{\mathcal{Y}} = \{\hat{y} = XX^+y \mid y = X\beta + u, y \in \mathcal{Y}\}$ ergibt sich wegen $\sigma(XX^+)=1$, und unter Verwendung von

$$\mathcal{G} = \{G = \mathrm{diag}(v_1,\dots,v_T) \mid v'XX^+v = 1, \|v\|_E = 1\} \quad \text{und}$$

$$\mathcal{F} = \{GE = \Sigma_{i=1}^{T} v_i[e_i] \mid G \in \mathcal{G}\}$$

die Eigenschaft $\mathrm{lub}_{GE}\, XX^+=1$ für alle $GE \in \mathcal{F}$.

Proposition 2:

Sei $XX^+ \in \mathbb{R}^+_{T,T}$ irreduzibel, $\mathcal{Y}$ GE-unscharf, $GE \in \mathcal{F}$,

$E_X := (XX^+)GE = (XX^+G)E \in \Sigma_{\mathcal{K}(T)}$. Es gebe Konstanten π_1, $\pi_2 > 0$, so daß

$GE \subset \pi_1 E_X$, $E_X \subset \pi_2 GE$ und $\pi_2 \leq (\pi_1^2)^{-1}$.

Dann ist XX^+ GE-minimal und $\hat{\mathcal{Y}} = \Gamma(\mathcal{Y})$ E_X-unscharf.

Beweis: $\|p\|_{E_X} \leq \pi_1 \|p\|_{GE}$; $\mathrm{lub}_{E_X}\, XX^+ \leq \pi_1\pi_2\, \mathrm{lub}_{GE}\, XX^+$,

$\|XX^+p\|_{E_X} \leq \|p\|_{E_X}\, \mathrm{lub}_{E_X}\, XX^+ \leq \pi_1^2\pi_2\, \mathrm{lub}_{GE}\, XX^+ \|p\|_{GE} \leq 1$.-

Eine Aussage über die Unschärfe-Eigenschaften des OLS-Schätzers bei SPI-unscharfen Beobachtungsdaten liefert

Proposition 3:

a) Sei $\mathcal{Y}$ S-unscharf ($S \in \Sigma_{\mathcal{S}(T)}$ bzw. $S \in \Sigma_{\mathcal{K}(T)}$, $\exists_{0<\delta\leq 1} \|p\|_S = \delta$);

$N : \mathcal{Y} \to \hat{B} = \{\hat{\beta} = X^+y \mid y \in \mathcal{Y}\}$.

Gilt $\mathrm{lub}_S\, X^+ \leq \frac{1}{\delta}$, dann ist $\hat{B}$ S-unscharf ($S \in \Sigma_{\mathcal{S}(T)}$ bzw. $S \in \Sigma_{\mathcal{K}(T)}$).

b) Sei $\mathcal{Y}$ S-unscharf ($S \in \Sigma_{\mathcal{S}(T)}$ bzw. $S \in \Sigma_{\mathcal{K}(T)}$, $\exists_{0<\delta\leq 1} \|p\|_S = \delta$);

$\tilde{m} := \sup\{\mu \mid \mu(\mathrm{lub}_S\, X^+)S \in \Sigma_{\mathcal{K}(T)}\}$; $\mathcal{T} := \tilde{m}(\mathrm{lub}_S\, X^+)S$;

$\tilde{m}_1 := \inf\{\nu \mid \|p\|_{\mathcal{T}} \leq \|p\|_S\}$; $\mathrm{lub}_{\mathcal{T}}\, X^+ = \inf\{\nu \mid X^+\mathcal{T} \subset \nu\mathcal{T}\} \leq \frac{1}{\tilde{m}_1\delta}$.

Dann ist $\hat{B} = N(\mathcal{Y})$ $\mathcal{T}$-unscharf.-

Im folgenden betrachten wir die Erweiterung der Kleinstquadratschätzung bei SPI-unscharfen exogenen und endogenen Beobachtungsdaten. Hierzu sei

$$S^{(T,K)} = \{ P \in \mathbb{R}^{+}_{T,K} | e'p^{(j)}=1,\ p^{(j)}=\text{'j-te Spalte von P'},\ j=1,\dots,K\},$$

$$K^{(T,K)} = \{ P \in \mathbb{R}^{+}_{T,K} | 0 \leq p(x_{ij}) \leq 1,\ i=1,\dots,T;\ j=1,\dots,K\},$$

$$T^{m,T,K}_{A,B} := \{ P \in S^{(T,K)} | AP \geq B, A \in \mathbb{R}_{m,T}, B \in \mathbb{R}_{m,K}\},$$

$$V^{m,T,K}_{A,B} := \{ P \in K^{(T,K)} | AP \geq B, A \in \mathbb{R}_{m,T}, B \in \mathbb{R}_{m,K}\}.$$

Definition 3:

Sei $A \in \mathbb{R}_{K,T}, z:\mathbb{R}^T \to \mathbb{R}^K: y \to z(y)=Ay$. Sei $P_A := P(A) \in \Sigma_{S^{(T,K)}}$ bzw. $P_A \in \Sigma_{K^{(T,K)}}$. Sei $p(y) \in \Sigma_{S^{(T)}}$ bzw. $p(y) \in \Sigma_{K^{(T)}}$. Dann heiße z=Ay stark bzw. schwach (P_A,p)-unabhängig, wenn für jede konvexe, positiv ausgeglichene Menge $Q \in \Sigma_{K^{(K)}}$ gilt: $\tilde{p}(z) = P_A p(y) \in Q$.-

Proposition 4:

Sei $P_X P_X^{+} \in \mathbb{R}^{+}_{T,T}$ irreduzibel, $H = \{ H=\text{diag}(w_1,\dots,w_T) | w' P_X P_X^{+} w=1, \|w\|_E=1\}$,
Y HE-unscharf $(HE \in \Sigma_{K^{(T)}})$; $D_X := (P_X P_X^{+})HE = (P_X P_X^{+} H)E$.
Es gebe Konstanten $\sigma_1,\sigma_2 \in \mathbb{R}_{+}: HE \subset \sigma_1 D_X, D_X \subset \sigma_2 HE, \sigma_2 \leq 1/\sigma_1^2$.
Es sei $\Gamma(Y)$ $(P_X P_X^{+},p)$-unabhängig.

Dann ist

a) $P_X P_X^{+}$ HE-minimal (d.h. schwach SPI-minimal)

b) $\hat{Y} = \Gamma(Y)$ D_X-unscharf $(D_X \in \Sigma_{K^{(T)}})$.

Beweis: $\|\tilde{p}(XX^{+}p)\|_{D_X} = \|P_X P_X^{+} p\|_{D_X} \leq \|p\|_{D_X} \text{lub}_{D_X} P_X P_X^{+}$

$$\leq \sigma_1 \|p\|_{HE}\ \sigma_1\sigma_2\ \text{lub}_{HE}\ P_X P_X^{+} \leq 1.-$$

Bei einer SPI-Unschärfe von Y und X lassen sich für die SPI-Unschärfe der Menge der OLS-Schätzer die nachfolgenden Aussagen machen, wobei die für die Beweisführung erforderlichen Abschätzungen unmittelbar aus den Voraussetzungen hervorgehen.

Proposition 5:

Sei Y S-unscharf ($S \in \Sigma_S(T)$ bzw. $S \in \Sigma_K(T)$, $\underset{\alpha < \delta \leq 1}{\exists} \|p\|_S = \delta$),

X P-unscharf ($P \in \Sigma_S(T,K)$ bzw. $P \in \Sigma_K(T,K)$),

$\tilde{n} := \sup\{\nu | \nu(\mathrm{lub}_S\, P_X^+)S \in \Sigma_K(T),\ P_X \in P\}$,

$Q := \tilde{n}(\mathrm{lub}_S\, P_X^+)S$, $\tilde{n}_1 := \inf\{\nu | \|p\|_Q \leq \|p\|_S\}$, $\mathrm{lub}_Q\, P_X^+ \leq (\tilde{n}_1\delta)^{-1}$,

$N(y)$ sei (P_X^+,p)-unabhängig. Dann ist $\hat{B} = N(Y)$ Q-unscharf ($Q \in \Sigma_K(T)$).-

Durch Hintereinanderausführung der SPI-Unschärfe erhalten wir SPI-Unschärfeeigenschaften des Ridge-Schätzers. Es sei

a) $Y \xrightarrow[N]{} \hat{B} \xrightarrow[R_k]{} \hat{B}_{R_k}$: $y \xrightarrow[N]{} \hat{\beta} = X^+y \xrightarrow[R_k]{} \hat{\beta}_{R_k} = (X'X+kI)^{-1}X'X\hat{\beta} =: W_{R_k}\hat{\beta}$

b) $Y \xrightarrow[\Gamma]{} \hat{Y} \xrightarrow[N^*]{} \hat{B}_{R_k}$: $y \xrightarrow[\Gamma]{} \hat{y} \xrightarrow[N^*]{} \hat{\beta}_{R_k} = (X'X+kI)^{-1}X'\hat{y} =: X_{R_k}\hat{y}$.

Proposition 6:

a) Sei Y S-unscharf ($S \in \Sigma_S(T)$ oder $S \in \Sigma_K(T)$).

$\tilde{w} := \sup\{\nu | \nu(\mathrm{lub}_S\, W_{R_k})S \in \Sigma_K(T)\}$,

$W := \tilde{w}(\mathrm{lub}_S\, W_{R_k})S$, $\tilde{w}_1 = \inf\{\nu | \|p\|_W \leq \nu\|p\|_S\}$, $\mathrm{lub}_W\, W_{R_k} \leq (\tilde{w}_1\delta)^{-1}$.

Dann ist $\hat{B}_{R_k} = R_k \circ N(Y)$ W-unscharf.-

b) Sei Y GE-unscharf (siehe Proposition 2), $r := \sup\{\nu | \nu X_{R_k} E_X \in \Sigma_K(T)\}$,

$E_X^k := rX_{R_k}E_X$, $r_1 = \inf\{\nu | \|p\|_{E_X} \leq \nu\|p\|_{GE}\}$,

$\mathrm{lub}_{E_X^k}\, X_{R_k} = \inf\{\nu | X_{R_k}E_X^k \subset \nu E_X^k\} \leq 1/r_1$.

Dann ist $\hat{B}_{R_k} = N^* \circ \Gamma(Y)$ E_X^k-unscharf.-

Bei SPI-unscharfem Ridge-Faktor k ergibt sich für den Ridge-Schätzer die folgende SPI-Unschärfeeigenschaft:

Proposition 7:

Sei $\{k_1,\dots,k_n\}$ R-unscharf mit $R \in \Sigma_S(n) \subset \Sigma_S(T)$.

Sei y S-unscharf ($S \in \Sigma_S(T)$ oder $S \in \Sigma_K(T)$),

$\tilde{\mu} := \sup\{\mu | \mu(\mathrm{lub}_S\ (X'X+\sigma^*I)^{-1}X')S \in \Sigma_K(T);\ \sigma^* = \|\sigma\|_R = \inf\{\nu | \sigma \in \nu R\}\}$,

$R := \tilde{\mu}(\mathrm{lub}_S\ (X'X+\sigma^*I)^{-1}X')S\ (\in \Sigma_K(T))$,

$\tilde{\mu}_1 = \inf\{\mu | \|p\|_R \leq \mu \|p\|_S\}$, $\mathrm{lub}_R\ (X'X+\sigma^*I)^{-1}X' \leq (\tilde{\mu}_1\delta)^{-1}$.

Dann ist $\hat{B}_{R_{k_i}}$ R-unscharf $(i=1,\dots,n)$.-

Abschließend noch eine Erweiterung der SPI-Unschärfe für Pseudo-Bayessche Schätzer bei SPI-unscharfem y.

Proposition 8:

Sei $R_{PB} : \hat{B} \longrightarrow \hat{B}_{PB} : \hat{\beta} \longrightarrow \hat{\beta}_{PB} := A\hat{\beta}+(I-A)\beta_o;\ A=(A+B)^{-1}B,\ A \in M^{\geq}_{K,K}, B \in M^{>}_{K,K}$.

Sei B Λ-unscharf ($\Lambda \in \Sigma_S(K)$ oder $\Lambda \in \Sigma_K(K)$; $\|p\|_\Lambda = \lambda$;)

$\tilde{\pi} = \sup\{\nu | \nu(\mathrm{lub}_\Lambda\ A)\Lambda \in \Sigma_K(K)$; $\Pi := \tilde{\pi}(\mathrm{lub}_\Lambda\ A)$; $\tilde{\pi}_1 = \inf\{\nu | \|p\|_\Pi \leq \nu \|p\|_\Lambda\}$;

$\mathrm{lub}_\Pi\ (I-A)\|\beta_o\|_\Lambda \leq (\tilde{\pi}_1 \|p\|_\Lambda + \|\beta_o\|_\Pi)^{-1}$.

Dann ist $\hat{B}_{PB} = R_{PB}(\hat{B}) = R_{PB} \circ N(y)$ Π-unscharf.-

4. Weiche Modellierung im Sinne von H. Wold: Das Problem der Kausalrichtungen

Nachdem wir bisher das Konzept der stochastischen Information nur von der Datenseite her behandelt haben, wollen wir nun auch die Unschärfe in der Modellstruktur mit in die Analyse einbeziehen. Nach der von Herman Wold empfohlenen Vorgehensweise wird man zunächst versuchen, ausgehend von den Rohdaten, einfache Muster zu erkennen (Clusteranalyse). Danach wird zwischen den Clustern eine Klassifizierung nach bestimmten Merkmalen vorgenommen (z.B. Faktoranalyse), wobei nach Fällen zu unterscheiden ist, um der Inhomogenität der Daten Rechnung tragen zu können, wie auch nach Variablen, um das Modell in Beobachtungsblöcken formulieren zu können. Durch diese beiden Phasen ist eine Blockbildung, und damit die Festlegung der latenten Variablen mit den inneren und äußeren Relationen gegeben. Die inneren Relationen stellen i.a. ein interdependentes System (Kausalkettensystem) dar. Die Kausalrichtungen können zunächst beliebig, dem System angepaßt, gewählt werden. Dies ist ein Aspekt der variableren Modellgestaltung gegenüber den harten Modellen. Je weniger Information über die eigentliche Modellstruktur vorhanden ist, desto mehr Freiheitsgrade bestehen bei der Festlegung der inneren und äußeren Relationen. Die Parameter der inneren und äußeren Relationen werden hierbei iterativ geschätzt, mit dem Ziel der Minimierung der Residuenvarianzen der äußeren Relationen und der Maximierung der Korrelationen zwischen den inneren Relationen (siehe z.B. die PLS-Schätziteration bei Meißner, Uhle-Fassing (1982), Abschn. 2).

Im Rahmen dieser iterativen Schätztechniken sind die Kausalrichtungen in den inneren und äußeren Relationen bisher immer nur ad hoc festgelegt worden. Sicherlich wird man aufgrund des theoretischen Wissens einige Relationen a priori festlegen können, aber mit zunehmender Komplexität des Modellsystems steigt die Anzahl der Freiheitsgrade und damit die Unsicherheit bei der Festlegung der Kausalrichtungen. Es sei hier nun der Vorschlag gemacht, die Wahl der Kausalrichtungen auf der Basis der stochastischen partiellen Information als Entscheidungsproblem zu formulieren. Hierbei wollen wir die Richtungen der inneren Relationen im entscheidungstheoretischen Sinne als Aktionen bzw. Alternativen auffassen, und gewisse Konstellationen der äußeren Relationen als 'Zustände'.

Ausgangspunkt der Betrachtung sind die mit Hilfe der erwähnten Klassifizierungstechnik abgegrenzten m Beobachtungsblöcke, die durch m latente Variable repräsentiert werden. Weiterhin seien n verschiedene Konstellationen der äußeren Kausalrichtungen gegeben. Als 'Nutzenwerte' bietet sich die Verwendung partieller Korrelationskoeffizienten an, um die Stärke des Zusammenhangs zwischen latenten Variablen zu messen. Wir erhalten dann $m \cdot n$ Zellen, wobei jede Zelle (i, j) eine mxm-Matrix R_{ij} enthält, wie das Beispiel für m=4 und n=3 auf der nächsten Seite zeigt.

Für die Auswahl der 'korrelationsbesten' Alternative unterstellen wir das Kriterium der maximal zu erwartenden Korrelation. Diese Begriffsdefinition entspricht dem maximalen Erwartungsnutzen im klassischen Entscheidungsmodell. Für eine vorgegebene stochastische partielle Information $S \in S^{(n)}$ bestimmen wir

$$r_{i^*} = \max_{i=1,\dots,m} \; \min_{\substack{p \in S \\ P=\mathrm{diag}(p)}} \; \sum_{j=1}^{n} \|R_{ij}P\|_S ,$$

wobei $P = \mathrm{diag}\,(p_1,\dots,p_n)$, $\|\;\|_S$ eine konvexe Matrixnorm auf S, und $i^* \in \{1,\dots,m\}$ die optimale Alternative für das Auswahlproblem der inneren Kausalrichtungen ist. r_{i^*} kann als maxEmin-Wert des Auswahlproblems aufgefaßt werden. Bei Verwendung des maximin-Kriteriums wäre

$$r_{i^*} = \max_{i=1,\dots,m} \; \min_{j=1,\dots,m} \|R_{ij}\|$$ und i^* die zu wählende Alternative.

Dieses Prinzip der maximal zu erwartenden Korrelation läßt sich im Rahmen der weichen Modelle noch auf weitere Fragestellungen ausdehnen, die aber hier nicht weiter behandelt werden können.

äußere Relation / innere Relation		Spezifikation $\zeta = \Pi\,\zeta + u$	LPI : $p_1 \le p_2 \le p_3$ A_1, A_2, A_3, A_4 seien die Beobachtungsblöcke zu $\zeta_1, \zeta_2, \zeta_3, \zeta_4$		
			A_1 nach außen A_2 nach außen A_3 nach innen A_4 nach außen	A_1 nach außen A_2 nach innen A_3 nach außen A_4 nach außen	A_1 nach innen A_2 nach innen A_3 nach außen A_4 nach außen
Alternative 1	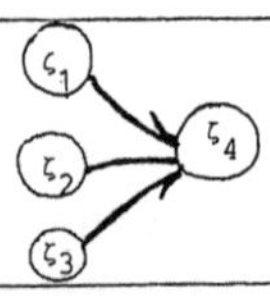	$\Pi=\begin{bmatrix}0&0&0&0\\0&0&0&0\\0&0&0&0\\\pi_{41}&\pi_{42}&\pi_{43}&0\end{bmatrix}$	$R_{11}=\begin{bmatrix}0&0&0&0\\0&0&0&0\\0&0&0&0\\\rho_{41}&\rho_{42}&\rho_{43}&0\end{bmatrix}$	$R_{12}=\begin{bmatrix}0&0&0&0\\0&0&0&0\\0&0&0&0\\\rho_{41}&\rho_{42}&\rho_{43}&0\end{bmatrix}$	R_{13}
Alternative 2	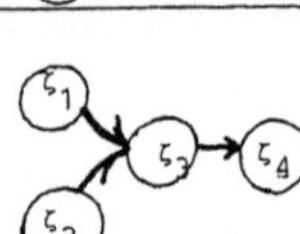	$\Pi=\begin{bmatrix}0&0&0&0\\0&0&0&0\\\pi_{31}&\pi_{32}&0&0\\0&0&\pi_{43}&0\end{bmatrix}$	$R_{21}=\begin{bmatrix}0&0&0&0\\0&0&0&0\\\rho_{31}&\rho_{32}&0&0\\0&0&\rho_{43}&0\end{bmatrix}$	$R_{22}=\begin{bmatrix}0&0&0&0\\0&0&0&0\\\rho_{31}&\rho_{32}&0&0\\0&0&\rho_{43}&0\end{bmatrix}$	R_{23}
Alternative 3	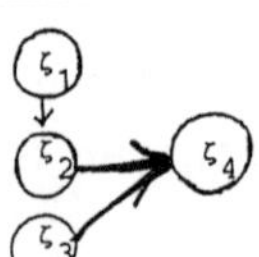	$\Pi=\begin{bmatrix}0&0&0&0\\\pi_{21}&0&0&0\\0&0&0&0\\0&\pi_{42}&\pi_{43}&0\end{bmatrix}$	$R_{31}=\begin{bmatrix}0&0&0&0\\\rho_{21}&0&0&0\\0&0&0&0\\0&\rho_{42}&\rho_{43}&0\end{bmatrix}$	$R_{32}=\begin{bmatrix}0&0&0&0\\\rho_{21}&0&0&0\\0&0&0&0\\0&\rho_{42}&\rho_{43}&0\end{bmatrix}$	R_{33}
Alternative 4	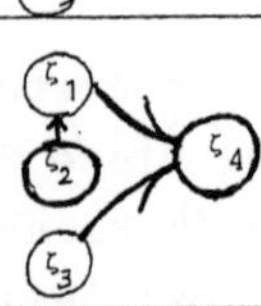	$\Pi=\begin{bmatrix}0&\pi_{12}&0&0\\0&0&0&0\\0&0&0&0\\\pi_{41}&0&\pi_{43}&0\end{bmatrix}$	$R_{41}=\begin{bmatrix}0&\rho_{12}&0&0\\0&0&0&0\\0&0&0&0\\\rho_{41}&0&\rho_{43}&0\end{bmatrix}$	$R_{42}=\begin{bmatrix}0&\rho_{12}&0&0\\0&0&0&0\\0&0&0&0\\\rho_{41}&0&\rho_{43}&0\end{bmatrix}$	R_{43}

5. Bewertung von stochastischer partieller Information

Bisher erfolgte die Festlegung eines Informationsmaßes für eine SPI gewissermaßen aufgrund einer geometrischen Betrachtungsweise. Durch die Bestimmung des Lebesgues-Maßes ('Fläche', 'Volumen') lieferte die relative Abweichung des 'Volumens' einer SPI S vom 'Volumen' des gesamten Wahrscheinlichkeitssimplexes das Informationsmaß (siehe Kofler und Menges (1976), S. 128 ff.). Das zentrale Problem hierbei ist, daß die geometrische Gestalt von S nicht berücksichtigt wird, außerdem Teilpolyeder von S mit niedrigerer Dimension ('faces') nicht mit demselben Lebesgues-Maß gemessen werden können. Durch einen Kunstgriff könnte man die 'faces' niedrigerer Dimension auf die Dimension des W-Simplexes 'hochziehen'. Praktisch ist dies aber nur sehr schwer durchzuführen. Außerdem wird bei dem bisherigen 'Volumen'-Maß die geometrische Lage von S im W-Simplex nicht berücksichtigt: Das 'Volumen' kann für zwei SPI's mit völlig unterschiedlicher Gestalt gleich sein. Man würde aber erwarten, daß der Wert der Information in der Nähe einer Extremalverteilung größer ist als im Bereich der Gleichverteilung (maximale Entropie). In Fahrion (1980) wurde daher das Ziel verfolgt, a) ein Informationsmaß zu definieren, das die geometrische Gestalt und Lage des stochastischen Informationspolyeders geeignet bewertet, und außerdem ähnlich gute Eigenschaften wie die aus der Informationstheorie bekannten Informationsfunktionen hat, b) eine Brücke zur Informationstheorie zu schlagen und damit einen Bezug zwischen dem klassischen Entropiebegriff und dem Begriff der SPI herzustellen.

Es soll hier lediglich nochmals die Vorgehensweise für die Konstruktion des Informationsmaßes verbal skizziert werden, Einzelheiten der Formalisierung können der genannten Arbeit entnommen werden. Die gesamte Betrachtung erfolgt für Rényi-Entropien der Ordnung α, die bekannte Shannon-Entropie ist ein Spezialfall (α=1). Ausgehend von stochastischen Randinformationen werden die Entropie-Divergenzen im Sinne von Kullback (1959) zwischen den stochastischen 'Rändern' von S und der Verteilung maximaler Entropie in S bestimmt. Auf der Basis von quasilinearen Mittelwerten, die in der Kodierungstheorie eine große Bedeutung haben, wird eine durchschnittliche Entropie-Divergenz auf S definiert. Schließlich ergibt sich dann das Informationsmaß $I_{n,\alpha}(S)$ durch Korrektur der maximalen Rényi-Entropie auf S durch die erwähnte mittlere Entropie-Divergenz.

6. Zwei Anwendungsmöglichkeiten für die Verwendung des Informationsmaßes $I_{n,a}(S)$

Im letzten Abschnitt dieser Arbeit wollen wir zwei Anwendungsmöglichkeiten des Informationsmaßes im Kontext stochastischer partieller Information skizzieren. Zum einen wollen wir zeigen, wie das Problem der Fehlspezifikation in linearen Modellen entscheidungstheoretisch formuliert, und bei Verfügbarkeit mehrerer stochastischer partieller Informationen über die Modellzustände, ein Auswahlkriterium für die Modellspezifikation definiert werden kann. Zum andern soll auf ein Invarianzproblem im Rahmen der dynamischen Input-Output Analyse hingewiesen werden, wobei Einzelheiten der Arbeit von Fahrion (1984) entnommen werden können.

Was die erstgenannte Anwendungsmöglichkeit angeht, betrachten wir mit $\mathcal{Y}$ die Menge der a priori verfügbaren Matrizen (y X), und mit B die Menge der zugehörigen OLS-Schätzer. Mit der Entscheidungsfunktion $d:\mathcal{Y}\to\hat{B}:(y\ X)\to\hat{\beta}=X^{+}y$, dem Verlustfunktional $L:B\times\hat{B}\to R:(\beta,\hat{\beta})\to L(\beta,\hat{\beta})$, und dem speziellen Risikofunktional $\rho(\beta,\hat{\beta})=E_{\beta}L(\beta,\hat{\beta})=\mathrm{tr}\ MSE(\hat{\beta})$ setzen wir die Existenz einer SPI voraus, z.B. $S = \{p \in S^{(n)} | p_1 \leq p_2 \leq \ldots \leq p_n\}$. Das Entscheidungsproblem ist hierfür von der Form

	p_1	$\leq p_2$	$\leq \ldots$	$\leq p_n$
	$y=X\beta+u$	$y=X\beta+u$ $R_1\beta=r_1$		$y=X\beta+u$ $R_{n-1}\beta=r_{n-1}$
Spezifikationsvariante 1 mit dem Schätzer $\hat{\beta}^{(1)}$	$\rho(\beta^{(1,2)},\hat{\beta}^{(1,2)})$	$\rho(\beta^{(1,2)},\hat{\beta}^{(1,2)})$	.....	$\rho(\beta^{(1,n)},\hat{\beta}^{(1,n)})$
:	:	:	:	:
Spezifikationsvariante m mit dem Schätzer $\hat{\beta}^{(m)}$	$\rho(\beta^{(m,1)},\hat{\beta}^{(m,1)})$	$\rho(\beta^{(m,2)},\hat{\beta}^{(m,2)})$	.....	$\rho(\beta^{(m,n)},\hat{\beta}^{(m,n)})$

Das Auswahlkriterium

$$\rho^{(i*)} = \max_{p\in S} \min_{i=1,\ldots,m} \sum_{j=1}^{n} \rho(\beta^{(i,j)},\hat{\beta}^{(i,j)})p_j$$

liefert die Spezifikationsvariante i* mit dem Schätzer $\hat{\beta}^{(i*)}$. Erweitern wir nun die Annahme auf die Existenz mehrerer SPI's über die verschiedenen Restriktionen, etwa $S_1,\ldots,S_k$, so lassen sich die Informationsmaße $I_{n,\alpha}(S_l), l=1,\ldots,k$, ermitteln.

Mit

$$\rho_{i,\ell} := \max_{p \in S_\ell} \sum_{j=1}^{n} \rho(\beta^{(i,j)}, \hat{\beta}^{(i,j)}) p_j^{(\ell)}$$

und

$$\bar{\rho}_{i,\ell} := \sum_{l=1}^{n} \frac{I_{n,\alpha}(S_\ell)}{\sum_{\mu=1}^{k} I_{n,\alpha}(S_\ell)} \rho_{i,\ell}$$

ergibt sich die beste Modellspezifikation i** mit dem Schätzer $\hat{\beta}^{(i**)}$ aus

$$\rho^{(i**)} = \max_{l=1,\ldots,k} \min_{i=1,\ldots,m} \bar{\rho}_{i,\ell}. -$$

Als zweites Anwendungsbeispiel betrachten wir das dynamische Leontief-System

$$z_t = A_t z_t + B_t(z_{t+1} - z_t) + f_t, f_t = C_t z_t, \quad t=o,\ldots,T-1 ,$$

einer n-Sektoren Volkswirtschaft in geschlossener, zeitdiskreter Form. Hierbei ist z_t der nx1-Vektor des Produktions-Outputs, f_t der nx1-Vektor des Konsums, A_t die nxn-Technologiematrix, B_t die nxn-Matrix der Kapitalkoeffizienten, C_t die nxn-Matrix der Konsumkoeffizienten, jeweils zum Zeitpunkt t. Mit $x_t := z_t / \|z_t\|_1, g_t := \|z_{t+1}\|_1 / \|z_t\|_1, t=0,\ldots,T-1$, ergibt sich das normierte dynamische Leontief-System $B_t x_{t+1} = g_t(B_t + I - A_t - C_t)x_t$, das sich bei Regularität von B_t als eindeutige Zuordnungsvorschrift $A_t : S^{(n)} \to S^{(n)} : x_t \to x_{t+1} = A_t(x_t)$ auffassen läßt. Diese Zuordnung erlaubt es bei exakter Kenntnis von $A_t, B_t, C_t (t=o,\ldots,T-1)$, aus einem Output-Vektor x_t genau einen Output-Vektor x_{t+1} zu erzeugen. Jedoch bei Unsicherheit über die tatsächlichen Werte der Koeffizientenmatrizen läßt sich dem x_t nur eine Teilmenge des W-Simplexes $S^{(n)}$ von möglichen Outputs x_{t+1} zuordnen. Auch wenn B_t nicht regulär ist, haben wir ebenfalls eine Korrespondenz 'Punkt auf Menge'. Der Vorteil der Abstrahierung $x_{t-1} \in A_t(x_t)$ liegt darin, daß sich die Eigenschaften und das Verhalten des Produktionsmodells aus den mathematischen Eigenschaften der Korrespondenz A_t ableiten läßt. Insbesondere lassen sich hieraus Klassen von Matrizen für die Charakterisierung von Technologie, Kapitalbildung und Konsum abgrenzen. Es sind verschiedene Formen von Unbestimmtheit in dynamischen Produktionsmodellen denkbar, wir wollen uns hier auf die Unbestimmtheit bei der Vorgabe der Matrizen A_t, B_t, C_t beschränken. Zum Beispiel sind häufig für die Technologiematrix nur gewisse Alternativen $A_t^1, \ldots, A_t^m$ gegeben, die sich aus unterschiedlichen Expertenaussagen über die Beurteilung der Technologie ergeben können. Nehmen wir an, daß in jedem der betrachteten Sektoren 1,...,n die Anzahl der Unternehmen hinreichend groß ist, so daß jede 'Technologie-Mischung'

$$\Sigma_{i=1}^{m_A} p_{it}A_t^i, p_t^A=(p_{1t},\ldots,p_{m_A t})\in S^{(m_A)}$$

als konvexe Kombination von m_A verschiedenen Technologie-Alternativen wiederum eine Technologiematrix ist. Eine analoge Betrachtung läßt sich für B_t und C_t anstellen. Die Gesamtheiten der möglichen Technologie-, Kapitalkoeffizienten- und Konsummatrizen sind dann die konvexen Hüllen $\left\langle A_t^i \right\rangle_{i=1}^{m_A}$, $\left\langle B_t^i \right\rangle_{i=1}^{m_B}$, $\left\langle C_t^i \right\rangle_{i=1}^{m_C}$. Die Korrespondenz A_t ist dann durch

$$A_t : S^{(n)} \to P(S^{(n)}) : x_t \to g_t \left\langle [B_t^i]^+ \right\rangle_{i=1}^{m_B} \left[I - \left\langle A_t^i \right\rangle_{i=1}^{m_A} + \left\langle B_t^i \right\rangle_{i=1}^{m_B} - \left\langle C_t^i \right\rangle_{i=1}^{m_C} \right] x_t$$

definiert. Würde man p_t^A, p_t^B, p_t^C als Kontrollvariable und x_t als Zustandsvariable auffassen, dann ließe sich $x_{t+1}\in A_t(x_t)$ 'punktweise' als Kontrollproblem formulieren und mit den bekannten Methoden lösen. Wir wollen hier diesen Aspekt nicht weiter verfolgen, sondern noch auf ein Invarianzproblem hinweisen, das in Fahrion (1984) ausgeführt wird. Es geht hierbei um die Frage, unter welchen Bedingungen man erreichen kann, daß x_{t+1} nicht 'unbestimmter' als x_t ist, wenn eine SPI über x_t vorhanden ist. Außerdem wird die Frage angegangen, ob sich die Aussage über die Invarianzeigenschaften von x_{t+1} verschärfen läßt, wenn auch partielle Information über p_t^A, p_t^B, p_t^C verfügbar ist. Schließlich wird ein kleinstmögliches konvexes Polyeder bestimmt, das die Invarianzeigenschaft noch erhält. Interessant ist hierbei auch eine informationstheoretische Charakterisierung für die angegebenen hinreichenden Bedingungen, unter Verwendung von $I_{n,\alpha}$, wie auch eine allgemeine informationstheoretische Metrisierung des Invarianzproblems.

Bleibt abschließend noch zu bemerken, daß der Themenkomplex 'weiche Modellbildung' hier vornehmlich unter dem Aspekt der stochastischen partiellen Information behandelt wurde. Viele andere Ansätze zur weichen Modellbildung, die hier nicht erwähnt wurden, sind ausführlichst in der Literatur abgehandelt. Die vorrangige Zielsetzung dieser Arbeit war, zu zeigen, welche Möglichkeiten das Konzept der stochastischen partiellen Information im Rahmen der weichen Modellierung ökonomischer und schätztheoretischer Modellrelationen eröffnet. Es ist ein erster Versuch in diese Richtung, so daß zu wünschen bleibt, daß die hier vorgestellten Ansätze einen Anstoß zu Weiterentwicklungen liefern.

7. Literaturhinweise

Blau J.H. (1957): The existence of social welfare functions. Eca 25, 302-313.

Chernoff H. (1973): The Use of faces to represent points in K-dimensional space graphically. JASA 68, 361-368.

Egle K. (1975): Entscheidungstheorie. Eine strukturtheoretische Darstellung. Birkhäuser Verlag Basel, Stuttgart.

Fahrion R. (1979): Wie unscharf sind Kleinstquadratschätzer bei LPI-unscharfen Beobachtungsdaten? Unveröff. Manuskript, Universität Heidelberg.

---------- (1980): Über eine Klasse von Informationsmaßen für die Bewertung stochastischer (partieller) Information. Statist. Hefte 21, 280-295.

---------- (1981): Erweiterungen des Konzepts der LPI-Unschärfe und einige Anwendungen aus der Schätztheorie. In: G. Menges, H. Schelbert, P. Zweifel (Hrsg.): Stochastische Unschärfe in den Wirtschaftswissenschaften. Schriftenreihe des Instituts für Empirische Wirtschaftsforschung, Universität Zürich, Bd. 8, 114-147, Verlag Haag + Herchen.

---------- (1984): Charakterisierung dynamischer Leontief-Systeme bei unbestimmten Koeffizientenmatrizen. Zur Veröff. von der Zeitschrift Mathematische Operationsforschung und Statistik (Series Optimization) angenommen.

Flemming K. (1977): Unscharfe Mengen. Ein Beitrag zur Theorie und einige Aspekte ihrer Anwendung in den Wirtschaftswissenschaften. Dissertation Paderborn.

Gäfgen (1961): Zur Theorie kollektiver Entscheidungen in der Wirtschaft. Jahrbücher für Nationalökonomie und Statistik 173, 1-49.

Householder A.S. (1964): The Theory of Matrices in Numerical Analysis. Blaisdell Publishing Company, New York, Toronto, London.

Kochen M., Badre A. (1974): On the precision of adjectives which denotes fuzzy sets. Journal of Cybernetics 4, 49-59.

Kofler E., Menges G. (1976): Entscheidung bei unvollständiger Information. Lecture Notes in Economics and Mathematical Systems Bd. 136, Springer Verlag Berlin, Heidelberg, New York.

Kullback S. (1959): Information Theory and Statistics. Wiley, New York.

Launer R.L., Wilkinson G.N. (1979): Robustness in Statistics. Wiley, New York usw.

Meißner W., Uhle-Fassing M. (1982): Weiche Modelle und iterative Schätzung. Campus-Verlag Frankfurt/New York.

Menges G. (1975): Weiche Modelle in Ökonometrie und Statistik. Statist. Hefte 18, 144-156.

Menges G., Kofler E., Fahrion R., Huschens S., Kuß U. (1980): Stochastische partielle Information (SPI). Statist. Hefte 21, 160-167.

Sommer G. (1978): Lineare Ersatzprogramme für unscharfe Entscheidungsprobleme zur Optimumbestimmung bei unscharfer Problembeschreibung. Zeitschrift für Operations Research 22, B1-B24.

Umano M., Mizumoto M., Tanaka K. (1978): FSTDS System: A fuzzy set manipulation system. Information Sciences 14, 115-159.

Wold H. (1974): Path models with one or two latent variate aggregates. The NIPALS approach. Research Report 1974: 6, Statistiska Institutionen. Göteborgs Universitet.

Zimmermann H.J. (1976): Description and Optimization of fuzzy systems. Intern. Journal of General Systems 2, 209-215.

STATISTICAL MODELLING

D.A.S. Fraser, Toronto

Es wird ein Überblick über neuere Probleme und Entwicklungen allgemeiner statistischer Modellbildung gegeben. Die neuerdings hervorgehobenen Kriterien, ein Modell solle beschreibend und erschöpfend sein, werden mit Bezug auf Erweiterungen des klassischen statistischen Modells untersucht. Diese Erweiterungen beinhalten die Spezifikation objektiver Variablen mit zugehörigen Rand- bzw. bedingten Verteilungen sowie die Spezifikation einer objektiven Form der Verteilung. Die Bedeutung der Unterscheidung zwischen dem Modell für ein System und dem Modell für eine Untersuchung wird betont und diskutiert. Weiche Modellbildung und die erklärende Verwendung von Modellen werden kurz erörtert; Inferenz wird dargestellt als ein Prozeß, den logischen Gehalt CONT(M,D) einer Modell-Daten-Kombination zu erlangen.

This paper surveys recent issues and developments in general statistical modelling. In particular, the recently emphasized criteria of being descriptive and exhaustive are examined in relation to extensions from the classical statistical model taken as a measurable space (S,A) with a class P of probability measures. These extensiones include the specification of objective variables together with related marginal and conditional distributions, and the specification of objective distribution form. The important distinction between the model for a system and the model for an investigation is emphasized and discussed. Soft modelling and explanatory use of models are examined briefly and inference is presented as the process of obtaining the logical content CONT(M,D) of a model-data combination.

1. Introduction

In essence, statistical models include all formalized models whatever the area or direction of application. The precursors are the historical deterministic models of science which did not contain any probabilistic components for describing variation in the fields of application. In most instances with such models, the manageable variation was thus restricted to measurement error and was initially treated as a nuisance and later by the developing theories of probability and measurement.

The statistical model has evolved from the historical deterministic model by adding on and embracing the description of variation, in the form of probability structure. Accordingly, in an essential sense, statistical models are thus taken as including as special limiting cases, the deterministic models, in which the variation component vanishes.

The professional consideration of general statistical models has traditionally focused almost exclusively on the statistical component, to the extent that the common statistical model is quite generally interpreted as being only the statistical component; we call such special models classical statistical models in discussions in later sections. From this viewpoint the historical deterministic model is essentially a fixed constant and would be of little interest.

Contributions to Econometrics and Statistics Today
Edited by H. Schneeweiss and H. Strecker

In this paper, however, we acknowledge statistical models in the broad sense and reiterate the emphasis expressed in earlier publications that adequate statistical models will quite generally embrace substantial elements of structure beyond the quite specialized description of variation alone, and that these structural elements are an integral part of modelling and cannot with scientific integrity be omitted (Fraser, 1968a, 1972a, 1973b, 1976b, 1979; Brenner and Fraser 1982).

In Section 2 we discuss some general aspects of statistical modelling. In Section 3 we discuss the very fundamental distinction between the statistical model for a process or system (the model as just discussed), and the statistical model for a particular investigation. This latter model for an investigation together with the related data is the input for statistical inference and thus for the process of sharpening or updating the initial statistical model for the process or system.

In Section 4 certain logical aspects connected with the iterative definition of the model for an investigation are examined. And in Section 5 some formal aspects of statistical inference are discussed.

Section 6 discusses briefly some extended versions of statistical models and Section 7 considers the exploratory and adaptive use of statistical models.

2. Model for a process/system

Consider some real world process or system that has definition as an entity within some acceptable frames of reference. And suppose that input to the system can be controlled or examined and that the operation of the system can be observed in a performance or repetition that is actually or conceptually repeatable under chosen or acknowledged conditions.

The available background information concerning the process or system will provide, in addition to that just described, a specification of the range of possibilities for the process or system; this would include the input variables and their ranges, the observable response variables, the dependencies and possible dependencies among the preceding, and possible patterns for variation in the acknowledged variables. In addition the specification may support internal variables that may have observational support or, with different implications, that have theoretical support from say related systems or more general theories. A formalized presentation of this background information is called the statistical model for the process (or system). See Fraser (1979) and Brenner and Fraser (1982).

In practice and in custom, although often not acknowledged openly or explicitly, a statistical model will contain elements that are not direct formalizations of available background information concerning the system; indeed the model may emplicitly contain entities, such as internal variables, for which there is no acceptable or valid background information. These entities or variables may appear or arise as a device to make a whole out of disparate pieces, or for purposes of exploration or investigation, or for less explicit reasons connected with tradition or custom. If they enter on a 0-1 basis with a corresponding parameter, then they can be viewed as an acceptable generalization of an initial model with the objective of say increased accuracy but with questions concerning existence. Otherwise they must in all reason be viewed as the arbitrary additional entities that they in status are, the additives as discussed in Brenner, Fraser, Monette (1981).

In Brenner, Fraser, Monette (loc. sit.) the additives were separated off as an entity A distinct from the statistical model M, as presented in the strict sense. While this very stringent usage for model is advantageous for fine definitions concerning the substance of statistical inference, we find it convenient and appropriate here to allow such arbitrary elements, additives A, to be part of a statistical model in a somewhat extended sense and usage. Their presence as part of a model, however, is in no way to invest them with descriptive substance but merely to allow their tentative presence with the clear labelling additive.

As such it is evident that the inclusion of additives could wholly or partially invalidate a model and thus contradict the modelling requirements cited earlier. We allow this possibility for the pragmatic reason that additives are in fact common, that to proscribe them would in effect isolate the present discussion from broad ranges of application, and that it seems preferable to allow their inclusion but require or request the specific labelling additives, even with its somewhat pejorative but appropriate flavour.

An important aspect of modelling a process or system is the determination of the degree or depth or breadth at which the process or system is to be examined and described. This determination is of course related to the purposes connected with modelling the system. This raises important issues which we do not examine here; rather we take as given a specification of the degree, depth, breadth of description for the process including some definition of the acceptable level of approximation that the formalized information or model makes with the process or system being described.

We return now to direct discussion of the statistical model for the process or system as introduced at the beginning of this section and assume that the degree, depth and breadth of observation are prescribed together with an acceptable level of approximation.

As mentioned in the Preface there are two fundamental requirements for a statistical model:

(1) The model is descriptive. The components and variables and entities in the model correspond to objective components and variables and entities for the performance or operation of the system. Thus the components and variables are real, not arbitrary.

(2) The model is exhaustive. The components and variables and entities of the

system to the depth and breadth examined have correspondents in the statistical model. Thus the description is full, not partial. For further discussion see Fraser (1979).

There are two obvious directions in which a nominal model can fail to be a correct model in the light of these requirements. The nominal model can omit information that should be included; as such it is an incorrect model by failure of the second exhaustive requirement. Or the nominal model can include elements that do not correspond to elements in the system; as such it is an incorrect model by failure of the first descriptive requirement. Such included elements if not contradicted by available information are arbitrary elements or additives as discussed earlier; see Brenner, Fraser, Monette (1981). And if contradicted by available information, they then invalidate the model.

As we have noted, the additives can in some instances be tolerated as long as they clearly bear the label additive, with some clear acknowledgement of potential risks. An obvious risk is that subsequent conclusions could depend essentially on such an additive with the corresponding clear possibility of being incorrect. The presence of additives is a clear qualifier for all subsequent implications and results.

Traditionally statisticians have taken the statistical model in formal contexts to be a collection of probability measures $p = \{P\}$ in a measurable space (S,A) ; thus, (S,A,p) . Or to be a collection of probability densities $F = \{f\}$ on a measure space, (S,A,μ) ; thus, (S,A,μ,F) . We refer to these as classical statistical models.

The two versions of the classical model are not the same type of given, for very clearly they are not bijectively related. Do the differences matter? Or do the differences by being present indicate that one or other or both of the model styles is inappropriate?

The preceding questions raise larger questions that bear on the general relevance or appropriateness of either type of model as a statistical model under the requirements discussed earlier. Certainly mathematical qualities are often relevant and appropriate such as continuity, differentiability, and numerical aspects of the real line beyond that of a set with the particular cardinality.

Clearly a consideration of physical theories, of cause-effect relationships, of electrical circuit diagrams shows more than just a response space with measures or densities, even with extra continuity and smoothness properties.

Certainly the common theoretical consideration of statistical models has not explicitly included such elements and aspects, and yet they are a fundamental part of the historical deterministic model. Does the inclusion of probability components mean that all other components can be discarded? Certainly they are not by the skilled scientist nor by the skilled applied statistician.

According we place substantial emphasis on the importance of statistical models in the general sense, and not in the primitive sense of the classical statistical models. The directions for such more general statistical models can be many. Towards this we mention the richness of the typical deterministic model. We also mention the importance of specifically including objective variables with corresponding marginal and conditional distributions. (Fraser 1973b, 1979; Evans, Fraser, Monette, 1983). And in a somewhat different direction we mention the structural models (Fraser, 1979) with objective grounds discussed in Brenner and Fraser (1980) and Brenner, Evans, Fraser, Massam and Rost (1982).

3. Model for an Investigation

The model for a process or system, as just discussed, is the formal presentation of the available background information at a certain time concerning the process or system. Suppose now that an investigation is planned with repetitions under fixed or varied conditions; such an investigation yields values recording the conditions and input variables and values for the observable response variables for the various performances. What is the model that corresponds to the investigation?

A model presents possibilities for an entity, in this case the particular investigation. In brief we can say then that the model for the investigation is the model for the system as specialized and made relevant to the investigation and to the unknowns of the investigation. We use the term model for an investigation for this formal presentation of information concerning unknowns of the investigation.

There are some immediately obvious ways in which the model for an investigation is distinct from the model for the process or system. The model for an investigation involves a compounding corresponding to the sample size or number of different repetitions. It also incorporates the values for the various conditions and input variables. For this we are not considering the case of random input variables. Such a case handled from the viewpoint we have been developing involves the modelling also of that randomness and thus in effect of a larger or compounded process or system. And as such this larger process becomes the process of our initial discussions.

There are also some less immediately obvious ways in which the model for the investigation is distinctive. In some substance these relate to intellectual honesty as represented say by criteria such as "Do not treat a known as an unknown" and "Do not treat an unknown as a known" or more colloquially "Do not distort or abuse the available information". For some discussion of an interesting example see Feuerverger and Fraser (1980).

Consider the information concerning unknowns of the investigation. The obvious unknowns are parameter values and values of any internal variables not directly observable. The range for the parameter as it exists in the investigation may be a restriction on its antecedent range in the model for the process or system; see

Feuerverger and Fraser (loc. sit.) and Fraser (1979). And the range for internal variables may also be restricted; see Fraser (1976b, 1979). In this latter case some very fundamental questions arise as to whether and how conditional and marginal probability distributions can be used; see, for example, Fraser (1976a, pp. 152-162; 1979), Brenner and Fraser (1979), and for some risks of misapplication (Fraser, 1976a, pp. 161-162; Fraser, 1973c, p. 102).

The model then incorporates the known ranges for the unknowns involved and presents the distributions and other structure that are part of the description of the unknowns. For the implementation of these requirements see Fraser (1977, Chapter 3) and some brief discussion in Section 4.

In conclusion we emphasize the very fundamental distinction between the model for the process and the model for an investigation. The recognition of this distinction is fundamental for statistical inference and in a larger sense for the accretion of scientific knowledge, and its lack of recognition until recently has been a serious impediment to the development of statistical theory.

4. Necessary Reductions of the Model-Data

The starting point for statistical inference in a fundamental sense is the formalized information from an investigation. The formalized information consists of the model M for the investigation as discussed in Section 3 and the data D from the investigation which is the record of values for the variables in the model M. The model data combination $I = (M,D)$ is the instance of statistical evidence in the formulations of Birnbaum (1962, 1972), or the inference base in the more detailed context developed in Fraser (1979), or the model-data in a labelling free from intention. It records the formalized information from the investigation.

Various traditional methods are available for the reduction or simplication of the inference base. The intention of these methods is to make the substance of the inference base more accessible or understandable without any loss of the true substance of the inference base. Prominent among the grounds for the traditional methods are the sufficiency principle, the conditionality principle, and the likelihood principle. Some relationships among these principles have been discussed in Birnbaum (1962, 1972), and in particular an argument given that sufficiency and conditionality imply likelihood. The argument can be reformulated and used to show that conditionality alone implies likelihood (Evans, Fraser, Monette, 1983). A detailed examination of these arguments in the spirit of Brenner, Fraser, Monette (1981) shows, however, that they are not valid and that the apparent paradox relating conditionality and likelihood does not remain as a paradox. Some technical manipulations relating to the arguments may be found in Evans, Fraser, Monette (1983).

The preceding leaves us with three principles, without the major implication among them that was presented by Birnbaum (op. cit.) The principle of sufficiency has almost universal support. The principle of conditionality has strong support from a moderate portion of the profession. The likelihood principle has almost no support, save for a somewhat qualified implicit support among Bayesians.

From a pragmatic viewpoint we can reasonably ask how useful, how successful, and how necessary the principles are within current statistical inference.

Structural models were analyzed initially (Fraser, 1968b) with major emphasis on posterior distributions and analyzed subsequently (Fraser, 1979) with central emphasis on the basic inference methods of estimation, tests, and confidence intervals. These analyses demonstrated that fundamental reductions of the model-data occur - from the logic of the material examined, without recourse to the common principles. This necessary reduction was examined in a broad context in Fraser (op. cit., Chapter 3).

Two interesting observations can be made on these developments. The necessary methods apply in a many-fold generality from the common examples of sufficiency (for example, Fraser op. cit., Chapter 2) whereas sufficiency handles negligible realistic cases beyond those also covered by the necessary methods. For conditionality the case is more severe. The necessary methods handle all the satisfactory cases involving ancillarity and reject the contradictory cases of ancillarity (see Fraser, 1979, Chapter 4).

The necessary methods are just that - necessary, and do not require a mobilizing principle to substitute for logical deduction. A general discussion and development of the available necessary methods may be found in Fraser (op. cit., Chapter 3).

The necessary methods are predicated by requirements and definitions for the model-data combination for an investigation. The essential idea is that the model and data as initially assembled to form an inference base may contain arbitrary elements, elements beyond those elements specified by the definitions and requirements for the model-data combination of an investigation. These arbitrary elements can include substantial elements of apparent substance or superficial notational elements that can easily be overlooked; these superficial notational elements can arise routinely in the normal process of developing and presenting a mathematical structure.

5. Inference

Consider the formalized information from an investigation, the model-data (M,D). We view the model-data (M,D) as the starting point, the given, for the process of inference. The model-data (M,D) imposes certain logical-probabilistic constraints on the unknowns, most centrally the unknown parameter value; and the purpose and goal of statistical inference is the expression of these constraints in a clear, direct, and accessible form. For this we write CONT(M,D) , the content of the model-data, for the full logical-probabilistic implications and constraints concerning the unknowns, particularly the unknown parameter value. This notation CONT(M,D) was introduced in Evans, Fraser, Monette (1983). In partial senses it corresponds to the evidential meaning EV(M,D) as used in Birnbaum (1962, 1973).

If various conventional techniques of inferences do not resolve as aspects of CONT(M,D), then it behooves us to determine precisely the given that would underlie the particular methods and be ready to present the appropriate augmented inference base (M,D,A), with the additives A that support a particular method. Clearly methods that rely on additives A that have objective reference will be preferable to those that rely on additives that are classified as arbitrary.

We view the just discussed analysis of conventional inference methods as an important and basic challenge and one that is essential to an understanding of the core of our discipline.

The role of the common principles as equivalence relations on the class of model-data combinations is examined in Brenner, Fraser, Monette (op. cit.).

6. Extended Models

Our discussion so far of statistical models has been largely in a context of giving definition to a formal process of statistical inference. This discussion, however, has not touched on various substantial developments in statistics that do bear on statistical inference in a broad sense.

It is natural then to try to determine the key threads or characteristics that motivate these developments and yet go beyond the viewpoint or framework we have been discussing. The common threads or characteristics seem to centre on some notion of degree of approximation or degree of expected approximation together with a tolerance for various models or model components that coexist and have different alleged degrees of approximation. In this section we examine briefly some developments from this viewpoint of a common thread and with a goal of an eventual overall framework or theory for models and inference.

Consider nonparametric statistical theory. For an application this presents a very general model which is expected to provide a very close approximation to a process or system. In terms of the requirements of being descriptive and exhaustive, this amounts to extreme increase in coverage under the second - to gain the expected approximation, at the risk of loss under the first - to include many components with low expected approximation.

The theory then aims to compensate for this by using methods and techniques that are good or excellent for some familiar, common, or reasonable simple component model.

We thus have two models, one contained in the other and the approach of nonparametric theory is to find methods in the larger model that have special qualities in the smaller model.

Now consider robustness theory, in particular robustness theory with respect to the model. The alternative of robustness with respect to the data also fits naturally into our framework of focusing on the model data combination.

For an application this in part focuses on a simpler model with perhaps low expected approximation and a larger model with close expected approximation. The theory focuses on methods for the smaller model that are valid for various types of departure into the larger model.

From our viewpoint here we can note that nonparametric theory and robustness (for models) theory are closely related: methods in the larger model that focus on the smaller and methods in the smaller that focus towards the larger.

This then suggests the possibility for an embracing theory that allows a spectrum between these extremes or more generally a theory that contains the two with many-fold blends between them.

Now consider recent developments in soft modelling (Menges, 19). Soft modelling is concerned with incorporating into the modelling process various conceptualizations of vagueness in information. We do not attempt any detailed examination but refer to Menges (op. cit.) and record some indications of directions in soft modelling.

Consider vagueness in the information to support a statistical model. For simplicity we express this in terms of information concerning the value of a parameter which may well be a component or nuisance parameter.

A pure opposite of vagueness is information that completely determines the unknown. This is formalized as a point in a space C of possibilities.

The most obvious form of vagueness called Type 1 is where the point is replaced by a set C on the space of possibilities. For various reasons the set may be taken to be convex polyhedron or its generalization (Type IA) or a neighbourhood with respect to a metric (Type IB).

A second type of vagueness Type II is given by a P-measure giving valuations or weights on points of the space C .

A third type of vagueness, Type III is given by a weight function mapping into $[0,1]$, that is, an element of $[0,1]^C$.

And a fourth type of vagueness, Type IV is given by a P-measure giving valuations or weights on the power set $P(C)$ or on finite sets in the power set.

Various combinations and compoundings of these formulations of vagueness are possible and relations and implications among them are important for the understanding and specification of vagueness.

It seems reasonable to look for a framework that embraces the three developments, nonparametric methods, robustness methods, and soft modelling. Some generalized notion connected with degree of approximation would seem central to an integrated development.

7. Exploratory Use of Models

We reject any view that the statistical model is arbitrary and emphasize that in all cases it is targeted on criteria of the type discussed in Section 2 together perhaps with additional structure to handle elements of vagueness as indicated in Section 6.

This in no way prevents or limits the use of statistical models in various exploratory analyses or processes. In such contexts however the process of statistical inference would be on a "what if" basis: what consequences follow if the model satisfies the validity criteria to some reasonable approximation.

For the exploratory use of statistical models we distinguish two directions or extremes. For the first we consider the individual testing and/or trial of models, examining deviations and fit by direct or computer aided calculations. This follows a trial by trial pattern. For the second we consider the use of quite general models, very high on the coverage or exhaustive requirement together with, in general, computer aided feedback allowing the interactive learning or adaptation within the general model.

We view these exploratory uses of models as being complementary to the strict usage for inference as explored in Sections 4 and 5.

8. Concluding Remarks

We have been considering statistical models and their role in the strict context of statistical inference and in broader contexts of exploratory and adaptive uses. Part of the emphasis throughout the discussion has focused on the prime importance of knowing what the givens are, what things are being assumed, and what arguments are logical or deductive. For otherwise we don't have reliability or understanding, let alone any validity to the structure and conclusions.

References

[1] Birnbaum, A. (1962). On foundations of statistical inference, Journal American Statistical Association, 57, 269-326.

[2] Birnbaum, A. (1972). More on concepts of statistical evidence, Journal American Statistical Association, 67, 858-861.

[3] Brenner, D. (1983). On the formation of statistical models, (this volume).

[4] Brenner, D., Evans, M., Fraser, D.A.S., Massam, H., Rost, E. (1982). The identification of distribution form II, Statistische Hefte, 24.

[5] Brenner, D., Fraser, D.A.S. (1979). On foundations for conditional probability with statistical models - when is a class of functions a function? Statistische Hefte, 20, 147-160.

[6] Brenner, D., Fraser, D.A.S. (1980). The identification of distribution form, Statistische Hefte, 21, 296-304.

[7] Brenner, D., Fraser, D.A.S. (1982). On the foundations: statistical models and inference, Canadian Journal Statistics, 10, 155-161.

[8] Brenner, D., Fraser, D.A.S., Menges, G., Rost, E. (1982). Model analysis with structural and stochastic partial information, Statistische Hefte, 23, 134-141.

[9] Brenner, D., Fraser, D.A.S., Monette, G. (1981). Theories of inference or simple additives, Statistische Hefte, 22, 231-234.

[10] Evans, M., Fraser, D.A.S., Monette, G. (1983). Structural ancillarity, in manuscript.

[11] Evans, M., Fraser, D.A.S., Monette, G. (1983). On the sufficiency, conditionality, and likelihood argument, in manuscript.

[12] Feuerverger, A., and Fraser, D.A.S. (1980). Categorical information and the singular linear model, Canadian Journal of Statistics, 8, 41-45.

[13] Fraser, D.A.S. (1968a). A black box or a comprehensive model, Technometrics, 10, 219-229.

[14] Fraser, D.A.S. (1968b). The Structure of Inference, DAI University of Toronto Textbook Store, Toronto.

[15] Fraser, D.A.S. (1972a). Bayes, likelihood, or structural, Annals of Mathematical Statistics, 43, 777-790.

[16] Fraser, D.A.S. (1972b). Events, information processing, and the structural model, Foundations of Statistical Inference (Ed: V.P. Godambe and D.A. Sprott), Holt, Rinehart and Winston, Toronto, 32-55.

[17] Fraser, D.A.S. (1973a). On statistical analysis, Inference and Decision, Selecta Statistica Canadiana, 1, 17-22.

[18] Fraser, D.A.S. (1973b). The elusive ancillary, Multivariate Statistical Inference (Ed: D.G. Kabe, R.P. Gupta), North Holland Publishing Company, Amsterdam, 41-48.

[19] Fraser, D.A.S. (1973c). Comments on post-data two sample tests of location, Journal of the American Statistical Association, 68, 101-104.

[20] Fraser, D.A.S. (1974). Comparison of inference philosophies, Information, Inference and Decision (Ed: G. Menges) D. Reidel, Dordrecht, 77-98.

[21] Fraser, D.A.S. (1976a). Probability and Statistics, Theory and Applications, DAI, University of Toronto Textbook Store, Toronto

[22] Fraser, D.A.S. (1976b). Necessary analysis and adaptive inference, Journal of the American Statistical Association, 71, 99-113.

[23] Fraser, D.A.S. (1979). Inference and Linear Models, DAI, University of Toronto Textbook Store, Toronto.

[24] Fraser, D.A.S. (1981). Statistical inference, Encyclopedia of Statistical Sciences,

[25] Evans, M., Fraser, D.A.S., Monette, G. (1983). Mixtures, embedding, and ancillarity, in manuscript.

[26] Menges, G. (19). Unscharfe Konzepte im Operations Research,

METHODEN ZUR MESSUNG DER SCHATTENWIRTSCHAFT

R. Henn und A. Karmann, Karlsruhe

Das komplexe Phänomen der Schattenwirtschaft, das in der Öffentlichkeit und bei Politikern auf immer größere Aufmerksamkeit gestoßen ist, hat in jüngster Zeit das Interesse der Wissenschaft gefunden. Hauptproblem ist dabei die exakte Messung eines Gegenstandes, der sich der direkten Beobachtung entzieht. Schattenwirtschaft hinterläßt jedoch erfaßbare Spuren in Teilbereichen der Wirtschaft. Hierauf gründen sich verschiedene empirisch erprobte Schätzansätze, die im folgenden einschließlich ihrer Schwachstellen diskutiert werden.

The complex phenomenon of the shadow economy, which has drawn increasing attention by the public and by politicians,has recently found interest among social and economic scientists. The main problem is the exact measurement of something which cannot be observed directly. But, shadow economy leaves traces in other spheres of the economy on which different indirect estimation procedures, empirically already used, are based. In the following, these estimation methods will be discussed and their weaknesses will be analyzed.

1. Einleitung

In den meisten Industriestaaten ist seit geraumer Zeit ein bemerkenswerter Strukturwandel zu beobachten: immer mehr wirtschaftliche Aktivitäten werden aus dem offiziellen Sektor in eine Untergrund- und Selbstversorgungssphäre verlagert, die sowohl fiskalischem Zugriff als auch -per definitionem- offizieller statistischer Erfassung entzogen ist. So sehr auch das Ausmaß der schattenwirtschaftlichen Aktivitäten für den politisch-ökonomischen Handlungsbedarf relevant ist, es läßt sich mit den üblichen statistischen Methoden nicht direkt quantifizieren. Zur Messung ist man auf Spuren der Schattenwirtschaft in Teilbereichen der offiziellen Wirtschaft angewiesen, mit deren Hilfe Rückrechnungen auf den Umfang des inoffiziellen

Contributions to Econometrics and Statistics Today
Edited by H. Schneeweiss and H. Strecker

Wirtschaftssektors möglich sind.
Es ist daher nicht verwunderlich, daß sich bei den bisher benützten indirekten Schätzmethoden vor allem das Konzept der weichen Modellierung (soft modeling) bewährt hat, dessen Bedeutung für die Ökonometrie von Günter Menges wiederholt herausgestellt worden ist (Menges ,1975;1983). Dieses Konzept gehört nach Menges neben fuzzy sets, Ridge-Regression und robusten Verfahren zur Klasse sogenannter "unscharfer Verfahren, die geeignet sind, die unangemessene Schärfe ökonometrischer Stochastik zu mildern" (Menges,1983,S.163).

Im folgenden werden verschiedene Ansätze zur Messung der Schattenwirtschaft vorgestellt und auf Schätzergebnisse sowie Vor-und Nachteile der jeweiligen Methoden eingegangen. Die hier vorgenommene Grobklassifikation in monetäre und nichtmonetäre Schätzansätze unterscheidet sich von der in Literatur üblichen Methodeneinteilung in direkte und indirekte Verfahren (vgl.etwa Pommerehne und Frey, 1982), da die direkten Schätzverfahren, wie Repräsentativbefragung oder Steuerhinterziehungsstatistiken, nur bedingt verwendbar sind.

2. Monetäre Schätzansätze

Bei den monetären Schätzansätzen wird davon ausgegangen, daß die Größe der Schattenwirtschaft Spuren auf dem Geldmarkt hinterläßt, da alle Transaktionen über Zahlungsmittel abgewickelt werden- sieht man einmal vom Sonderfall der "Barter-Economies" ab, in denen Naturaltausch betrieben wird. Folgende Grundannahmen werden getroffen:

i) Zu einem bestimmten Basisjahr t_o innerhalb des Beobachtungszeitraums existiere keine Schattenwirtschaft ($Y^S_{t_o} = 0$).

ii) Die Umlaufgeschwindigkeit V als das Verhältnis von erwirtschaftetem Volkseinkommen Y zu Transaktionsvolumen M sei zu jedem Zeitpunkt t im offiziellen und im Schattenwirtschaftssektor gleich, d.h. $V^O_t = Y^O_t/M^O_t = Y^S_t/M^S_t = V^S_t = V_t$.[1)]

iii) Maßeinheit des Transaktionsvolumens sei die Geldmenge M1.

Abgesehen von der großen Willkürlichkeit bei der Wahl eines Basisjahres ist vor allem die zweite Annahme empirisch ungesichert; theoretische Überlegungen sprechen sowohl für eine Relation $V^S_t > V^O_t$ aufgrund einer höheren Integration des Schattensektors als auch für die umgekehrte Beziehung aufgrund der Bargeldhortung im inoffiziellen Sektor (vgl. Kirchgässner,1982,S.16).

---

1) Variablen des Schattensektors bzw. des offiziellen Sektors werden im folgenden mit Index S bzw. O,hochgestellt, bezeichnet.

Bei den sogenannten Bargeldansätzen, nämlich der Bargeldumlaufmethode und der Bargeldnachfragemethode, wird zudem unterstellt:

iv) Tauschoperation im Schattensektor würden ausschließlich mit Bargeld abgewickelt,

da dessen Herkunft im Gegensatz zum Giralgeld nicht nachgewiesen werden kann. Lediglich im Transaktionsansatz werden auch girale Verfügungen berücksichtigt.

2.1 Bargeldumlaufmethode

Dieser von Gutmann (1977 u.a.) verfolgte Ansatz beruht neben den oben genannten auf folgender Annahme:

v) die Bargeldquote k_t, d.h. das Verhältnis von Bargeld C_t zu Sichteinlagen D_t, wäre ohne die Existenz von Schattenwirtschaft im Beobachtungszeitraum konstant (gleich k_{t_o}) geblieben.

Damit wird jede über das durch v) vorgegebene "Normalmaß" $C_t^O = (k_{t_o}/k_t)C_t$ hinausgehende Bargeldmenge

$$C_t^S = ((k_t - k_{t_o})/k_t)C_t$$

als Geldmenge M_t^S im Schattensektor festgelegt (gemäß Annahme iv). Nach ii) ergibt sich der inoffiziell erwirtschaftete Anteil des Bruttosozialproduktes dann zu

$$Y_t^S = M_t^S V_t.$$

An obigem Ansatz ist zunächst zu kritisieren, daß Sondereinflüsse, die mit Existenz und Wachstum der Schattenwirtschaft nichts zu tun haben, unberücksichtigt bleiben, So haben Gebührenpolitik der Kreditbanken und sinkender Anteil der Erwerbstätigen an der Gesamtbevölkerung sicher ebenso den Bargeldbedarf erhöht wie eine steigende Nachfrage nach D-Mark-Noten in der DDR. Während solcheEntwicklungen quantitativ nur schwer erfaßbar sind, lassen sich andere Effekte in der Bargeldhaltung, die auf Veränderungen der Einkommenssituation sowie der Alternativkosten beruhen, von jenen separieren, die -wie Veränderungen der Steuerbelastung- primär die Größe der Schattenwirtschaft determinieren. Diese Überlegung geht ein in der

2.2 Bargeldnachfragemethode

In diesem auf Cagan (1958) zurückgehenden und von Tanzi (1980) aufgegriffenen Ansatz wird die Annahme v) ersetzt durch

v') Schattenwirtschaft resultiere allein aufgrund einer gegenüber dem Basisjahr t_o erhöhten Steuerbelastung T_t. Die funktionale Abhängigkeit der Bargeldquote k von Steuerbelastung T sowie weiteren exogenen Variablen, wie pro Kopf-Einkommen Y oder Zinssätzen i, sei bekannt: $k=f(Y,i;T)$.

Dementsprechend läßt sich die Bargeldnachfrage C_t^O simulieren, wenn die historisch niedrige Steuerbelastung T_{t_o} zum Beobachtungszeitraum noch gültig wäre, nämlich $C_t^O = f(Y_t, i_t; T_{t_o}) D_t$, und die Differenz zum tatsächlichen Bargeldbestand der Schattenwirtschaft zuschreiben.

Die mithilfe der Bargeldnachfragemethode gewonnenen Schätzungen der Schattenwirtschaft ergaben vergleichsweise niedrige Werte: die ursprünglichen nach der Bargeldmethode gewonnenen Schätzwerte von 10,6 % Anteil des inoffiziellen am offiziellen BSP der USA für 1976 (Gutmann, 1977) halbierten sich auf ca. 5 % (Tanzi, 1980). Es bleibt jedoch fraglich, ob die Steuerbelastung als einzige Determinante der Schattenwirtschaft herangezogen werden darf. Einen allgemeineren kausaltheoretischen Ansatz, das LISREL-Verfahren, werden wir später behandeln, in dem auch mehrere Indikatoren (anstelle des Bargeldumlaufs) einbezogen werden.

2.3 Transaktionsansatz

Im Gegensatz zum Bargeldansatz berücksichtigt das Verfahren von Feige (1979) alle monetären Transaktionen in der Schattenwirtschaft. Neben den Annahmen i), ii) wird vereinbart

iii') Das Transaktionsvolumen M bestehe aus der Summe aller giralen Verfügungen M_D und aller Barzahlungen M_C.

Während die Größe M_D aus einschlägigen Statistiken (für die Bundesrepublik Deutschland aus den Statistischen Beiheften der Deutschen Bundesbank) für jedes Beobachtungsjahr entnommen werden kann, ist man bei der Größe M_C auf Schätzungen angewiesen. Feige löste das Meßproblem, indem er den (bekannten) Bargeldumlauf mit der (bekannten) durchschnittlichen Lebensdauer einer Banknote multiplizierte und durch den (geschätztenund im Beobachtungszeitraum als konstant angenommenen) durchschnittlichen Besitzwechsel dividierte. Aufgrund unterschiedlicher Papierqualitäten der Banknoten im Zeitablauf erwies sich dieses Vorgehen als äußerst problematisch. Viel schwerer wiegt jedoch Feiges zentrale Annahme

v") Die Umlaufgeschwindigkeit V sei im Beobachtungszeitraum konstant.

Denn gerade bei einer Zunahme der Schattenwirtschaft wird die statistische Erfassung des tatsächlich erwirtschafteten Einkommens immer unzureichender, sodaß eher eine -empirisch durchaus belegbare- langfristige Abnahme der Umlaufgeschwindigkeit postuliert werden müßte.

Mit den getroffenen Annahmen kann der Umfang der Schattenwirtschaft zum Zeitpunkt t wie folgt berechnet werden:
wegen $Y^S_{t_o} = 0$ folgt nach (v")

$$V = Y^O_{t_o}/M_{t_o} = (Y^S_t + Y^O_t)/M_t,$$

woraus aus dem Vergleich mit der beobachteten Umlaufgeschwindigkeit Y^O_t/M_t die gesuchte Größe Y^S_t folgt. Die außergewöhnlich hohen Schätzungen Feiges, nach denen die Schattenwirtschaft in den USA 1978 rund 30 % des offiziellen BSP betragen, bestärken nur die geäußerten Zweifel an der Zuverlässigkeit dieser Methode.

3. Nichtmonetäre Schätzansätze

Die bisher behandelten Ansätze haben die Möglichkeiten des Realtausches, der gerade in der Selbstversorgungswirtschaft, bei Nachbarschaftshilfen, von grösserer Bedeutung sind, außer Acht gelassen. Auch wurde bei den monetären Schätzmethoden gewissen Veränderungen in der Bargeldhaltung -wie Veränderungen der Bevölkerungsstruktur, Gebührenpolitik der Kreditbanken, Bargeldhortung im Ausland- nicht genügend Rechnung getragen. Einen praktikablen Ausweg bieten verschiedene nichtmonetäre Verfahren, welche teils direkt -aus Statistiken über Steuerhinterziehungen oder aus Repräsentativumfragen-, teils indirekt den Umfang schattenwirtschaftlicher Tätigkeit ermitteln, wobei die mithilfe direkter Methoden ermittelten Werte zumeist als untere Grenze angesehen werden.
So dürfte bei Stichprobenverfahren der Wahrheitsgehalt der Antworten trotz zugesicherter Anonymität eher fraglich sein; und bei Steuerfahndungen werden diejenigen unberücksichtigt bleiben, die überhaupt keine Steuern zahlen müssen oder sich der offiziellen Erfassung entziehen.
Bevor wir zu den Methoden des soft-modeling übergehen, seien zwei weitere nichtmonetäre Verfahren erwähnt, wobei das erstere sowohl direkt als auch indirekt angewendet werden kann.

3.1 Arbeitsmarktansatz

Hier geht man davon aus, daß mit einer Zunahme der Schattenwirtschaft vermehrt Arbeitskräfte im inoffiziellen Sektor gebunden werden. Zumindest diejenigen Personen, die ausschließlich schattenwirtschaftlich tätig sind, werden in der offiziellen Arbeitsmarktstatistik nicht als Erwerbstätige erfaßt, sodaß amtliche und tatsächliche Erwerbsquoten differieren. Schätzungen der tatsächlichen Erwerbsquote wurden in Italien sowohl direkt aufgrund von Befragungen (laut Forschungsinstitut CERES lag die Quote für Italien 1977 um 11 % über der amtlichen Größe) als auch indirekt aufgrund des zeitlichen Verlaufs der amtlichen Erwerbsquote ermittelt.

Die Ermittlung des in der Schattenwirtschaft erzielten Sozialproduktes erfolgt mithilfe der Annahmen i) und

vi) offiziell Erwerbstätige arbeiten nicht in der Schattenwirtschaft,

vii) die tatsächliche Erwerbsquote sei zeitlich konstant,

sowie spezifizischen Annahmen über die Produktivität im inoffiziellen Sektor.

Als Kritikpunkt sei erwähnt, daß soziologische Einflußfaktoren, wie die Partizipation der Frauen an der Arbeit, zu einer starken Veränderung der Erwerbsbeteiligung geführt haben. Des weiteren wird der Anteil der Doppelbeschäftigten, die in offizieller wie in Schattenwirtschaft tätig sind, nicht erfaßt.

3.2 VGR-Ansatz

Ausgangspunkt dieses auf der volkswirtschaftlichen Gesamtrechnung beruhenden Verfahrens sind die Prämissen

vii) In der Gesamtwirtschaft seien Einkommen und Ausgaben für Güter und Dienstleistungen gleich.
In der Steuerstatistik seien nur Einkommen aus offizieller Tätigkeit erfaßt. Die Produktionsstatistik enthalte sämtliche Ausgaben konsumtiver Art.

Die hierdurch gewonnenen Schätzungen (von Park 1979) für die USA im Jahre 1977: 4 %) gelten aufgrund lückenhafter Datenerfassung und sich im Laufe der Zeit ändernder Berechnungsgrundlagen als wenig zuverlässig.

3.3 Ansätze der weichen Modellierung (latente Variable, LPI)

Die Anwendung der von Menges propagierten Methode der weichen Modellierung zur Erfassung der Schattenwirtschaft geht auf Frey u.a. (1982,1983,1984) zurück. Die weiche Modellbildung steht im Gegensatz zum hard modeling der klassischen Ökonometrie, das von relativ strengen statistischen Annahmen bei der Modellspezifikation ausgeht. "Verfahren des soft modeling versuchen hingegen, mit relativ schwachen a-priori-Annahmen und nur indirekt gemessenen Variablen oder Indikatoren auszukommen" (Menges, 1975, S.145).
Grundsätzlich lassen sich zwei Techniken unterscheiden, im Rahmen der weichen Modellierung Schattenwirtschaft zu schätzen. Im ersten Fall wird die Größe der Schattenwirtschaft als unbeobachtbare Variable y betrachtet, die durch Linearkombination gewisser beobachtbarer Indikatoren x_i approximiert wird, also nicht -wie im hard modeling-Ansatz- als mit Meßfehlern behaftete Variable behandelt wird. Nach Menges handelt es sich daher um soft-modeling im Sinne H.Wolds (vgl. Menges, 1975, S.145). Im zweiten Fall werden unscharfe Verteilungen der Einflußfaktoren auf die Schattenwirtschaft vorgegeben und im Rahmen des LPI (linear partial information)- Ansatzes von Kofler und Menges (1976) modelliert.

3.3.1 Latente Variable-Ansatz (LISREL u.a.)

Frey und Weck (1984) haben die relative Größe S der Schattenwirtschaft im internationalen und im Zeitvergleich anhand des folgenden Modells, einer speziellen Version des Hauserschen Pfadmodells (vgl. Menges 1975, S.148), untersucht:

$$S = \sum_{i=1}^{n} \alpha_i X_i + e$$

$$Y_j = \beta_j S + u_j \qquad (j=1,\ldots,m),$$

wobei X_i die fehlerfrei zu beobachtenden Determinanten und Y_j die Indikatoren der unbeobachtbaren Größe S sind mit Meßfehler u_j.
Zur Lösung des Inferenzproblems in Pfadmodellen verwenden Hauser und Goldberger (1971) die verallgemeinerte Methode der kleinsten Quadrate, während Jöreskog und Goldberger (1975) im Rahmen des MIMIC-Modells das Maximum-Likelihood-Prinzip zugrundelegen. Frey und Weck haben für ihre Schätzung der Schattenwirtschaft

das Programmpaket des LISREL (linear interdependent structural relationship)-Verfahrens von Jöreskog (1973) als Verallgemeinerung des MIMIC-Modells benutzt. Da hier jedoch die üblichen Normalverteilungsannahmen über die Störglieder gestellt werden müssen, sei schließlich noch auf die von Wold bevorzugte NIPALS (nonlinear iterative partial least square)-Technik mit ihrer eher unspezifizierten Residuenstruktur hingewiesen. Zweckmäßig und begründet, aber nicht notwendig, entspricht NIPALS nach Menges dem Ansatz der weichen Modellierung vor allem in der Verwendung von Pädiktorspezifikationen ($E(S/X) = \Sigma\alpha_i x_i$) anstelle kausaler Erklärung (Menges, 1975,S.145).

Das LISREL-Modell (in der Formulierung der Version V) besteht aus zwei Teilen, einem Meßmodell

$$x = \nu + \xi + \delta$$
$$y = \mu + \eta + \varepsilon,$$

wobei $x' = (x_1,\dots,x_n)$, $y' = (y_1,\dots,y_m)$ beobachtbare Variable mit Erwartungswerten $\nu = E(x)$, $\mu = E(y)$, ε, δ (miteinander und mit den Beobachtungen) unkorrelierte Meßfehler und η, ξ "wahre" unbeobachtbare Variable seien;
und einem Strukturmodell bzgl. der "wahren"Variablen

$$B\eta = A\xi + \zeta$$

wobei A eine mxn-, B eine nichtsinguläre mxm-Matrix und ζ ein mit ξ unkorrelierter m-Vektor von Störgrößen ist, $E(\eta) = E(\xi) = E(\zeta) = 0$. Dieses Modell ist eine Verallgemeinerung des MIMIC-Modells von Jöreskog und Goldberger (1975), wo $\nu, \mu, \delta = 0$ $\xi = x$, B Diagonalmatrix (mit Diagonalelementen β_i^{-1}) und A eine Matrix aus m gleichen Zeilen $\alpha = (\alpha_1,\dots,\alpha_m)$ ist. Damit enthält MIMIC nur eine latente Variable

$y^* := \alpha' x + e,$ sodaß die Indikatoren in der Form

$$y_j = \beta_j(\alpha' x + e) + \varepsilon_j \text{ vorliegen.}$$

Im LISREL-Modell läßt sich mithilfe der statistischen Annahmen die Varianz-Kovarianzmatrix Σ der Beobachtungen $z = (y', x')'$ berechnen als (Jöreskog,1973,S.87)

$$\Sigma = \begin{pmatrix} B^{-1}\Gamma\Phi\Gamma' B'^{-1} + B^{-1}\Psi B'^{-1} + \Theta_\varepsilon^2 & B^{-1}\Gamma\Phi \\ \Phi\Gamma' B'^{-1} & \Phi + \Theta_\delta^2 \end{pmatrix}$$

wobei $\Phi = E(\xi\xi')$, $\Psi = E(\zeta\zeta')$, $\Theta_\varepsilon^2 = E(\varepsilon\varepsilon')$, $\Theta_\delta^2 = E(\delta\delta')$ ist.

Unter der Annahme, daß $z_1,\dots,z_N$ N unabhängige Beobachtungen von z darstellen, die aus einer multidimensionalen Normalverteilung mit Erwartungswert $(\mu', \nu')'$ und Varianz-Kovarianzmatrix Σ entnommen sind, erhält man die Log-Likelihoodfunktion zu

$$\log L = -(N-1)/2[\log|\Sigma| + tr(S\Sigma^{-1})] + c,$$

wobei S die Stichprobenkovarianzmatrix von (z_i) sei und c eine Funktion der Beobachtungen bezeichne.

Um zuverlässige Schätzungen der unbekannten Modellparameter zu erhalten, muß das betrachtete LISREL-Modell identifizierbar sein. D.h. die zu schätzenden Parameter müssen in funktional eindeutiger Weise aus der empirischen Varianz-Kovarianzmatrix S bestimmt werden können. Bereits im Fall des für die Messung der Schattenwirtschaft interessiernden MIMIC-Modells führt jedoch Multiplikation der β_j und Division von α_i und $\sigma^2(e)$ mit einem Skalar zu ein- und derselben Matrix Σ. Identifizierbarkeit erhält man hier alternativ durch Einführung folgender Restriktion

- Normierung eines β_j-Wertes auf 1,
- Normierung von $\sigma^2(e)$ auf 1.

Frey und Weck (1984) standardisieren die Reihe der exogenen und aufgrund der benötigten Annahmen zentrierten Variablen durch Division mit ihrer Varianz, sodaß der Einfluß unterschiedlicher Indikatoren auf die Schattenwirtschaft miteinander vergleichbar wird. Ferner wird ein Indikator (Wochenarbeitszeit) auf 1 normiert. Die empirische Untersuchung wurde in einer kombinierten Querschnitt-Längsschnitt-Analyse von 17 OECD-Ländern für die Jahre 1960,1965,1970, 1975,1978 durchgeführt. Die Schätzungen $\hat{\alpha}_i$ folgender Determinanten i ergaben

- Anteil direkter Steuern am BSP:	$\hat{\alpha}_1 = +\ 0{,}414$
- Veränderung dieses Anteils innerhalb von fünf Jahren	$\hat{\alpha}_2 = +\ 0{,}29$
- Staatliche Regulierung (Anteil öffentlich Bediensteter)	$\hat{\alpha}_3 = +\ 0{,}327$
- Index der Steuerunmoral	$\hat{\alpha}_4 = +\ 0{,}40$
- Arbeitslosenquote	$\hat{\alpha}_5 = -\ 0{,}08$
- real verfügbares pro-Kopf-Einkommen	$\hat{\alpha}_6 = +\ 0{,}067$.

Die relative Größe S der Schattenwirtschaft wurde dann aus den drei statistisch signifikanten Determinanten x_1, x_3 und x_4 ermittelt, deren $\hat{\alpha}_i$-Gewichte auf Summe = 1 umnormiert wurden:

$$S = 0{,}36\ x_1 + 0{,}28\ x_5 + 0{,}36\ x_4.$$

Die Schätzungen $\hat{\beta}_j$ folgender Indikatoren j ergaben

- Erwerbsquote der männlichen Bevölkerung $\beta_1 = -0,875$
- Wochenarbeitszeit (normiert auf $|\beta_2|=1$) $\beta_2 = -1,0$
- Wachstumsrate des realen BIP $\beta_3 = -0,201$.

Aus den genannten Schätzungen wurden Aussagen über die relative Größe der Schattenwirtschaft einer Volkswirtschaft im Länder- bzw. Zeitvergleich abgeleitet. Für Aussagen über die absolute Größe müssen zwei mithilfe einer anderen Methode gewonnene Schätzungen über die Absolutgröße der Schattenwirtschaft zweier Länder für ein bestimmtes Beobachtungsjahr t herangezogen werden, woraus sich durchschnittliches Niveau zur Zeit t und Differenzen im Länder-und Zeitvergleich ableiten lassen. So ergab sich für die Bundesrepublik Deutschland ein Anteil der Schattenwirtschaft von 8,3 %, für die USA von 8,2 % im Jahr 1978.

Zweifelsohne besitzt das LISREL-Verfahren den Vorzug, mehrere Einflußfaktoren und mehrere Indikatoren in die Analyse einzubeziehen. Als Nachteil ist zu benennen, daß erst durch den Bezug auf anderweitig gewonnene Schätzungen die Absolutwerte der latenten Variablen berechenbar sind. Ferner ist die Datenbasis noch ungenügend abgesichert, etwa hinsichtlich des Index Steuermoral. Auch bei den hier zitierten Untersuchungen hat sich zudem wieder erwiesen, daß das LISREL-Verfahren wenig robust gegenüber Spezifikationsänderungen ist.

3.3.2 Unscharfe Spezifikation (LPI-Ansatz)

Ausgangspunkt bei der Anwendung des LPI-Gedankens auf die Messung der Schattenwirtschaft ist die Überlegung, daß bzgl. des relativen Einflusses p_i einer Determinante i nur wahrscheinlichkeitstheoretische Aussagen getroffen werden können, wobei die Klasse der in Betracht kommenden Verteilungen $p = (p_i)_i$ in Form linearer Ungleichungen des Verteilungssimplex vorliegt. Zur Abschätzung von Ober- und Untergrenzen der Realisationen genügt also die Betrachtung der Extremalpunkte der entsprechenden Verteilungsmenge (vgl. Kofler und Menges 1976,S.89; Menges 1983, S.169-170).

Frey, Pommerehne und Weck (1982) benutzen bei ihrer Schätzung für die BRD als a priori-Informationen bzgl. der Rangfolge der Gewichte $p_i = p(i)$:
p(Steuerbelastung) $\geq$ p(Steuerunmoral) $\geq$ p(staatl.Regulierung) $\geq$ p(Erwerbsquote männl. Bevölkerung) $\geq$ p(Arbeitszeit männl. Bevölkerung) $\geq$ p(Anteil ausländ.Arbeitnehmer).

Als Extremalpunkte $(p^k)_{k=1,\ldots,l}$ sind $p^k = (p_i^k)_i$ mit $p_i^k = \frac{1}{k}$ für $1 \leq i \leq k$
und $p_i^k = 0$ sonst

vorgegeben. Liegen die Werte Z_{it} der Determinanten i vor, so können aus dem LPI-Tableau

	p^1	p^k	p^l
.			
.			
.			
t	S_t^1	S_t^k	S_t^l
.			
.			

mit $S_t^k = \sum_{i=1}^{n} p_i^k Z_{it}$ für jedes Beobachtungsjahr t (relative) Ober- und Untergrenzen $(\bar{S}_t, \underline{S}_t)$ der Schattenwirtschaft abgeleitet werden. Der Verlauf der $(\bar{S}_t, \underline{S}_t)$-Kurven vermittelt ein qualitatives Bild über die Entwicklung der Schattenwirtschaft im Zeitverlauf.

Gegenüber dem LISREL-Ansatz entstehen beim LPI-Ansatz zusätzliche Schätzunsicherheiten aufgrund der Willkürlichkeit bei der Wahl der Gewichte $(p^k)_k$. Daher wird dieses Verfahren von den Autoren auch als ein "naive approach" apostrophiert, der gleichwohl ein eindrucksvolles Bild über die zeitliche Entwicklung des Schattensektors zu geben vermag.

Literatur

Cagan,P. (1958),"The Demand for Currency Relative to Total Money Supply", Bureau of Economic Research, Occasional Paper 62, New York.

Feige, E.L.(1979),"How Big is the Irregular Economy?" Challange 22, 5-13.

Frey,B.S.,Weck ,H. und W.W.Pommerehne (1982) "Has the Shadow Economy Grown in Germany? An Exploratory Study", Weltwirtschaftliches Archiv 118, 499 - 524.

Frey,B.S. und H.Weck (1984), "The Hidden Economy as an'Unobserved' Variable", European Economic Review (in Vorbereitung)

Gutmann,P.M. (1977), "The Subterranean Economy", Financial Analysts Journal 34, 26-27.

Hauser,R.M. und A.S.Goldberger (1971), "The Treatment of Unobservable Variables in Path Analysis",in: Costner,H.L.(Hrsg.) Sociological Methodology, San Francisco, 81-177.

Jöreskog,K.G.(1973), "A General Method of Estimating a Linear Structural Equation System",in: Goldberger,D.(Hrsg.), Structural Equation Models in the Social Sciences, Chap. 5.

Jörskog,K.G. und A.S.Goldberger (1975),"Estimation of a Model with Multiple Indicators and Multiple Causes of a Single Latent Variable", Journal of the American Statistical Association 70, 631-639.

Kirchgässner,G. (1982),"Verfahren zur Erfassung der Größe und Entwicklung des Schattensektors", Beiträge zur angewandten Wirtschaftsforschung 211, Universität Mannheim und ETH Zürich

Kofler,E. und G.Menges (1976), "Entscheidungen bei unvollständiger Information", Berlin-Heidelberg-New York.

Menges, G. (1975),"Weiche Modelle in Ökonometrie und Statistik", Statistische Hefte 16, 144-155

Menges, G.(1983), "Unscharfe Konzepte in der Ökonometrie", Ifo-Studien 11,163-173.

Park,T. (1979), "Reconciliation between Personal Income and Taxable Income, 1947-1977", Mimeo, Bureau of Economic Analysis, Washington,S.C.

Pommerehne,W.W. und B.S.Frey (1982), "Ansätze zur quantitativen Erfassung der Schattenwirtschaft", Wirtschaftswissenschaftliches Studium 11, 157 - 162.

Tanzi, V. (1970),"The Underground Economy in the United States: Estimates and Implications", Banca Nazionale del Lavoro Quarterly Review 135, 427 - 453.

SEARCHING FOR THE BEST OFFER WHEN THE DISTRIBUTION OF OFFERS IS TRULY UNKNOWN

Wolfgang Janko, Karlsruhe

Rank-oriented models of search have not found their recognition in the economics of information literature so far. Despite the title of Rothschilds's well-known ariticle on "Searching for the Lowest Price when the Distribution of Prices is Unknown" [10] he only considers multinomially distributed prices. We shall consider the case when no distribution is known and we have to use the relative ranks of the offers observed in guiding the search process. In sampling without recall we consider two extreme cases:
- it is possible to remember all offers observed so far in sorting order (unlimited memory)
- it is possible to remember only the best offer observed so far (extremly limited memory).

After having derived optimal search policies for these two cases assuming constant search cost, we compare the numerical results with the results of a search policy with recall.

Rangauswahlmodelle haben in der Literatur zum Problem wirtschaftlicher Suche bisher keine Berücksichtigung erfahren. Rothschild [10] hat in seiner bekannten Arbeit mit dem Titel "Searching for the Lowest Price when the Distribution of Prices is Unknown" nur den Fall multinomial verteilter Preise berücksichtigt. In der vorliegenden Arbeit wird keinerlei Kenntnis über die Verteilung der Angebotswerte vorausgesetzt. Vielmehr soll der relative Rang der Werte beobachteter Angebote dazu verwendet werden, den Suchprozeß zu steuern. So können unter der Voraussetzung, daß auf erhaltene und nicht akzeptierte Angebote nicht zurückgegriffen werden kann, zwei Extremfälle nach dem vorausgesetzten Erinnerungsvermögen unterschieden werden:
- wir können uns an alle erhaltenen Angebote in Sortierordnung erinnern (unbeschränktes Erinnerungsvermögen),
- wir können uns nur an das beste aller bisher erhaltenen Angebote erinnern (maximal beschränktes Erinnerungsvermögen).

Nach der Darstellung der optimalen Suchpolitiken für diese beiden Fälle bei konstanten Suchkosten werden die numerischen Ergebnisse mit den Ergebnissen einer Politik verglichen, die ein Zurückgreifen auf bereits abgelehnte Angebote zuläßt.

1. Introduction

Since Stigler's well-known article (STIGLER [11]) a variety of papers have been published on the economics of information [0]. Important and well-known applications of this theory are consumer search for information in price and quality of goods, search of unemployed workers for a job in the labor market (LIPPMAN [7]) and the search of unwed individuals searching for a marriage partner (BECKER/LANDES [1]). In economics less well known is the application of search models in the design of randomized algorithms (JANKO [6]). In this application an algorithm searches within a prespecified

---

[0] Besides this the earlier paper of McQueen, J. and Miller, R.G. [8] gave a more efficient search strategy in a different context.

Contributions to Econometrics and Statistics Today
Edited by H. Schneeweiss and H. Strecker

set of algorithms, which solve the same problem such that the total loss of the algorithm finally chosen to solve the problem plus the search cost is minimized [1]. Apart from the majority of the literature on optimal search, several articles have been published analyzing the optimal policy of search assuming that only ordinal utility can be assigned to the objects found.

This work however usually does not consider search costs (see for example CHOW et al. [2], [3]) and concentrates on asymptotic considerations. The results are thus hard to compare with the results in the economics of information literature. Rothschild [10] gives in his paper results similar to those of Randolph [9] using the multinomial distribution. He thus assumes that he is able to observe the true value of an alternative and that he knows the maximum value of all alternatives. Both conditions obviously need not be true.

In this paper we shall try to compare the efficiency of distribution-free search strategies. To compare these results which are based on ordinal utility with well-known cardinal utility results and for economic reasons we introduce search costs which are deductible from the ordinal utility indices. This makes the interpretation of the results more difficult. These results yield some additional insight into the efficiency of drawing with and without recall.

For exploratory purposes we shall describe the search model in terms of a consumer searching for the lowest cost of the alternatives offered plus search costs. Search costs are assumed to be expressible in rank units and to be constant during the search.

2. Search Strategies

Using ordinal utility means that we assume the existence of a weak preference ordering on the sets of consequences of the alternatives only. After putting all consequences to which we are indifferent in quotient classes, we are able to introduce an ordinal utility function on the quotient set. We assume here that the quotient set consists of a finite number of elements only and the ordinal utility index is constructed by sorting the equivalence classes. (This is possible in $O(n \log n)$ time with n alternatives.) We shall furthermore, for reasons of clarity and simplicity, assume here that every equivalence class contains only one element [2]. The resulting

1) To the author's knowledge that is the only application of this type of search models which is in practical use.

2) By that we avoid to consider the problem of drawing from multisets of ordinal indexes (with and without replacement).

problem is then to draw with or without replacement from a finite set of the first n natural numbers, {1,2,...,n}, which - as we shall assume - represent the ordinal utility indices. Drawing an offer means that we are able to determine the rank of the utility of the offer within the offers we already got. We are not able to determine the ordinal utility index of the utility of the offer in the quotient set until we have drawn all offers. The efficiency of rank-oriented search strategies can be compared with distribution-oriented search strategies only if we assume search costs of zero or if we introduce search costs which are deductible from the ordinal utility index. We shall choose this latter more realistic possibility and assume fixed search costs c for every observation throughout. We shall compare the results we get investigating these rank-oriented strategies without recall with the results in a search with recall.

3. Rank-Oriented Models of Search

3.1 The strategy with unlimited memory

Rank-oriented models of search have been studied extensively in the literature [3]. None of the strategies tries to include search costs c into the considerations; they are largely oriented to achieve asymptotic results. For various reasons and as it is economically hardly justified to neglect the search costs these strategies did not gather much attention -- at least not by economists. To clarify the efficiency of different rank-oriented models of search we have to compare them. The problem we consider first has been called the pigeon problem, the dowry problem, the beauty-contest problem and the secretary problem, among other names.

Suppose now that a consumer is offered n price quotations. The consumer can observe the offers only one at a time as he has no prior information on their true rank in sorting order (according to their negative utility $\ell(i)$). (With sorting order we mean that $\ell(1) \leq \ell(2) \leq \ldots \leq \ell(i) \leq \ell(i+1) \leq \ldots \leq \ell(n)$ is valid.) The only information the searcher can rely on is the information about the relative rank of the latest offer observed by the searcher within the offers already observed before. In the following considerations we assume that the searcher will not be able to observe an offer twice. Furthermore, we will in the derivation assume that the searcher, once he has decided not to accept a particular object, can never go back and select it at a later stage [4]. Now let us assume that Y_m denotes the random variable of the relative rank of the m-th observed offer within the observations already drawn. The random

---

[3] Besides the papers and the book mentioned in the introduction two references shall be mentioned without being exhaustive: M. DeGroot [4] and J. Gilbert and F. Mosteller [5].

[4] This is usually called "searching without recall".

variables

$$Y_1, Y_2, \ldots, Y_n$$

are independently distributed and we get for the probability

$$W(Y_m = j) = 1/m \quad \text{for } j=1,2,\ldots,m \ .$$

Now let R_m denote the true rank of the last offer observed when m offers have been observed. Let $E(R_m|Y_m=j)$ be the expected true rank assuming $Y_m=j$. Now obviously the following relation is valid:

$$E(R_m|Y_m=j) = \sum_{b=j}^{n-m+j} b \; W(R_m=b|Y_m=j) \ .$$

For the unconditional expectation $E(R_m)$ we get therefore:

$$E(R_m) = \sum_{i=1}^{m} E(R_m|Y_m=i)W(Y_m=i) \ .$$

Assuming that the true rank is equal to the loss index, that means $l(i)=i$, we get for the conditional expected loss index:

$$E(R_m|Y_m=j) = \sum_{r=j}^{n-m+j} r \; W(R_m=r|Y_m=j) \ .$$

An offer with true rank r has the relative rank j if j-1 offers are drawn out of r-1 offers with the true ranks 1,2,...,r-1 and m-j offers are drawn out of the n-r offers with the true rank r+1,r+2,...,n.

Therefore we get

$$W(R_m=r|Y_m=j) = \frac{\binom{r-1}{j-1}\binom{n-r}{m-j}}{\binom{n}{m}}$$

and from the definition above

$$E(R_m|Y_m=j) = \sum_{r=j}^{n-m+j} \frac{r\binom{r-1}{j-1}\binom{n-r}{m-j}}{\binom{n}{m}} = \frac{(n+1)}{m+1}\, j \ .$$

In following the principle of backward induction [5] we first compute the expected rank when only one offer is left:

$$E(R_n) = E(\frac{n+1}{n+1}\, j) = \frac{1}{n} \sum_{i=1}^{n} j = \frac{n+1}{2} \ .$$

Assuming now that we have drawn n-1 observations we should observe the n-th observation only if the expected rank plus the search cost, which in our derivation must be expressable in units of ranks, is lower than the expected rank at the (n-1)-th step; we get therefore

$$v_{n-1} = E(\min(\frac{n+1}{n}\, Y_{n-1},\ v_n + c)) = \frac{1}{n-1} \sum_{j=1}^{n-1} \min(\frac{n+1}{n}\, j,\ v_n + c)$$

where v_k denotes the expected loss (expressed in rank units) at the k-th observation and $v_n = E(R_n) = \frac{n+1}{2}$.

Similarly we get for the expected loss at the i-th observation:

$$v_i = E(\min(\frac{n+1}{i+1}\, Y_i,\ v_{i+1} + c)) = \frac{1}{i} \sum_{j=1}^{i} \min(\frac{n+1}{i+1}\, j,\ v_{i+1} + c)$$

Computing successively the values of $v_{n-1}, v_{n-2}, \ldots, v_1$, we get the expected value of the strategy v_1.

This can be simplified if we use the for practical purposes indeed necessary index s_i for stopping with a relative rank $\leq s_i$ at the i-th observation.

---

5) See for example [3].

We get the index vector $(s_i \ldots s_n)$, by the following considerations: Stopping with the i-th observation implies

$$\frac{n+1}{i+1} Y_i \leq v_{i+1} + c$$

or in terms of the stopping index s_i which implies stopping at the i-th observation as soon as $Y_i \leq s_i$

$$s_i = [\frac{i+1}{n+1} (v_{i+1} + c)] \quad \text{for } i=n-1,\ldots,2,1 .$$

Using s_i and the fact that the relation

$$v_i = \frac{n+1}{i+1} E(Y_i | Y_i \leq s_i) + W(Y_i > s_i) (v_{i+1} + c)$$

is valid we get:

$$v_i = \frac{1}{i} (\frac{n+1}{i+1} (1+2+\ldots+s_i) + (i-s_i)(v_{i+1} + c)) =$$

$$= \frac{1}{i} (\frac{n+1}{i+1} \frac{s_i(s_i+1)}{2} + (i-s_i)(v_{i+1} + c))$$

Using $v_n = \frac{n+1}{2}$ we can easily calculate the vector $(s_1,s_2,\ldots,s_n)$ and the expected value of this strategy v_1.

For the following calculation we used search costs of c=1 rank units and price offers for goods of identical utility assuming that the price is represented by the true rank.

Relative Rank to Stop (Sample size until which relative rank above has to be applied)

n	Search Cost Plus Price																									
3	2.0	1	2	3																						
		1	2	3																						
4	2.5	1	2	4																						
		1	3	4																						
5	3	1	2	3	5																					
		2	3	4	5																					
6	3.5	1	2	3	6																					
		2	4	5	6																					
7	4	1	2	4	7																					
		2	4	6	7																					
8	4.5	1	2	3	4	8																				
		2	4	6	7	8																				
9	5	1	2	3	5	9																				
		2	4	7	8	9																				
10	5.5	1	2	3	4	5	10																			
		2	5	7	8	9	10																			
15	7.03	1	2	3	4	5	6	8	15																	
		2	5	9	11	12	13	14	15																	
20	8.44	1	2	3	4	5	6	8	10	20																
		3	6	10	13	15	17	18	19	20																
25	9.81	1	2	3	4	5	6	7	8	9	13	25														
		3	7	11	15	18	20	21	22	23	24	25														
30	10.99	1	2	3	4	5	6	7	8	9	11	15	30													
		3	7	12	16	20	23	25	26	27	28	29	30													
35	12	1	2	3	4	5	6	7	8	9	11	13	18	35												
		3	8	12	17	21	25	28	30	31	32	33	34	35												
40	12.98	1	2	3	4	5	6	7	8	9	11	12	15	20	40											
		3	8	13	18	23	27	31	33	34	36	37	38	39	40											
45	13.95	1	2	3	4	5	6	7	8	9	10	11	12	14	17	23	45									
		4	9	14	19	24	29	33	36	38	39	40	41	42	43	44	45									
50	14.89	1	2	3	4	5	6	7	8	9	10	11	12	13	15	19	25	50								
		4	9	15	20	25	31	35	39	41	43	44	45	46	47	48	49	50								
55	15.75	1	2	3	4	5	6	7	8	9	10	11	12	13	15	17	21	28	55							
		4	9	15	21	27	32	37	42	45	47	48	49	50	51	52	53	54	55							
60	16.51	1	2	3	4	5	6	7	8	9	10	11	12	13	14	16	19	23	30	60						
		4	10	16	22	28	34	39	44	48	50	52	53	54	55	56	57	58	59	60						
65	17.27	1	2	3	4	5	6	7	8	9	10	11	12	13	14	15	17	20	25	33	65					
		4	10	16	22	29	35	41	46	50	54	56	57	58	59	60	61	62	63	64	65					
70	18.02	1	2	3	4	5	6	7	8	9	10	11	12	13	15	16	18	22	26	35	70					
		4	11	17	23	30	36	42	48	53	57	59	61	62	64	65	66	67	68	69	70					
75	18.75	1	2	3	4	5	6	7	8	9	10	11	12	13	14	16	17	20	23	28	38	75				
		5	11	17	24	31	37	44	50	55	60	63	65	66	68	69	70	71	72	73	74	75				
80	19.48	1	2	3	4	5	6	7	8	9	10	11	12	13	14	15	17	19	21	25	30	40	80			
		5	11	18	25	32	38	45	52	58	62	66	68	70	72	73	74	75	76	77	78	79	80			
85	20.20	1	2	3	4	5	6	7	8	9	10	11	12	13	14	15	16	18	20	22	26	32	43	85		
		5	12	18	25	32	39	46	53	60	65	69	72	74	76	77	78	79	80	81	82	83	84	85		
90	20.83	1	2	3	4	5	6	7	8	9	10	11	12	13	14	15	16	17	19	21	24	28	34	45	90	
		5	12	19	26	33	40	48	55	62	67	72	75	78	80	81	82	83	84	85	86	87	88	89	90	
95	21.44	1	2	3	4	5	6	7	8	9	10	11	12	13	14	15	16	17	18	20	22	25	29	36	48	95
		5	12	19	27	34	41	49	56	63	70	75	79	82	84	85	86	87	88	89	90	91	92	93	94	95
100	22.06	1	2	3	4	5	6	7	8	9	10	11	12	13	14	15	16	18	19	21	23	26	31	38	50	100
		5	12	20	27	35	42	50	58	65	72	78	82	85	87	89	90	92	93	94	95	96	97	98	99	100

The matrix $\binom{1\ 2\ 3\ 4\ 5\ 10}{2\ 5\ 7\ 8\ 9\ 10}$, for example, is meant to indicate that until a sample size of 2 you should stop with relative rank 1, with the sample sizes 3, 4, 5 you should stop with a relative rank equal to or better than 2, and so on. If you do this your expected cost for searching and purchasing is 5.5 rank units assuming search costs of c=1 rank units.

3.2 The strategy with extremely limited memory

As we can see by the numerical examples given, the unlimited acceptance of offers of any relative rank, using their true rank as a representation of their utility, involves for a large number of offers some calculation and permanent sorting and memorizing of offers already observed, although these offers are not valid anymore. If we do not want to memorize and sort so many offers we can restrict the amount of offers we are able to remember. The extreme case would be to accept only offers with the possible true rank 1. These offers must naturally also have the relative rank of 1. As DeGroot [4] shows, this is the other extreme to the strategy considered above. The strategy to be considered below is equivalent to a strategy which maximizes the probability to find the offer with true rank 1. If search costs are 0 it is well known that asymptotically the observer should initially observe n/e offers and then stop with an offer which is at least as good as the best of these n/e offers already observed in a learning phase. If we introduce search costs of c the behavior of this strategy has to be reconsidered. The problem is formulated as a rank maximizing problem for the decreasing sorting order $\ell(n)$, $\ell(n-1),\ldots,\ell(1)$.

Lemma: The probability, that the true rank of the offer chosen is v and the number of the initially drawn subset of the total sample (learning set) is k, is equal to

$$W(N=v,\ L=\ell) = \frac{k}{\ell-1}\ \frac{(v-1!(n-\ell)!}{(v-\ell)!n!}$$

There is a probability that the offer with true rank one was already observed within the first k offers.

The sum

$$\sum_{\ell=k+1}^{n}\ \sum_{v=\ell}^{n} \frac{(v-1)!k(n-\ell)!}{(v-\ell)!(\ell-1)n!}$$

therefore is equal to $1-\frac{k}{n}$. It is important to recognize that this strategy will be formulated as a rank maximizing strategy. Using a different sorting order this does not cause a problem. If we denote the event that the best offer is not observed within the sample of the first k offers with T, we get the following theorem.

Theorem: [6] The conditional expectation E(R|T) of the true rank of the offer accepted by the above policy assuming that the best offer is not within the first k offers observed is given by:

$$E(R|T) = \frac{1}{2}\left(\frac{(2k+1)(n+1)}{(k+1)} - \frac{(2n+1)k}{n}\right)\frac{n}{n-k} .$$

The conditional variance is equal to

$$\sigma^2_{(R|T)} = \left(\frac{2n+1}{3}\right) E(R|T) - E^2(R|T) + \frac{n(n+1)k}{3(k+2)} .$$

The conditional expected number of offers observed in this way is

$$E(L|T) = \frac{nk}{(n-k)} \sum_{\ell=k}^{n-1} \frac{1}{\ell}$$

and the conditional variance is

$$\sigma^2_{(L|T)} = nk + E(L|T)(1-E(L|T))$$

As we usually can assume that the relation $k << n$ is valid we can use in many cases the approximation

$$E(L|T) = \frac{nk}{n-k} \sum_{\ell=k}^{n-1} \frac{1}{\ell} \simeq \frac{nk}{(n-k)} \log \frac{n}{k} + o.5 .$$

As the reader can easily verify the unconditional expectation of $E_k(R)$ can be interpreted as a continuous, differentiable and concave function of k and we get for the maximum

---

6) The proof of this theorem is lengthy and can be found in Appendix A. To show the dependency of the value of the conditional expections E(R|T) and E(L|T) from the value of k, we shall - whenever it seems necessary - write $E_k(R|T)$ and $E_k(L|T)$. The same change in notation will be used for the unconditional expectation E(R).

$$k_{max} \simeq [(\frac{n^2+n}{2n+1})^{0.5}] \quad \text{for } k \ll n \text{ and } 0 \leq k \leq n \quad .$$

The search process considered has two phases:

- the learning phase, which consists of drawing k observations initially and memorizing the best observation o^*;

- the actual search phase, which leads to stopping as soon as an observation is made which is better than o^*.

The decisive choice the searcher has to make is the choice of the number of observations k he wants to draw in the learning phase. To choose an optimal value k^* of k with respect to fixed search costs c he has to act such that an increase of k^* by one observation increases the expected rank of the observation stopped with by less than c per unit of search cost. We get the increased search costs implied by an increase of the learning phase (with k observations) by one observation (to a total of k+1 observations) by considering the difference

$$E_{k+1}(L|T) - E_k(L|T) = \Delta E_k(L|T).$$

The gain in ranks is equal to

$$E_{k+1}(R|T) - E_k(R|T) = \Delta_k E(R|T)$$

conditional on the event T that the best offer is not observed within the learning phase. So we have to consider the case of the complimentary event $\bar{T}$. $\bar{T}$ denotes the event that the best offer was already observed in the learning phase. We assume that we continue in this case until we have observed all offers, realizing then that the best offer in the learning phase must have been the best offer of all offers. We get therefore the expected rank of our rank maximizing strategy using a learning phase of k observations by

$$E_k(R|Pol) = E_k(R|T) + n\,\frac{k}{n} \quad .$$

Similar considerations hold for the value of the total expected search costs of our policy:

$$E_k(L|Pol) = cE_k(L|T) + cn\,\frac{k}{n}\ .$$

We denote the difference of expected search cost $E_{k+1}(L|Pol) - E_k(L|Pol)$ by $\Delta E_{k+1}(L|Pol)$ and the difference of expected rank $E_{k+1}(R|Pol) - E_k(R|Pol)$ by $\Delta E_{k+1}(R|Pol)$.

Therefore we should choose an optimal value k^* such that

$$\frac{\Delta E^*_k(R|Pol)}{\Delta E^*_k(L|Pol)} \leq c \leq \frac{\Delta E^*_{k+1}(R|Pol)}{\Delta E^*_{k+1}(L|Pol)}$$

is valid.

(It should be remembered that for $k \tilde{=} 1,2,\dots,[(\frac{n^2+n}{2n+1})^{0.5}]$ the value of $E_k(R)$ is increasing monotonically; for larger k these values decrease. Furthermore $E_k(L|T)$ and $E_k(R|T)$ are increasing monotonically for all values of $k(k=1,2,\dots,n-1)$). Our strategy was formulated as a rank maximizing strategy; it suffices now to think of a decreasing sorting order

$$\ell(n),\ \ell(n-1),\dots,\ell(1)$$

of the prices for the different offers. We thus get the ranks for ascending sorting order $E(PR|Pol)$ from $E(R|Pol)$ simply through

$$E(PR|Pol) = n+1 - E(R|Pol)\ .$$

Obviously it suffices to use $\Delta E(R|Pol)$ as the relation

$$|\Delta E(R|Pol)| = |\Delta E(PR|Pol)|$$

is valid.

Now let us assume c=1. Using this value and using above considerations to get optimal values of k for various values of n we get:

k^*	for n between 3 and 1000		
1	3	-	25
2	26	-	56
3	57	-	103
4	104	-	167
5	168	-	248
6	149	-	348
7	349	-	468
8	469	-	607
9	608	-	767
10	768	-	948
11	949	-	

Using these values of k^* and calculating the expected search costs and the expected rank of the price we get for selected values of n and c=1:

n	E(PR|Pol)+k	cE(L|Pol)+ck
20	6.5	4.734
30	7.5	8.346
40	9.167	8.85
50	10.83	9.248
60	11	12.989
70	12.25	13.401
80	13.5	13.763
90	14.75	14.084
100	16	14.373
200	22.167	24.454
500	36.278	42.13
1000	53.167	61.668

These results are obviously valid for the case where we assume that we are searching from the finite set {0,1,2,...,n-1} of price offers without visiting one offer twice [7] and without recall if we reduce the value of E(PR|Pol)+k by one. The effect of not allowing recall in this case is not the only difference. In the strategies described here we made the following assumptions:

1) The number of offers which will ultimately become available is known precisely.

2) There is no recall of offers once they have been passed over.

3) There is no possibility to evaluate any offer on a priori grounds apart from ranking it relative to other offers already observed.

The difference between the first strategy given and the latter one is that in the latter one we simply maximize the probability of selecting the best alternative or, to put it into other words, the second best is not more acceptable than the worst. The difference between these strategies and the strategies so far described primarily in the economics of search literature lies in the abilities we require of our searcher. In our case we only require that he is able to sort the alternatives observed. Besides however we require for the calculation of the optimal policy that search costs c can be expressed in true rank units and that the difference in utility between two alternatives is proportional (at least in the average) to the difference in true rank. But we are not restricted in the application of these models to those situations where we observe a random variables value with a distribution with known or unknown parameters. In these policies even the true rank is not supposed to be a directly observable quantity. We only assume sortability of the observed alternatives.

3.3 Possible Extensions

The two models presented constitute only two extreme examples of a pattern of strategies with variable memory limits. Besides it was felt that the assumption that the number of alternatives, which will ultimately become available is known precisely, is a rather strong restriction to the applicability of these models. There are at least two ways to avoid this assumption. One way is to assume the existence of a known distribution on the number N of offers or at least to assume a Bayesian case with a proper or improper prior. Another version is to assume a constant flow of

---

[7] Sampling without replacement.

incoming and outgoing offers according to stochastic laws like for example the convolution of poisson arrival times with normally distributed values of the offers. We will discuss possible extensions of these models to handle the case of unknown value of N in another paper.

3.4 Rank oriented search with recall

The models given above concentrate on observations without recall. At least limited recall is in many practical cases available. So we should compare the results derived in a search without recall with the strategies selecting alternatives according to their rank with unlimited [8] recall. A nonsequential rule is investigated. In a sequential policy we would indeed be able to determine a stopping rank but we would not be able to determine in general whether or whether not an offer observed has a true rank lower or equal to this reservation rank. Therefore we shall consider here only a nonsequential strategy. This strategy shall simply consist in drawing a sample of a priori fixed size and determining the best alternative drawn. This is the alternative to be chosen. To reduce the side effects we have to determine the optimal number of observations in observations without replacement. We assume again that the n alternatives will be sorted in decreasing order of the price of the offers:

$$l(n) \geq l(n-1) \geq \dots \geq l(1) .$$

Our aim is to maximize the rank in this sorting order; that means $\ell(n)$ has rank 1, $\ell(n-1)$ rank 2 and so on [9].

Lemma: $X_k = \max\{y_1, y_2, \dots, y_k\}$ and the set $\{y_1, y_2, \dots, y_k\}$ is a random sample of offers drawn without replacement from $\{1,2,\dots,n\}$. The probability for drawing an offer with rank x is

$$P(X_k = x) = \frac{\binom{x-1}{k-1}}{\binom{n}{k}} , \qquad k \leq x \leq n$$

The expected rank observed in a sample of k alternatives is

---

8) Limited recall is to the author's knowledge rarely considered in the literature so far.

9) Sampling with replacement was already considered by G. Stigler [11].

$$E(X_k) = \frac{(n+1)k}{k+1}$$

and its variance $\sigma^2_{X_k}$ is equal to

$$\sigma^2_{X_k} = E(X_k)\ (u-E(X_k))$$

with $u = \frac{(n+2)(k+1)}{k+2} - 1$.

Using now the difference $E(X_{k+1})-E(X_k)$ we get for the optimal value of k the equation:

$$0 = c(k^2 + 3k) - (n-1)$$

or

$$k_{1,2} = \frac{-3c \mp \sqrt{c^2 - 4c(n-1)}}{2c} .$$

For the special case c=1 we get for the optimal value k^*

$$k^* = [-1.5 + \sqrt{5/4 + n}]$$

which for large n is approximately equal to $\sqrt{n}$.

The expected true rank will than be

$$E(n+1 - X_k) = \frac{n+1}{k^*+1} .$$

For larger values of n this will not deviate much from $\sqrt{n}$ giving a total cost of approximately $2\sqrt{n}$ for larger n and c=1. Using our numerical calculations it can be seen that this is less than the policies assuming no recall. This it not only true for the expected cost of the offer plus the search cost but also for the variance of the distribution of cost of the alternative stopped with.

4. Conclusions

A class of search policies without recall was discussed which basically does not assume knowledge of the distribution of the observations utility value. Rather, we assume in these strategies that we are able to sort the offers observed. We have seen that the amount of memory we admit allows to distinguish a pattern of different search strategies. Their difference seem to lie rather in the number of sorted offers observed which we are able to remember. The two extreme cases:

- we only remember the best offer observed so far
- we remember all offers observed so far in sorting order

were investigated in detail. We assumed constant search costs expressible in rank units of the sorted universe of different offers. Numerical results were calculated, as closed-form analytical expressions could not be given in every case. These results were compared with a search policy allowing recall. This latter policy was proven to be numerically (in the limited range considered) more efficient than even the best policy allowing no recall. In every policy considered the number n of offers available was assumed to be known in advance. Methods to avoid this restriction in further research can be constructed.

References

[1] Becker, G.S. and Landes, E.M., An economic analysis of marital instability, Journal of Political Economy, No. 6 (1977), pp. 1141-1188.

[2] Chow, Y.S., Moriguti, S., Robbins, H. and Samuels, M.S., Optimal Selection based on relative rank, Israel Journal of Mathematics, Vol 2 (1964), pp. 81-90.

[3] Chow, Y.S., Robbins, H. and Siegmund, D., Great Expectations: The Theory of Optimal Stopping, Houghton Mifflin Company, Boston (1971).

[4] DeGroot, M., Optimal Statistical Decisions, McGraw-Hill, New York (1970).

[5] Gilbert, J. and Mosteller, F., Recognizing the maximum of a sequence, Journal of American Statistical Association, Vol 61, pp. 35-73 (1966).

[6] Janko, W., Stochastische Modelle in Such- und Sortierverfahren, Duncker & Humblot, Berlin (1976).

[7] Lippmann, S.A., Search Unemployment: Mismatches, layoffs, and unemployment insurance, Working Paper No. 286, UCLA, Western Management Institute (1979).

[8] McQueen, J. and Miller, R.G., Optimal persistence policies, Operations Research, Vol 16 (1960), pp. 362-380.

[9] Randolph, P.H., Optimal Stopping Rules for Multinomial Observations, Metrika, Vol 16 (1968), pp. 48-61.

[10] Rothschild, M., Searching for the lowest price when the distribution of prices is unknown, Journal of Political Economy, Vol 82 (1976), pp. 689-711.

[11] Stigler, G., The economics of information, Journal of Political Economy, Vol 69 (1961), pp. 213-225.

Appendix

First we show that the probability that the true rank N finally chosen is v when the size of the learning set is k and the number L of observed alternatives is ℓ is equal to:

$$W(N=v,\ L=\ell) = \frac{k}{\ell-1}\ \frac{(v-1)!\ (n-\ell)!}{(v-\ell)!\ n!}$$

If the ℓ-th alternative observed has a rank of v and we stop with this alternative implies that ℓ-1 alternatives observed before were of a rank lower than v. As there are v-1 such alternatives we have $(v-1)!/(v-\ell)!$ ordered subsets of $(\ell-1)$ alternatives drawn from (v-1) alternatives. Now the second best alternative was within the first k alternatives observed. As this alternative is observed with equal probability as first, second, ..., k-th alternative, the probability for the second best to be within the first k observations is such $k/(\ell-1)$. Recognizing that there are exactly $n!/(n-\ell)!$ possibilities of drawing ℓ alternatives (sorted) out of n alternatives we get the lemma. We show now that the relation

$$\sum_{\ell=k+1}^{n}\ \sum_{v=\ell}^{n} \frac{(v-1)!k(n-\ell)!}{(v-\ell)!(\ell-1)n!} = 1 - \frac{k}{n}$$

is correct.

We show the correctness by calculation:

$$\sum_{\ell=k+1}^{n}\ \sum_{v=\ell}^{n} \frac{(v-1)!k(n-\ell)!}{v(v-\ell)!(\ell-1)} = \sum_{\ell=k+1}^{n} \frac{k(n-\ell)!(\ell-1)!}{(\ell-1)n!} \sum_{v=\ell}^{n} \binom{v-1}{\ell-1} =$$

$$= \sum_{\ell=k+1}^{n} \frac{k}{(\ell-1)n} \binom{n-1}{\ell-1}^{-1} \binom{n}{\ell} = \sum_{\ell=k+1}^{n} \frac{k}{(\ell-1)\ell} = k \sum_{\ell=k+1}^{n} \left(\frac{1}{\ell-1} - \frac{1}{\ell}\right) =$$

$$= k\left(\frac{1}{k} - \frac{1}{n}\right) = 1 - \frac{k}{n}$$

We now show the correctness of the formulas in our theorem 1.

$$E(R|T) = b \sum_{\ell=k+1}^{n} \sum_{v=\ell}^{n} v \frac{(v-1)!k(n-\ell)!}{(v-\ell)!(\ell-1)n!} = \frac{bk}{n!} \sum_{\ell=k+1}^{n} \frac{(n-\ell)!}{(\ell-1)} \sum_{v=\ell}^{n} \frac{v!}{(v-\ell)!} =$$

$$= \frac{bk}{n!} \sum_{\ell=k+1}^{n} \frac{(n-\ell)!\ell!}{(\ell-1)} \sum_{v=\ell}^{n} \binom{v}{\ell} = b \frac{k}{n!} \sum_{\ell=k+1}^{n} \frac{(n-\ell)!\ell!(n+1)}{(\ell-1)(\ell+1)!(n-\ell)!} =$$

$$= bk(n+1) \sum_{\ell=k+1}^{n} \frac{1}{(\ell-1)(\ell+1)} = \frac{k(n+1)}{2} b \sum_{\ell=k+1}^{n} \left(\frac{1}{(\ell-1)} - \frac{1}{(\ell+1)}\right) =$$

$$= b \frac{k(n+1)}{2} \left(\frac{1}{k} + \frac{1}{k+1} + \dots + \frac{1}{n-1} - \frac{1}{(k+2)} - \frac{1}{(k+3)} - \dots - \frac{1}{(n+1)}\right) =$$

$$= b \frac{1}{2} \left((n+1) + \frac{k(n+1)}{k-1} - \frac{k(n-1)}{n} - k\right) = \left(\frac{(2k+1)(n+1)}{k+1} - \frac{(2n+1)k}{n}\right) \left(\frac{n}{2(n-k)}\right)$$

$$E(L|T) = b \sum_{\ell=k+1}^{n} \sum_{v=\ell}^{n} \ell \frac{(v-1)!k(n-\ell)!}{(v-\ell)!(\ell-1)n!} = \frac{k}{n!} b \sum_{\ell=k+1}^{n} \frac{\ell(n-\ell)!}{(\ell-1)} \sum_{v=\ell}^{n} \frac{(v-1)!}{(v-\ell)!} =$$

$$= \frac{k}{n!} b \sum_{\ell=k+1}^{n} \frac{\ell(n-\ell)!(\ell-1)!}{(\ell-1)} \sum_{v=\ell}^{n} \frac{(v-1)!}{(v-\ell)!(\ell-1)!} =$$

$$= \frac{k}{n!} b \sum_{\ell=k+1}^{n} \frac{\ell(n-\ell)!(\ell-1)!}{(\ell-1)} \sum_{v=\ell}^{n} \binom{v-1}{\ell-1} = \frac{k}{n!} b \sum_{\ell=k+1}^{n} \frac{\ell(n-\ell)!(\ell-1)!}{(\ell-1)} \binom{n}{\ell} =$$

$$= kb \sum_{\ell=k+1}^{n} \frac{1}{\ell-1} = \frac{nk}{(n-k)} \sum_{\ell=k}^{n-1} \ell^{-1} .$$

We have to show

$$E(R^2|T) = \frac{k}{n!} b \sum_{\ell=k+1}^{n} \frac{(n-\ell)!\ell!}{(\ell-1)} \sum_{v=\ell}^{n} \binom{v}{\ell} v .$$

The following relation is valid:

$$\sum_{v=\ell}^{n} v\binom{v}{\ell} = \sum_{v=k}^{n} \left((v+1)\binom{v}{\ell} - \binom{v}{\ell}\right) = \sum_{v=k}^{n} \left((\ell+1)\binom{v+1}{\ell+1} - \binom{v}{\ell}\right) = (\ell+1) \sum_{v=\ell}^{n} \binom{v+1}{\ell+1} -$$

$$- \sum_{v=\ell}^{n} \binom{v}{\ell} = (\ell+1)\binom{n+2}{\ell+2} - \binom{n+1}{\ell+1} = \left(\frac{\ell+(\ell+1)n}{(\ell+2)}\right)\binom{n+1}{\ell+1} .$$

Using the relation we get:

$$E(R^2|T) = \frac{k}{n!}\, b \sum_{\ell=k+1}^{n} \frac{(n-\ell)!\,\ell!\,(n+1)!}{(\ell-1)(\ell+1)!\,(n-\ell)!} - \frac{(\ell+1)n+\ell}{(\ell+2)}$$

or

$$E(R^2|T) = \frac{k}{n!}\, b \sum_{\ell=k+1}^{n} \frac{(n-\ell)!\,\ell!\,(n+1)!}{(\ell-1)(\ell+1)!\,(n-\ell)!} \left(\frac{(n+2)(\ell+1)}{(\ell+2)} - 1\right) =$$

$$= (n+1)(n+2)\; kb \sum_{\ell=k+1}^{n} \frac{1}{(\ell-1)(\ell+2)} - bk\;(n+1) \sum_{\ell=k+1}^{n} \frac{1}{(\ell-1)(\ell+1)} =$$

$$= \frac{k(n+1)(n+2)}{3}\, b \sum_{\ell=k+1}^{n} \left(\frac{1}{(\ell-1)} - \frac{1}{(\ell+2)}\right) - \frac{k(n+1)b}{2} \sum_{\ell=k+1}^{n} \left(\frac{1}{(\ell-1)} - \frac{1}{(\ell+1)}\right) =$$

$$= \frac{2(n+2)}{3}\, b \left(\frac{(n+1)k}{2} \left(\left(\frac{1}{k} + \frac{1}{(k+1)} - \frac{1}{(n+1)} - \frac{1}{n}\right) + \left(\frac{1}{(k+2)} - \frac{1}{(n+2)}\right)\right)\right) -$$

$$b\,\frac{1}{2}\left(\frac{(2+k1)(n+1)}{(k+1)} - \frac{(2n+1)k}{n}\right) .$$

From this we get

$$E(R|T) = b\,\frac{(n+1)k}{2} \left(\frac{1}{k} + \frac{1}{(k+1)} - \frac{1}{(n+1)} - \frac{1}{n}\right) = \frac{b}{2}\left(\frac{(2k+1)(n+1)}{k+1} - \frac{(2n+1)k}{n}\right) .$$

We get

$$E(R^2|T) = \frac{2(n+2)}{3}\left(E(R|T) + \frac{b(n+1)k}{2(k+2)} - \frac{b(n-1)k}{2(n+2)}\right) - E(R|T) =$$

$$= \frac{2(n+2)}{3}\left(E(R|T) + \frac{b(n+1)k(n-k)}{2(n+2)(k+2)}\right) - E(R|T)$$

and using the lemma

$$E((R - E(R|T))^2|T) = E(R^2|T) - E^2(R|T)$$

we get finally:

$$\sigma^2(R|T) = (\frac{2n+1}{3})\ E(R|T) - E^2(R|T) + \frac{n(n+1)k}{3(k+2)} \quad .$$

Similarly we get the variance of $E(L|T)$.

$$E(L^2|T) = \sum_{\ell=k+1}^{n} \sum_{v=\ell}^{n} \ell^2 \frac{(v-1)!k(n-\ell)!}{(v-\ell)!(\ell-1)n!} b = \frac{k}{n!} b \sum_{\ell=k+1}^{n} \frac{\ell\cdot\ell(n-\ell)!(\ell-1)!}{(\ell-1)} \sum_{v=\ell}^{n} \binom{v-1}{\ell-1} =$$

$$= kb \sum_{\ell=k+1}^{n} \frac{\ell}{(\ell-1)} = bk \sum_{\ell=k}^{n-1} (1 + \frac{1}{\ell}) = nk + E(L|T) \quad .$$

Using the lemma above we get

$$\sigma_L^2 = nk + E(L|T) - E^2(L|T) \quad .$$

FUZZY WEIGHTING IN MULTIPLE-OBJECTIVE DECISION MAKING THE CONTRIBUTIONS OF MENGES AND SOME NEW DEVELOPMENTS

Eduard Kofler, Zürich

Der erste Teil beginnt mit einer Darstellung der Grundbegriffe der Theorie der linearen partiellen Information (LPI-Theorie). Es werden informationstheoretische wie auch entscheidungstheoretische Aspekte berücksichtigt. Einige wichtige Sätze werden erörtert. Sie finden eine Anwendung in den folgenden Betrachtungen.
Es folgt eine kurze Uebersicht des Beitrages von Menges im Bereich der LPI-Theorie. Insbesondere werden seine Ergebnisse in der Modellierung von unscharfen Entscheidungssituationen bei mehrstufiger Zielsetzung hervorgehoben.
Der zweite Teil ist der weiteren Entwicklung der LPI-Entscheidungsmodelle bei mehrfacher Zielsetzung gewidmet. Es werden auch Modelle bei konkurrierenden LPI-Gewichtungen behandelt. Besonders wichtig für die Praxis sind die unter LPI-Gewichtung betrachteten Entscheidungen bei Ungewissheit. Abschliessend werden LPI-Goal Programming-Modelle erörtert. Einige Sätze werden bewiesen und ihre Prognosen- und Stabilitätsinterpretation hervorgehoben.

In the first part the basic notions of LPI theory are explained. The information and decision aspects of this theory and the application of some important theorems are considered. Moreover, a short survey of the contribution made by Menges to LPI theory is presented. Particularly, his contribution to fuzzy models of multiple-objective decision making (MOD) is discussed.
The second part of the paper is devoted to the further development of the LPI methods in the analysis of LPI-MOD-models. It begins with the simple model, then, competitive LPI weightings are considered. LPI-MOD-models under uncertainty in particular merit attention because of their important practical applications. In the LPI-Goal Programming the simple and uncertainty models are explained. Some theorems are proved and the stability and forecasting interpretation of the optimal strategies are discussed. The case of fuzzy targets is considered too.

1. Basic Notions of LPI theory

1.1. The information aspects

Given the decision problem

$$\left[\{\alpha_i\};\ \{\beta_j\};\ Q = \{p = (p_1,\dots,p_n)\};\ |u_{ij}|\ ;\ i = 1,\dots,m;\ j = 1,\dots,n\right] \quad (1)$$

with the set of strategies $\{\alpha_i\}$; set of states $\{\beta_j\}$; Q the set of possible distributions on $\{\beta_j\}$; utility matrix $|u_{ij}|$. Let

$$S^{(n)} = \{p|p_j \geqslant 0,\ \sum_1^n p_j = 1\}$$

be the so-called distribution simplex in R^n. We consider now the following four cases regarding Q:

Contributions to Econometrics and Statistics Today
Edited by H. Schneeweiss and H. Strecker

a) The case of full stochastic information in (1):
   $Q = \bar{p}$ (Q contains only one element $\bar{p}$)

b) Null information $Q = \{S^{(n)}\}$ (Anay p is possible)

c) Stochastic partial information SPI(p)$\cdot Q \neq S^{(n)}$ and contains more than one element.

d) Linear stochastic partial information LPI(p) with the LPI-Definition. Any LPI(p) by which a convex polyhedron subset T of $S^{(n)}$ is defined is called LPI(p). For the more general LPI-notions see (Kofler, Menges, 1976).

It is obvious that an LPI(p) can be stated in any of the three equivalent forms:

(.) The solution of a linear inequality system
$Ap' \geqslant b$; A:kxn; b:kxl; p:lxn.

(..) The convex polyhedron T determined by $Ap' \geqslant b$.

(...) The extreme point set $\hat{T}$ of T.

For future reference we introduce the extreme point set matrix M(LPI(p)) which contains the extreme points in any order.

Examples

1. LPI(p): $p_1 \geqslant \cdots \geqslant p_n$ (ranking of probabilities)
2. LPI(p): $\alpha_i \leqslant p_i \leqslant \beta_i$; $i = 1,\ldots,n$ (Interval LPI).

LPI of higher degree

Assumption: Let the set of states $\{\beta_j\}$ in (1) be the set of LPI:

$$\{\beta_j\} = \{LPI_j(p)\};\ j = 1,\ldots,n.$$

An LPI over LPI-states is called LPI of second degree:

$$LPI\ \{LPI_j(p)\} = LPI^{(2)}(p).$$

The complete induction generalization:

$$LPI^{(k+1)}(p) = LPI\ \{LPI_j^{(k)}(p)\};\ k = 1,2,\ldots$$

Example

$LPI_1(p): p_1 \geqslant p_2 \geqslant p_3$; $LPI_2(p)$: $p_3 \geqslant p_1 \geqslant p_2$; $n = 3$.

$LPI^{(2)}(p)$: $LPI_1(p)$ more likely than LPI_2 (p).

For LPI of higher degree the following theorem holds:

Transition theorem (1)

Every LPI of higher degree can be transformed into an LPI of first degree. The outline of the proof: From (Huschens, Menges, 1983) we have the procedure for the determination of the extreme points of the resulting LPI(p):

Given the $LPI^{(2)}(p)$: $[LPI_1(p),\dots,LPI_k(p); LPI(q)]$ (LPI(q) over the LPIs(p)) with the corresponding extreme point sets: $[\hat{T}_1,\dots,\hat{T}_k; \hat{K}]$.

For every (k+1)-dimensional point ζ of the cartesian product $\hat{T}_1 x \dots x\ \hat{T}_k\ x\ \hat{K}$ we apply the Bayes theorem on total probability. Then, there exists a well-defined mapping with the total probability operator TP:

$$\hat{T}_1\ x\ \dots\ x\ \hat{T}_k\ x\ \hat{K} \rightarrow TP(\zeta)$$

The convex hull of $TP(\zeta)$ is the convex polyhedron T of LPI(p). The complete induction finishes the proof of theorem (1).

LPI random vectors. Composition of LPI

Given the random vector $Z = (Z_1,..,Z_n)$ with independent random variables Z_i and the corresponding $LPI(Z_i)$; $i = 1,\dots,n$. This is the so-called LPI random vector. In (Kofler, Menges, 1976) the reader finds the proof of

Theorem (2) on composition of component LPIs

The composition of the component LPIs in an LPI random vector results in an LPI(p).

In the proof (Kofler, Menges, 1976) the calculation of the extreme points of LPI(p) is also carried out. . In the case of interval LPI this calculation is very simple.

Non-stochastic LPI

In (Huschens, Menges, 1983) and (Kofler, Menges, 1980) non-stochastic LPI are considered. It is shown there that for quantities such as relative frequencies, weights, credibility numbers which possess the property of additivity, non-negativity and can be normalized - the LPI framework can be applied. Thus, in the case of LPI-fuzziness of such quantities all the algorithmic LPI-procedures such as the determination of the corresponding convex polyhedron, of the extreme point set and the LPI-decision concepts (of 1.2) carry over immediately.

1.2. The decision aspects of LPI

We return now to the decision situation (1). In the case a) with $Q = \overline{p}$ (risk situation) the optimal strategy $\alpha_{\hat{i}}$ can be determined by the Bernoulli (Bayes) principle:

The optimal strategy maximizes the expected value of utility:

$$\alpha_{\hat{i}} \text{ is Bernoulli-optimal iff } \sum_{j=1}^{n} u_{\hat{i}j} p_j = \max \sum_{j=1}^{n} u_{ij} p_j = \max_i E(\alpha_i, p) \quad (2)$$

$$\upsilon(\alpha_{\hat{i}}) = \sum_{j=1}^{n} u_{\hat{i}j} p_j \text{ is the Bernoulli decision value.}$$

Now we consider the LPI case with $Q = LPI(p)$. The decision situation

$$\left[\{\alpha_i\};\ \{\beta_j\};\ LPI(p);\ |u_{ij}|;\ i = 1,\dots,m;\ j = 1,\dots,n\right] \quad (3)$$

is called simple LPI decision situation.

The MaxE$_{min}$-Principle and the LPI zero sum game

The MaxE$_{min}$-principle is an extension of the Bernoulli principle (2) into LPI-fuzziness. To obtain the maximally warranted expected value the decision maker has to choose the strategy which maximizes the minimal expected value. Thus,

$$\alpha_{i*} \text{ is MaxE}_{min}\text{-optimal iff } \min_{p^* \varepsilon \hat{T}} E(\alpha_{i*}, p^*) = \max_i \min_{p^* \varepsilon \hat{T}} E(\alpha_i, p^*) \quad (4)$$

Here, $\hat{T}$ denotes the extreme point set $\{p^*\}$ of the LPI(p), E the expected value. $\upsilon(\alpha_{i*}) = \min_{p \varepsilon \hat{T}} E(\alpha_{i*}, p)$ is the maximally warranted expected value, the so-called LPI decision value.

Following theorem can be proved:

Theorem (3)

The MaxE$_{min}$-optimal strategy in the simple LPI decision situation (3) is equivalent to the optimal strategy of player I in the so-called LPI zero game $G(\alpha_i, p^*) = u_{ij} \cdot M(LPI(p))$.

For the proof and extension to mixed strategies see (Kofler, Menges, 1976).

The MaxE$_{min}$-principle for weights will be considered in sections 3 and 4.

2. The contribution of Professor Menges to LPI theory

The late Professor Menges helped a great deal to familiarize a wider scientific community with the basic notions of LPI theory through the jointly written monograph that appeared in 1976 (Kofler, Menges, 1976). On the basis of the $MaxE_{min}$-principle the decision aspects of LPI were investigated and applied to multistage decision making. The book already set the stage for fuzzy linear and dynamic programming, using LPI theory.

Menges put particular emphasis on the relevance of LPI fuzziness for the social sciences, see (Menges, Kofler, 1976).
In (Kofler, Menges, 1977a) we explored the connections between game theory and LPI models.
Frequently, utilities are not exactly known to decision making. LPI fuzziness of the decision matrix has been shown in (Menges, Kofler, 1978) to be a natural way of dealing with that problem.
Entropy and degree of information are basic concepts of information theory. These concepts are generalized on the basis of LPI-notions in the paper (Behara et al., 1978).
The axiomatic foundation of LPI concepts was laid in (Kofler, Menges, 1977b). In that work we dealt with the LPI structuring of uncertainty and generalized the Kolmogoroff axioms.
Next, we demonstrated the superiority of LPI analysis over fuzzy sets theory as formulated by Zadeh in (Kofler, Menges, 1979).
Menges also clearly recognized the potential of LPI theory in a forecasting context. In the paper (Menges, Kofler, 1980) the so-called LPI-inference is introduced and applied in fuzzy forecasting models.
The LPI approach to non-stochastic quantities was set out in the article (Kofler, Menges, 1980). It is important that the consideration here construct a bridge between two aspects of analysis of uncertainty - the fuzzy sets and the LPI theory.
Significant for the further development of the LPI-theory is the collective research work (Kofler et al., 1980). Here, various LPI-definitions are unified and the extension of the LPI-framework for the case of infinite state sets on the basis of the notion of the generalized distribution simplex is realized.
In (Huschens, Menges, 1983) the complete proof for the calculation of the extreme points for LPI of higher degree is given,and in (Huschens, et al.,

1983) the forecasting problem is considered as a decision problem under partial information.

3. Fuzzy weighting in Multiple-Objective Decision making (MOD)

3.1. The Menges contribution (a short survey)

In (Kofler, Menges, 1976) simple MOD-models under LPI-fuzziness are investigated. For the first time the notion of LPI-fuzzy weights was introduced into (Menges, Kofler, 1979) regarding discrete deterministic MOD-models.
The first proof of the theorem on reduction of LPI-weightings of higher degree is given in (Huschens, et al., 1983).
The problem of comparing infrastructures in the field of informational statistics on the basis of LPI-weights is discussed in (Huschens, Menges, 1984).

3.2. Further development of LPI methods in investigation of LPI-MOD-models

3.2.1. The simple MOD-model

In the simple MOD-model (6)

$$\left[\{\chi_1,\dots,\chi_m\};\ z(\chi_i) = (z_1(\chi_i),\dots,z_k(\chi_i));\ g = (g_1,\dots,g_k);\ i = 1,\dots,m\right] \tag{6}$$

with the set of strategies $\{\chi_1,\dots,\chi_m\}$, the objective vector $z(\chi_i)$ containing k objectives $z_1(\chi_i),\dots,z_k(\chi_i)$, the normalized weighting vector $g = (g_1,\dots,g_k)$ are given. Then by calculation of the corresponding weighted sums we transform (6) into its deterministic situation (7):

$$\left[\{\chi_1,\dots,\chi_m\};\ \sum_{r=1}^{k} g_r z_r(\chi_i);\ i = 1,\dots,m\right]. \tag{7}$$

The optimal strategy $\chi_{\hat{i}}$ in (7) maximizes the weighted sums:

$$\sum_{r=1}^{k} g_r z_r(\chi_{\hat{i}}) = \max_i \sum_{r=1}^{k} g_r z_r(\chi_i). \tag{8}$$

3.2.2. The simple LPI-MOD-model

Let in (6) only the LPI(g) about the weighting vector g be given. The model

$$[\{\chi_1,\ldots,\chi_m\};\ \{r\};\ \mathrm{LPI}(g);\ \ z_r(\chi_i)\ ;\ i = 1,\ldots,m;\ r = 1,\ldots,k] \quad (9)$$

can be considered as a simple LPI-decision situation (s. (3)). In (9) {r} is the set of the objective states with the LPI(g) defined over these states and $z_r(\chi_i)$ denoting the corresponding payoff matrix. Regarding LPI(g) in (9) we obtain the set T* = {g*} of the extreme weights and the corresponding extreme weights matrix M(LPI(g)). The MaxE_{min}-principle has to be interpreted here as the maximization of the minimum of the weighted sums and is called the Maxζ_{min}-principle. It is defined as follows:

The strategy χ_{i*} in (9) is Maxζ_{min}-optimal, if

$$\min_{g^*\varepsilon T^*} \sum_{r=1}^{k} g_r^* z_r(\chi_{i*}) = \max_i \min_{g^*\varepsilon T^*} \sum_{r=1}^{k} g_r^* z_r(\chi_i) = \upsilon(\chi_{i*}) \quad (10)$$

In view of (10) the decision value $\upsilon(\chi_{i*})$ can be interpreted as the maximally warranted weighted sum of the payoffs.

Using theorem (3) we immediately have

Theorem (4)

The Maxζ_{min}-optimal strategy χ_{i*} in (9) is equivalent to the optimal strategy of player I in the corresponding LPI zero sum game

$$G(\chi_i, g^*) = \|z_r(\chi_i)\| \cdot M(\mathrm{LPI}(g)).$$

LPI stability

Regarding the set of possible weights $\{g|g\varepsilon \mathrm{LPI}(g)\}$ as the disturbance set in (9), we consider the Maxζ_{min}-optimal strategy χ_{i*} as the LPI stability strategy in the following sense:

Any deviation from χ_{i*} can be connected with a possible diminution of the Maxζ_{min}-value $\upsilon(\chi_{i*})$. The point $(\chi_{i*}, \upsilon(\chi_{i*}))$ is called the LPI equilibrium point.

The forecasting interpretation

The LPI(g) can also be viewed as a LPI forecast with respect to the possible weights in the MOD-model (9). Then, the corresponding decision forecast can be formulated:

χ_{i*} is the Maxζ_{min}-optimal strategie in (9).

3.2.3. Competitive LPI weightings

We extend now the fuzziness of the LPI-MOD-model (9) by introducing competitive LPI weightings for the objectives. For instance, the two weightings $q_1 = LPI_1(g)$ and $q_2 = LPI_2(g)$ are held by two experts and an LPI(q) about the credibility of the experts is known (e.g. the credibility of expert I is greater than that of expert II).
In general, the competitive weightings are $q_1 = LPI_1(g), \ldots, q_s = LPI_s(g)$, and an LPI(q) is given. We have to determine the resulting LPI weighting, the Maxζ_{min}-optimal strategy and the maximally warranted weighted sum of the payoffs for the decisionmaker.
This is the case of LPI weighting of second order. The LPI(q) over the possible states $q_1 = LPI_1(g), \ldots, q_s = LPI_s(g)$ can be interpreted as an $LPI^{(2)}(g)$. (cf. 1.1)
According to the theorem (1) on reduction of LPI weightings of higher order, the $LPI^{(2)}(g)$ can be transformed into a resulting LPI(g) of first order. The procedure of p. 3 leads to the determination of M(LPI(g)) and the application of the Maxζ_{min}-principle to the optimal strategy $\hat{\chi}$ yielding the maximally warranted weighted sum $\upsilon(\hat{\chi})$.

Remark
These computations are very easy for the case of interval LPI.

3.2.4. The LPI-MOD-model under uncertainty

We introduce now into the MOD-model (9) the set of possible states of nature $\{s_1, \ldots, s_n\}$. Thus, we have the model:

$$\left[\{\chi_i\};\ \{s_j\};\ LPI(p);\ \|z^j(\chi_i)\| = \|(z_1^j(\chi_i), \ldots, z_k^j(\chi_i))\|\ ; LPI(g); i=1,\ldots,m;\ j=1,\ldots,n\right] \tag{11}$$

In (11) the LPI(p) is defined over the state set $\{s_j\}$, $\|z^j(\chi_i)\|$ is the payoff matrix for k objectives, and LPI(g) denotes the LPI weighting of these objectives.
How to determinate the MaxE_{min}-optimal strategy in (11)?
Following theorem and procedure can be used:

Theorem (5)
In the LPI-MOD-model under uncertainty (11) the decision maker possesses

at least one MaxE$_{min}$-optimal strategy χ_{i*} yielding a unique MaxE$_{min}$-decision value $\upsilon(\chi_{i*})$.

Outline of the proof

We incorporate the set of the possible weighting vectors $\{g|g\varepsilon LPI(g)\}$ into the set of states $\{s_j\}$. According to the MaxE$_{min}$-principle it is sufficient to restrict the set $\{g\}$ to the extreme point set $\{g^*\}$. In this way the new state set $\{\gamma_r\}$ can be obtained by forming the cartesian product $\{\gamma_r\} = \{s_j\} \times \{g^*\}$. It can be proved that the LPI(p) over the set $\{s_j\}$ carries over into a well-defined LPI(γ_r) over the new state set $\{\gamma_r\}$. Thus, we obtain the simple LPI-decision situation (12):

$$\left[\{\chi_i\};\ \{\gamma_r\};\ LPI(\gamma_r);\ |\bar{u}_{ir}|\right] . \qquad (12)$$

In (12) the elements of the payoff matrix $|\bar{u}_{ir}|$ are determined, because for any γ_r the vector of objectives is known along with the corresponding extreme point weighting.

By application of the MaxE$_{min}$-principle in (12) we obtain at least one MaxE$_{min}$-optimal strategy χ_{i*} and the unique MaxE$_{min}$-decision value $\upsilon(\chi_{i*})$, Q.E.D.

3.2.5. LPI-Goal programming. General remarks

In goal programming, usually two forms of objective functions are considered: 1) The weighted absolute deviations of the payoffs from the given target values. 2) The weighted squared deviations from target values. In the following we refer to the second form. Minimization of maximal squared deviations is therefore used as the solution-principle. In an LPI context this criterion becomes the Minζ_{max}-principles.

For the LPI-case the LPI-weighting LPI($\bar{g}$) of the squared deviations is considered as given. In 3.2.6. and 3.2.7. the set of relevant goals is assumed to be fixed and known.

3.2.6. The simple LPI-GOAL MOD-model

In the simple MOD-model (3.2.2) we now consider given goals $d_1,\ldots,d_s$ and the LPI-weighting LPI($\bar{g}$) of the squared deviations from target values $d_1,\dots,d_s$.

$$\left[\{\chi_i\};\ \{v\};\ \mathrm{LPI}(\bar{g});\ \left|(z_v(\chi_i)-d_v)^2\right|;\ i=1,\dots,m;\ v=1,\dots,k\right] \quad (13)$$

The elements of the payoff matrix in (13) denote the squared deviations.

Now, we apply the $\mathrm{Min}\zeta_{max}$-principle. Let the extreme point set of $\mathrm{LPI}(\bar{g})$ be $\{\bar{g}^*\}$. Then, the strategy χ_{i^*} is $\mathrm{Min}\zeta_{max}$-optimal if

$$\upsilon(\chi_{i^*}) = \max_{g^*} \sum_{v=1}^{k} (z_v(\chi_{i^*})-d_v)^2 \cdot \bar{g}^*_v = \min_i \max_{g^*} \sum_{v=1}^{k} (z_v(\chi_i)-d_v)^2\, \bar{g}^*_v. \quad (14)$$

The strategy χ_{i^*} is an LPI stability strategy: Any deviation from χ_{i^*} results in general in an increase of the maximal weighted squared deviation.

In analogy with theorem (4) the following theorem is true:

Theorem (6)

The $\mathrm{Min}\zeta_{max}$-optimal strategy χ_{i^*} in (13) is equivalent to the optimal strategy of player I in the corresponding LPI zero sum game

$$G(\chi_i,\ \bar{g}^*) = \left|(z_v(\chi_i)-d_v)^2\right| \cdot M(\mathrm{LPI}(\bar{g})).$$

3.2.7. The LPI-GOAL MOD-model under uncertainty

In comparison with the model (11) in 3.2.4. we introduce the following changes: 1) with given target values $d_1,\dots,d_s$ the payoff vector now reads

$$\left[(z_1^j(\chi_i)-d_1)^2,\dots,\ (z_k^j(\chi_i)-d_k)^2\right].$$

2) The new LPI weighting is $\mathrm{LPI}(\bar{g})$.

Thus, we obtain the model

$$\left[\{\chi_i\};\ \{s_j\};\ \mathrm{LPI}(p);\ \left|(z_1^j(\chi_i)-d_1)^2,\dots,(z_k^j(\chi_i)-d_k)^2\right|;\ \mathrm{LPI}(\bar{g});i=1,\dots,m;j=1,\dots,n\right] \quad (15)$$

The following theorem holds:

Theorem (7)

In the LPI-GOAL MOD-model under uncertainty (15) the decision maker possesses at least one $\mathrm{Min}\bar{\zeta}_{max}$-optimal strategy χ_{i^*} yielding a unique $\mathrm{Min}\bar{\zeta}_{max}$-decision value $\upsilon(\chi_{i^*})$.

Outline of the proof

We present here another proof procedure than in 3.2.4. According to the Min$\overline{\zeta}_{max}$-principle the worst outcome for the decision maker has to be considered. By the assumption of the independence of the LPI(p) and LPI($\overline{g}$) they can be considered separately. Retaining the maximal weighted squared deviations in each aspect, we transfer (15) into the simple LPI-decision situation:

$$\left[\{\chi_i\};\ \{s_j\};\ \text{LPI}(p);\ |u_{ij}|;\ i = 1,\dots,m;\ j = 1,\dots,n\right] \tag{16}$$

The application of the MinE$_{max}$-principle in (16) yields the solution $[\chi_{i*};\ \upsilon(\chi_{i*})]$ of (15).

Remark

The proof stated in sections 3.2.4 and 3.2.7 also provide the procedures for actually solving these decision problems.

3.2.8. The case of LPI-fuzzy goals (a short outline)

In the simple LPI-GOAL MOD-model we know only an LPI(d) about the possible goals $d^\lambda = (d_1^\lambda,\dots,d_k^\lambda)$; $\lambda = 1,\dots,r$. Then, the model

$$\left[\{\chi_i\};\ \{v\};\ |z_v(\chi_i)|\ ;\ \{d^\lambda\};\text{LPI}(d^\lambda);\ \text{LPI}(\overline{g});\ i = 1,\dots,m;\ v = 1,\dots,k;\ \lambda = 1,\dots,r\right]$$

with the payoff matrix $|z_v(\chi_i)|$, the LPI(d^λ) about the possible goals and the LPI weighting LPI($\overline{g}$) of the corresponding square deviations can be considered as an LPI-MOD-model under uncertainty such as 3.2.7. with the goal state set $\{d^\lambda\}$. The application of the MinE$_{max}$-principle in the corresponding simple LPI-decision situation determines the solution.

3.2.9. LPI weighting of the multiple-objective payoffs in the LPI-decision trees (outline)

In the LPI-decision tree the LPI($p^{(n)}$) for the random nodes are known.

In the endpoints of the tree we consider k-objective payoffs $u_i = (u_i^{(1)},\dots,u_i^{(k)})$ with the corresponding LPI weighting LPI(g) = LPI($g_1,\dots,g_k$).

In this case the determination of the maximally warranted weighted sum of the payoffs proceeds in the following manner:

1) Based on the LPI(g) the minimal weighted sums $\zeta_{min}(u_i)$ for every endpoint of the tree are calculated.
2) Taking into account the payoffs $\{\zeta_{min}(u_i)\}$ from 1) the LPI-roll back procedure yields the solution.

The LPI-roll back procedure

At each random node calculate the minimal expected utility gain warranted by the relevant LPI(p). At each decision node choose the move which maximizes the minimal expected utility.

In this way the $MaxE_{min}$-optimal global strategy χ^* for the given LPI decision tree can be determined. The expected utility gain $(\chi^*) = u^*$ corresponding to χ^* is called the $MaxE_{min}$-value of the LPI tree. Here u^* is the expected maximally warranted weighted sum of the payoffs for the given LPI-decision tree. Any deviation from χ^* can be connected with a possible diminution of the $MaxE_{min}$-value of the LPI tree.

References

KOFLER, MENGES: Entscheidungen bei unvollständiger Information, (Springer) Berlin-Heidelberg-New York 1976.

MENGES, KOFLER: Linear Partial Information as Fuzziness, in Systems Theory in the Social Sciences, (Birkhäuser) Basel, Stuttgart 1976, 307-322.

KOFLER, MENGES: Stochastic Linearisation of Indeterminateness, in Mathematical Economics and Game Theory, (Springer) Berlin-Heidelberg-New York 1977a, 20-63.

KOFLER, MENGES: Die Strukturierung von Unbestimmtheiten und eine Verallgemeinerung des Axiomensystems von Kolmogoroff, Stat. Hefte 1977b, 4, 297-302.

MENGES, KOFLER: Linear stochastic structuring of indeterminate decision matrices, in Pioneering Economics, Padova 1978, 131-150.

BEHARA, KOFLER, MENGES: Entropy and informativity in decision situations under partial information, Stat. Hefte, 1978/2, 123-130.

KOFLER, MENGES: Ueber unscharfe Mengen, Stat. Hefte, 1979/4, 236-250.

MENGES, KOFLER: Prognosen bei partieller Information, Zeitschrift für Wirtschafts- und Sozialwissenschaften, 1980/1, 1-17.

FANDEL, G., GAL, T.: Multiple criteria decision making, Berlin-Heidelberg-New York 1980.

KOFLER, MENGES: Fuzzy Sets and Non-Stochastic Linear Partial Information, Statistische Hefte 1980, 4, 245-259.

KMIETOWIEZ, Z.W., PEARMAN, A.D.: Decision Theory and Incomplete Knowledge, Gower Enaland 1981

HUSCHENS, S. et al.: Das Prognoseproblem als Entscheidungsproblem bei partieller Information, in Allgemeines Statistisches Archiv, 1983, 2, 162-176.

HUSCHENS, S., MENGES, G.: Multivalente Gewichtungen, in Mathematische Systeme in der Oekonomie, Königstein/Taunus 1983, 239-251.

HUSCHENS, S., MENGES, G.: Optimization in International Statistics: A Weighting and Decision Making Approach, in Syst. Anal. Model. Simul. 1, 1984, 2, 169-172.

SIMULTANEOUS DETERMINATION OF CAPITAL FLOWS, THE EXCHANGE RATE AND INTEREST RATES IN THE BONN FORECASTING MODEL 11

Wilhelm Krelle and Hermann Sarrazin, Bonn

Der Saldo kurz- und langfristiger Kapitalströme, der Wechselkursindex der DM und die inländischen Zinssätze werden im Rahmen eines ökonometrischen Prognosemodells endogen erklärt. Das System wird für die Vergangenheit dynamisch simultan gelöst. Die sich ergebenden Abweichungen von den tatsächlichen Größen sind gering.

The balance of short and long term capital flows, the exchange rate index of the DM and the domestic interest rates are estimated as part of an econometric forecasting system. The resulting model has been solved dynamically for the past. The deviations from the actual figures are small.

0. Introduction

Econometric forecasting models are the most advanced tools of economics to assist the policy maker in the analysis of an actual economic situation and in deciding on the actions of economic policy. These models started in the Keynesian tradition. It is not by accident that Lawrence Klein's book "The Keynesian Revolution" [Klein, 1950a] appeared in the same year as his first attempt of macroeconomic modeling [Klein, 1950b] and only five years before the Klein-Goldberger Model which served as a prototype for most econometric forecasting models [Klein and Goldberger, 1955]. Thus the main features of most models are: concentration on the real side of the economy (i.e. on income and employment), short or (perhaps) medium term orientation, the price level is determined by cost (mainly labor cost), money supply determines interest rates but since money supply is exogenous, interest rates may be taken as exogenous as well, real production is determined by real demand. Thus the consumption and investment functions form the core of the system. The exchange rates are exogenous too. This approach is still appropriate for the very short run. But in a world of flexible exchange rates, large international capital flows, environmental problems and concern for exhaustible resources a longer term view is appropriate. Thus the forecasting systems now tend to move more into the neoclassical and monetaristic direction, i.e. they are more careful in modeling the supply side, the capital-labor substitution and technical progress, and they more often incorporate the monetary system. The modeling efforts at Bonn University (Sonderforschungsbereich

Contributions to Econometrics and Statistics Today
Edited by H. Schneeweiss and H. Strecker

21) went into this direction. In this paper we present the structure and the ex post-forecasting results of an integrated econometric forecasting model (called BONN MODEL 11), where interest rates, monetary assets and liabilities, capital flows and the exchange rate are fully endogenized. The real and monetary side form an interdependent system, which is solved simultaneously. The paper is organized as follows. First we review how the problem of introducing the monetary sector into econometric forecasting models has been solved in some other German models. Second we present our own approach. Finally we give the results of the ex post simulation of BONN MODEL 11.

1. The Monetary Sector in Other German Models

Monetary sectors are included in the following German models: The Bundesbank model [1982, 1983], the model of Dieckheuer [1978], the F&T-Model [Lüdeke and others, 1981], the DIW Quarterly Model [Pohl and Zwiener, 1982], the SYSIFO-Model [Hansen and Westphal, 1983] and the German Forecasting model of Chase Econometrics [1982]. Partial models of the monetary sector were developed by König, Gaab and Wolters [1974, 1977] and Schneider [1983]. There was a whole series of Bonn-Models dealing with the monetary sector. Martiensen [1975] built up an extensive model for West-German's monetary sector. Grisse [1977] integrated an improved version of this model into the framework of an econometric model for the real part of the economy. Conrad and Kohnert [1978] presented further improvements, in particular a more exact coupling between the monetary and real part of the economy. The present version of an integrated model at the Bonn University is the BONN MODEL 11. It is not possible to discuss all these different approaches, due to lack of space. We only sketch the monetary parts of the DIW Quarterly Model and of the SYSIFO-Model.

The monetary side of the DIW Quarterly Model consists of five behavioral and one definitional equation. The exogenous variables are foreign interest rates and the supply of money by the Bundesbank. The main feature is the analysis of the spread between the discount rate, fixed by the Bundesbank, and the short term money market rate. This rate depends on the official discount rate (the coefficient is fixed to unity), the discount rate of the USA corrected by the terms of trade (which are taken as a proxy for the exchange rate) and the free liquid reserves of the commercial banks. The latter are defined as the difference between the Bundesbank's money supply (actual plus potential high powered money, exogenous) and the sum of total currency holding and the required reserves of the commercial banks, corrected by changes in the minimum reserve requirements. In the DIW Quarterly model the long term interest rate is derived from the short term rate by a term structure equation, which relates the long term rate to the level and change of the short term rate, to the rate of inflation and to the rate of growth of domestic economic activity. Total currency holding is explained by a simple money demand function with personal income and the short term interest rate as arguments. Disposable income and the long term interest rate determine the required reserves. Another interesting feature of the DIW Quarterly model consists in explaining the official discount rate by specification of a reaction function of the Bundesbank. The arguments of this reaction function are the rate of inflation, the US discount rate and the free liquid reserves of the commercial banks.

The monetary side of the SYSIFO model [Hansen, Westphal, 1983] consists of ten behavioral equations which determine the money aggregates M1, M2 and M3. Their components (cash, demand, time and saving deposits) are explained by conventional behavioral equations with interest rates, activity and wealth variables as arguments. A special feature of the SYSIFO model is the treatment of the short term interest rate (i.e. the three months money market rate) as an exogenous policy variable. The other interest rates are determined by term structure equations with the three months money market rate, the discount rate (which is also taken as exogenous) and some other variables as arguments. Of course, the discount rate and the short term interest rate are not independent. Therefore problems will arise in simulation and forecasting. In the SYSIFO model the allocation of wealth to different kinds of assets does not influence the level and the structure of interest rates.

2. The Monetary Sector in the BONN MODEL 11

2.1. Introduction: The Real Part of the Model

The BONN MODEL 11 is a yearly model consisting of 472 equations, 157 of which are behavioral equations. Table 1 indicates the submodels and the number of definitional and stochastic equations within these submodels. The table shows that the model emphasizes the government sector and the social insurance system. The administrative regulations are modelled in detail, following the administrative laws and rules of behavior. The model as it stands now is a pure economic one in the sense, that political decisions are taken as exogenous as well as the variables describing the world economy. This means: the index of the volume of world trade, the

Table 1: Behavioral and Definitional Equations in the Submodels of the BONN MODEL 11

Submodel	behavioral equations	definitional equations	total
Domestic product and national income	12	42	54
Private final demand	5	16	21
Prices.	18	39	57
Capital stocks, capacity and utilization ratio	2	10	12
Labor market	6	24	30
Foreign trade and balance of payments	24	47	71
Monetary sector	29	7	36
Public sector including:	61	130	191
Total public sector	(1)	(46)	(47)
Federal, state, local government	(34)	(40)	(74)
Social insurance system	(26)	(44)	(70)
	157	315	472

indices of world market prices and the average foreign long and short term interest rates are exogenous. As to their calculation and as to the underlying statistical data, see Krelle and Sarrazin [1983], p. 196 ff. Public investment at current prices, the number of employees in the public sector, the discount rate, the central bank's supply of high powered money, and the volume of intervention on the exchange market (as the main instruments of monetary policy of the Bundesbank) are taken as exogenous. The outcome of the wage bargaining process, i.e. the standard wage rate (= Tariflohnindex), is taken as exogenous, too. Recent experiences have shown that we are not yet able to model the socio-economic process appropriately which determines the economic decisions of the public sector or of the Bundesbank and the outcome of wage negotiations. This is a subject of further research.

It is not possible to describe the real part of the model in detail, due to lack of space. We can only shortly sketch the most important causal relationships. The yearly effective wages and salaries per employee are explained by a wage drift equation. The explaining variables are the standard wage rate and other variables characterizing the labor market situation. Profits are calculated as a residual. The consumption function follows the permanent income hypothesis; the investment functions (as far as equipment and nonresidential structures are concerned) are of the Coen-type, see Coen [1968]. The model explains investment in residential structures, in nonresidential structures, in equipment and in inventories. The perpetual inventory method is used for calculating the corresponding capital stocks. They form an important link between the demand and supply side of the economy, because the maximal production capacity of the private sector depends on the gross real capital stock and on the corresponding capital productivity.

Prices are determined by cost push and demand pull elements, the latter being approximated by a measure of the degree of capacity utilization. The value added tax burden has been considered separately for the various demand components.

Employment (in manhours) in the private sector follows from real production (which is determined by real demand) and from a labor coefficient. The trend of the labor coefficient depends on the trend of the factor price ratio and on the state of technology which in turn is explained by the average capital labor ratio and a time trend. Short term fluctuations of the labor coefficient during the business cycle are taken care of by introducing the growth factor of private GNP as an additional explaining variable. Employment (in number of employees) follows from employment in manhours and from the average yearly working hours per employee which is varying over the cycle and explained endogenously. The actual labor supply results as the product of the potential labor force (exogenous) and of the corresponding labor participation rate. This rate is determined by a behavioral equation. It takes into account hidden unemployment by using the well known "discouraged" and "additional" worker hypothesis. The number of unemployed follows from the labor market identity as a residual.

Total exports are subdivided into five categories (goods, services connected with travelling, capital services, labor services and other services). Total imports are subdivided into eight categories of goods and four categories of services. The estimated elasticities satisfy the Marshall-Lerner condition. Details may be found in Krelle and Sarrazin [1983]. We now turn to the monetary side of the model.

2.2. The Balance of Capital Flows

We assume that one part B'CS* of the balance B'CS of short term capital flows and one part B'CL* of the balance B'CL of long term capital flows is related to foreign trade: a foreign trade contract is usually connected with a credit to the buyer. Thus, as a rule, imports induce short or long term capital inflows CS_1 or CL_1, respectively, and exports capital outflows CS_2 or CL_2. The volume of these credits is supposed to depend also on the rate of interest in the country which takes the credit. Let M be the value of imports, E the value of exports, r_S, r_L and r_{FS}, r_{FL} the short or long term domestic or foreign rate of interest, respectively. We approximate the capital flow functions by:

$$
\begin{aligned}
CS_1 &= M\cdot(a_o-a_1r_S) \quad , \quad CL_1 = M\cdot(c_o-c_1r_L)\\
CS_2 &= E\cdot(b_o-b_1r_{FS}) \quad , \quad CL_2 = E\cdot(d_o-d_1r_{FL})\\
a_i,b_i,c_i,d_i &> 0 \quad , \quad i = 0,1 \; .
\end{aligned}
$$

Thus we get for that part of the balance of capital flows which is induced by foreign trade:

$$
\begin{aligned}
B'CS^* &= CS_1 - CS_2 = a_oM - b_oE - a_1r_SM + b_1r_{FS}E\\
B'CL^* &= CL_1 - CL_2 = c_oM - d_oE - c_1r_LM + d_1r_{FL}E \; .
\end{aligned}
\tag{1}
$$

The other parts B'CS** and B'CL** of B'CS and B'CL, respectively, follow from the allocation of wealth. Let V be domestic wealth, V^F foreign wealth, $f_S(\cdot)$ and $f_L(\cdot)$ the allocation functions. They determine that part of domestic wealth which is hold in foreign assets on short or long term base, respectively. Similarly, $f_S^F(\cdot)$ and $f_L^F(\cdot)$ are the allocation functions for domestic assets hold by foreigners on a short or long term base, respectively. Let e be the exchange rate between the domestic currency and an average of all foreign currencies (we took the "effective exchange rate" of the DM, see Krelle and Sarrazin [1983], p. 196). By definition:

$$
\begin{aligned}
B'CS^{**} &= \Delta[f_S^F(\cdot)\cdot eV^F] - \Delta[f_S(\cdot)\cdot V]\\
B'CL^{**} &= \Delta[f_L^F(\cdot)\cdot eV^F] - \Delta[f_L(\cdot)\cdot V]
\end{aligned}
\tag{2}
$$

Portfolio theory determines the functions f. We linearize them to get:

$$
\begin{aligned}
f_S &= \alpha_o + \alpha_1\rho_S + \alpha_2\rho_{FSL} - \alpha_3\rho_{SL} - \alpha_4\varepsilon \pm \alpha_5\pi \\
f_L &= \beta_o + \beta_1\rho_L - \beta_2\rho_{FSL} + \beta_3\rho_{SL} - \beta_4\varepsilon \pm \beta_5\pi \\
f_S^F &= \gamma_o - \gamma_1\rho_S - \gamma_2\rho_{FSL} + \gamma_3\rho_{SL} + \gamma_4\varepsilon \pm \gamma_5\pi \\
f_L^F &= \delta_o - \delta_1\rho_L + \delta_2\rho_{FSL} - \delta_3\rho_{SL} + \delta_4\varepsilon \pm \delta_5\pi
\end{aligned} \tag{3}
$$

where all parameters α, β, γ, δ should be positive and
$\rho_S := r_{FS} + w_e - r_S$ the short term interest rate disparity,
$\rho_L := r_{FL} + w_e - r_L$ the long term interest rate disparity,
$\rho_{SL} = r_S - r_L$, $\rho_{FSL} = r_{FS} - r_{FL}$ the difference of domestic and foreign interest rates, $\pi = w_{pF} + w_e - w_p$ the purchasing power disparity, p and p_F = domestic and foreign price level, respectively, w_e = rate of growth of the exchange rate, w_p and w_{pF} = rate of domestic and foreign inflation, respectively. ε is an expectation parameter. We use $\Delta A_F/Y$ as a proxy, where ΔA_F = net change of foreign assets of the Bundesbank, Y = GNP. We assume that the actual portfolio composition is a weighted average of this year's and last year's optimal portfolio composition, that wealth is proportional to income and foreign wealth proportional to domestic wealth. The total balances are the sum of the partial balances: B'CS = B'CS* + B'CS**, B'CL = B'CL* + B'CL**. The parameters of these functions have been estimated, basically; for details see Krelle and Sarrazin [1983], p. 173-175. The results are (t-values in parenthesis):

$$
\begin{aligned}
B'CS = &-\underset{(4.21)}{0.001}\cdot\rho_S Y - \underset{(2.94)}{0.003}\cdot\rho_{FSL}Y + \underset{(2.44)}{0.001}\cdot\rho_{SL}Y + \underset{(6.71)}{0.535}\cdot\Delta A_F - \\
&- \underset{(2.31)}{0.007}\cdot\rho_{S,-1}\Delta Y + \underset{(6.32)}{0.103}\cdot\rho_{FSL,-1}\Delta Y - \underset{(5.35)}{0.053}\cdot\rho_{SL,-1}\Delta Y - \\
&- \underset{(3.95)}{0.264}\cdot(E-M) - \underset{(5.99)}{0.010}\cdot(r_S M - r_{FS}E) + \underset{(3.34)}{10.032}\cdot D69
\end{aligned} \tag{4}
$$

$R2 = 0.943 \quad R2C = 0.897 \quad DW = 2.63 \quad$ OLS 1962 - 1982

where D69 = 01-Dummy for 1969 because of strong speculations in connection with the first large revaluation of the DM in that year.

$$B'CL = \underset{(4.63)}{-0.002}\cdot\rho_L Y + \underset{(2.48)}{0.003}\cdot\rho_{FSL}Y - \underset{(2.52)}{0.001}\cdot\rho_{SL}Y + \underset{(6.12)}{0.488}\cdot\Delta A_F +$$

$$+ \underset{(3.60)}{0.001}\cdot\pi Y + \underset{(4.19)}{0.043}\cdot\rho_{L,-1}\Delta Y - \underset{(9.23)}{0.139}\cdot\rho_{FSL,-1}\Delta Y + \qquad (5)$$

$$+ \underset{(4.92)}{0.051}\cdot\rho_{SL,-1}\Delta Y - \underset{(3.82)}{0.034}\cdot\pi_{-1}\Delta Y + \underset{(5.86)}{0.552}\cdot M - \underset{(5.86)}{0.536}\cdot E$$

R2 = 0.979 R2C = 0.958 DW = 2.22 OLS 1962 - 1982 .

2.3 The Exchange Rate

We assume that all financial inflows originating from exports, capital imports and receipts of transfer payments from abroad are equal to the supply of foreign currency on the exchange market and that all financial outflows (imports, capital exports and transfer payments to foreign countries) are equal to the demand for foreign currency. In this case the balance of payments equation states the equality of demand and supply for foreign currency:

$$E - M + B'CS + B'CL + B'TRA = \Delta A_F - B'O + COMP \ , \qquad (6)$$

where B'TRA = balance of transfer payments,
B'O = balances of other items (balance of public capital movements + errors and omissions)
COMP = change of net foreign assets of the Bundesbank which are not due to current or capital account transactions (e.g. revaluation of foreign assets, allocation of special drawing rights)

We took B'O, COMP and ΔA_F as exogenous and solved equation (6) for the exchange rate.

2.4. The Domestic Monetary Part of the Model: Assets, Liabilities and Free Liquid Reserves

This part of the model consists of 28 behavioral and 5 definitional equations. The fundamental relationships within this submodel are illustrated in Figure 1. The key variable of the model are the free liquid reserves of the commercial banks. They, together with the official discount rate, are the main determinants of the short term interest rate, i.e. the three months money market rate. The free liquid reserves are influenced by the monetary policy of the Bundesbank which provides the commercial banks with

Figure 1: Simplified Causal Structure of the Domestic Monetary Model

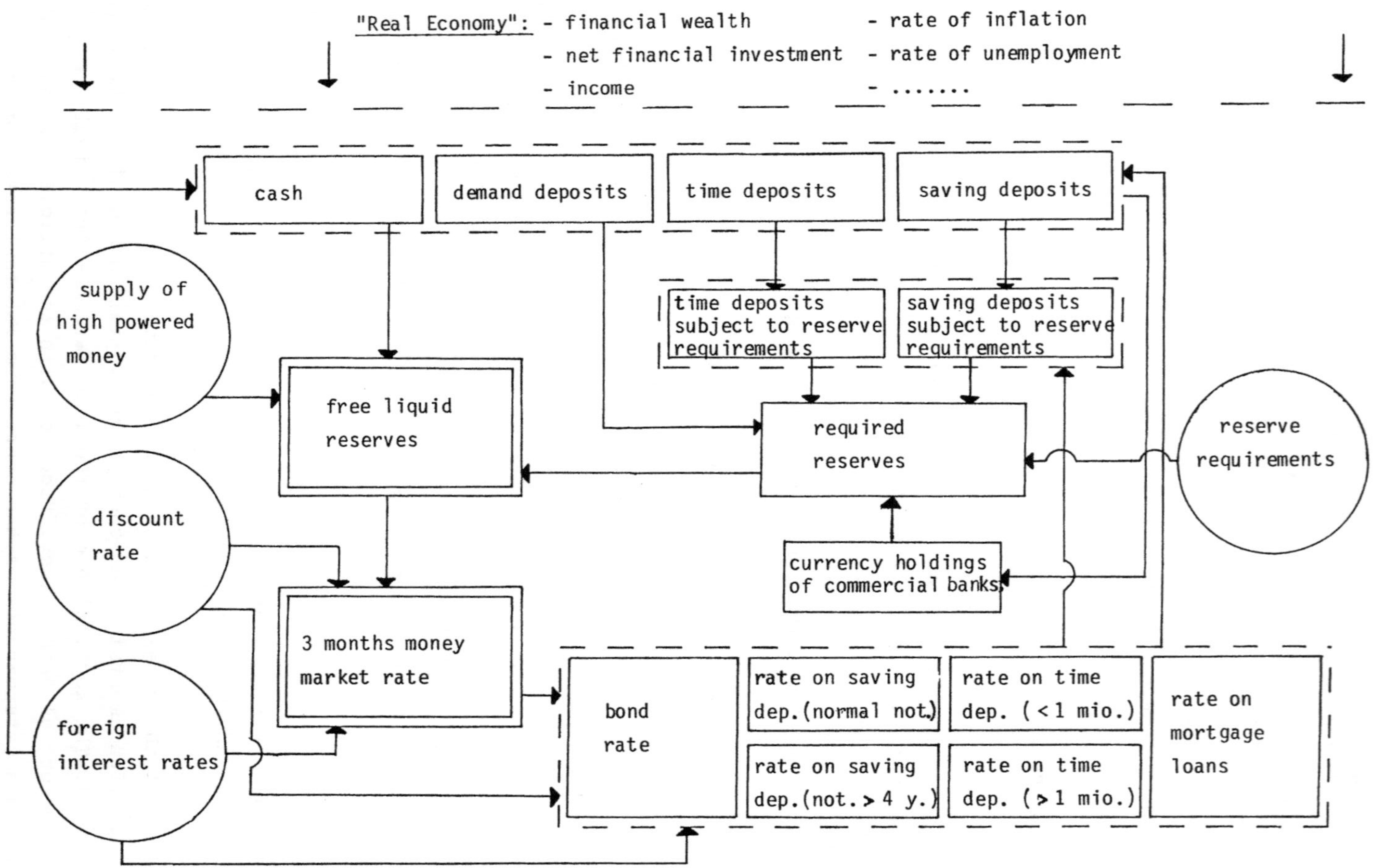

Circles indicate exogenous variables, rectangles indicate endogenous variables.

high powered money. The free liquid reserves are defined as the sum of unclaimed discount facilities at the Bundesbank and of the money market securities in the portfolios of the commercial banks. This "potential" liquidity can easily be changed into "actual" liquidity. Our approach may best be understood if one expands the balance sheet of the Bundesbank by the amount of the free liquid reserves. After rearranging and balancing some items we obtain the balance sheet of Table 2. We treat the total "supply" of high powered money as an (exogenous) policy instrument of the Bundesbank. To determine the commercial banks free liquid reserves we have to estimate the claimed reserves, i.e. the sum of the currency in circulation and of the required reserves. The Bundesbank fixes the reserve ratios for the various kinds of deposits. Thus the total amount of required reserves depends not only on the level but also on the term structure of the interest rates. To take that into account we estimate cash, call deposits, saving deposits and time deposits separately. We distinguish between five sectors: private households, the public sector (federal, state and local government and the social insurance system), enterprises, commercial banks and the Bundesbank.

Again we use portfolio theory to determine the monetary assets. Let V be total wealth and A_i the value of asset i, $i = 1,\ldots,n$, then by definition

Table 2: Expanded Balance Sheet of the Bundesbank

Assets	Liabilities	
Foreign reserves Credits to the government (net) Credits to the enterprises (net) Securities (net) Other assets (net) Rediscount quota	Currency in circulation Required reserves	"actual" high powered money (claimed reserves)
Money market papers in the portfolio of the commercial banks	Free liquid reserves	"potential" high powered money (free reserves)
Total supply of high powered money	Total liquidity	

$V = \sum_{i=1}^{n} A_i$. Let r_i be the net yield (or interest rate) of asset i and $s_1,\dots,s_m$ variables which codetermine the speed of adjustment to the optimal portfolio composition (= "short run constraints" in the sense of de Leeuw, see de Leeuw [1965]). Portfolio theory yields demand functions of the type

$$\frac{A_i}{V} = f_i\left(\frac{A_{i,-1}}{V_{-1}}, \frac{Y}{V}, r_1,\dots,r_n, \frac{1}{V}, s_1,\dots,s_m\right), \sum_{i=1}^{n} f_i = 1. \qquad (7)$$

The first argument $A_{i,-1}/V_{-1}$ is due to sluggishness and habits of adaption to the optimal composition; the second term takes care of the transaction motive of holding money; the interest rates influence the asset composition, of course; $1/V$ is a term which allows to consider a possible non-homogeneity of f_i, and $s_1,\dots,s_m$ are different factors which codetermine the speed of adjustment. We shall illustrate this portfolio allocation approach by presenting two examples for the private households. The cash of private households M_h^c is estimated as (t-values in paranthesis):

$$\frac{M_h^c}{V_h} = \underset{(2.62)}{0.010} + \underset{(8.97)}{0.584}\cdot\left(\frac{M_h^c}{V_h}\right)_{-1} + \underset{(3.58)}{0.030}\cdot\left(\frac{Y_h^d}{V_h}\right) - \underset{(4.76)}{0.001}\cdot r_B \qquad (8)$$

R2 = 0.992 R2C = 0.990 DW = 2.62 OLS 1967 - 1982

where V_h = net financial wealth of private households,
Y_h^d = disposable income of private households,
r_B = bond yield.

The equation for the time deposits of the private households M_h^t reads

$$\frac{M_h^t}{V_h} = \underset{(4.67)}{0.145} + \underset{(5.45)}{0.568}\cdot\left(\frac{M_h^t}{V_h}\right)_{-1} - \underset{(2.68)}{0.101}\cdot\left(\frac{Y_h^d}{V_h}\right) - \underset{(5.13)}{0.013}\cdot r_{DS4J} + \qquad (9)$$

$$+ \underset{(8.56)}{0.009}\cdot r_{DT3M1}$$

R2 = 0.992 R2C = 0.990 DW = 2.35 OLS 1967 - 1982

where r_{DS4J} = interest rate on saving deposits with a period of notice longer than four years,
r_{DT3M1} = interest rate on three months time deposits (below one Mill. DM)

We use the financial net wealth of the private households as a constraint with respect to their portfolio allocation. This variable is calculated in the real part of the model, taking into account the net financial investment of the sector in question.

To determine the required reserves we have to estimate the ratios of those parts of saving and time deposits which are subject to reserve requirements to the total amounts of deposits of these kinds. These ratios depend on the term structure of the interest rates and as to the time deposits in addition on the rate of inflation. As an example we present the estimation of this ratio for the saving deposits:

$$\frac{M_M^S}{M^S} = \underset{(6.19)}{0.343} + \underset{(12.52)}{0.688} \cdot \left(\frac{M_M^S}{M^S}\right)_{-1} + \underset{(3.79)}{0.059} \cdot r_{DS} - \underset{(3.69)}{0.044} \cdot r_{DS4J} \tag{10}$$

$$- \underset{(3.13)}{0.007} \cdot (r_{DT3M} + r_B)/2$$

R2 = 0.967 R2C = 0.955 DW = 2.12 OLS 1967 - 1982

where M_M^S = saving deposits of the domestic nonbanks subject to reserve requirements,

M^S = total saving deposits of the domestic nonbanks,

r_{DS} = rate on saving deposits with normal period of notice,

r_{DT3M} = rate on three months time deposits.

The free liquid reserves follow from supply of high powered money, from required reserves and from currency in circulation.

2.5. The Domestic Monetary Part of the Model: Interest Rates

Seven domestic interest rates are explained in the model: the bond yield (r_B), the market rate for three months money (r_{S3M}), the interest rate on saving deposits with normal period of notice (r_{DS}), the interest rate on saving deposits for more than four years notice (r_{DS4J}), the interest rate on three months time deposits below 1 Mill. DM (r_{DT3M1}), the same above 1 Mill. DM (r_{DT3M}) and the interest rate on mortgage loans (r_{HYP}). We explain these interest rates by structural equations, i.e. we relate each interest rate directly or indirectly to the discount rate, to foreign interest rates and to other variables. This approach may be understood as a reduced form system for the different interdependent markets of financial assets.

We now present the estimation of the three months money market rate r_{S3M}. This rate depends on the free liquid reserves FL of the commercial banks and on other variables. When these reserves are small a further decrease leads to a higher increase in the interest rates than in a situation where the commercial banks are well provided with liquidity. For capturing this feature we assume a nonlinear (hyperbolic) relationship between the three months money market rate and the free liquid reserves; for a similar approach, see Zwiener and Pohl [1982]. The other variables explaining the three months money market rate are the discount rate r_{DISC}, a foreign short term interest rate and the unemployment rate UR. Of course, refinancing at the Bundesbank by discount credits and refinancing at the money market are close substitutes. As foreign short term rate we use the three months Eurodollar rate r_{FS3M}. The unemployment rate UR is a proxy for all other factors influencing the interest rate formation on the money market. Especially, it represents the commercial banks expectation about the future direction of the Bundesbank's monetary policy. We obtain the following results:

$$r_{S3M} = \underset{(7.25)}{0.845} \cdot r_{DISC} + \underset{(7.45)}{23.920} \cdot \frac{1}{(FL+FL_{-1})/2} + \underset{(2.32)}{0.145} \cdot r_{FS3M} - \underset{(3.01)}{0.233} \cdot UR \qquad (11)$$

R2 = 0.977 R2C = 0.973 DW = 2.87 OLS 1964 - 1982

Other interest rates are derived from the discount rate and the money market rate by term structure equations. As an example we present the results for the bond rate r_B:

$$r_B = \underset{(15.57)}{3.817} + \underset{(5.50)}{0.222} \cdot r_{S3M} + \underset{(3.90)}{0.140} \cdot r_{S3M,-1} + \underset{(4.46)}{0.160} \cdot r_{S3M,-2} + \underset{(2.13)}{0.119} \cdot (0.3 \cdot GP + 0.7 \cdot GP_{-1}) + \underset{(4.06)}{0.508} \cdot \Delta r_{FL} \qquad (12)$$

R2 = 0.967 R2C = 0.955 DW = 2.45 OLS 1964 - 1982

where GP = rate of inflation,

r_{FL} = long term foreign interest rate.

Table 3: Dynamic Ex-post Simulation of BONN MODEL 11

Variable		1973	1974	1975	1976	1977	1978	1979	1980	1981	1982
Growth rate of the exchange rate index, %	actual	-8.4	-4.3	-0.6	-4.2	-6.5	-4.1	-4.1	-0.7	4.6	-3.7
	computed	-9.7	-6.5	-0.5	-5.4	-6.6	-3.8	-2.8	0.6	5.8	0.1
Three months money market rate, %	actual	12.1	9.9	5.0	4.2	4.4	3.7	6.7	9.5	12.1	8.9
	computed	12.0	10.9	5.6	4.2	4.3	3.7	5.6	9.8	11.2	8.4
Bond rate, %	actual	9.5	10.6	8.7	8.0	6.4	6.1	7.6	8.6	10.6	9.1
	computed	9.6	10.4	9.2	8.0	6.7	6.5	7.1	8.8	10.2	8.9
Current account balance, Bill. DM	actual	12.4	26.6	9.9	9.9	9.5	18.1	-11.2	-28.5	-14.7	8.6
	computed	4.9	14.8	8.9	9.5	11.3	11.2	-14.3	-26.1	-9.4	18.3
Balance of short term capital flows, Bill. DM	actual	0.2	-19.0	4.9	0.4	12.6	8.4	-1.5	-1.5	0.4	11.7
	computed	1.5	-14.1	2.8	0.9	12.1	9.0	2.9	-2.1	0.2	5.9
Balance of long term capital flows, Bill. DM	actual	13.0	-6.3	-18.2	-1.5	-12.9	-2.9	12.0	5.3	8.8	-16.3
	computed	19.1	0.6	-15.0	-1.6	-14.2	3.4	10.7	3.5	3.7	-20.2
Growth rate of real GDP, %	actual	4.6	0.5	-1.6	5.6	2.8	3.5	4.0	1.9	-0.3	-1.2
	computed	4.5	1.6	-2.6	5.1	2.0	3.1	4.2	1.8	-0.8	0.4
Growth rate of real fixed private investment, %	actual	-0.1	-12.6	-5.4	6.5	5.3	5.1	7.8	3.4	-3.4	-4.8
	computed	0.5	-10.2	-5.4	4.5	5.4	5.5	5.6	2.0	-3.8	-4.3
Growth rate of GDP deflator, %	actual	6.5	6.8	6.1	3.4	3.7	4.2	4.0	4.5	4.2	4.8
	computed	7.0	5.6	6.7	3.9	4.6	4.5	3.3	4.3	4.3	3.1
Rate of unemployment, %	actual	1.0	2.1	4.0	4.0	3.9	3.7	3.3	3.3	4.6	6.7
	computed	1.1	1.9	3.0	3.9	4.0	4.4	4.1	4.6	6.0	8.3

3. Results of the Ex-post Simulation of the Model

The total model has been solved for the period 1973 to 1982 (dynamic simulation, without interference). Thus flexible exchange rates, interest rates and capital flows could exert their full influence on the real side of the model and vice versa. Some of the results are presented in Table 3. The results for balances are especially interesting: Small differences between large variables (such as the unemployment figure, the balance of trade, the balance of capital flows) are very sensitive to misspecifications and other errors. Judging from these results econometric forecasting systems are useful tools also under flexible exchange rates and volatile capital flows. The real limitations are the exogenous changes of policy variables and indices for world market activities and prices. Günter Menges [1977] rightly stressed this point. Hic sunt leones: The real problem consists in forecasting the exogenous (economic, social and political) variables. In this sense our paper commemorates at least one aspect of the scientific work of our dear collegue and friend Günter Menges.

4. References

Chase Econometrics, Deutschland Prognose-Service, Makro-Modell, Gleichungen-Handbuch, Frankfurt 1982

Coen, R.M., Effects of Tax Policy on Investment in Manufacturing, American Economic Review, Papers and Proceedings, Vol. 58, 1968, 200-211

Conrad, K., Kohnert, P., Economic Activity, Interest Rates and the Exchange Rate in the Bonn Forecasting System No. 10, Schriftenreihe des Instituts für Wirtschafts- und Gesellschaftswissenschaften No. 94, Bonn 1978

Deutsche Bundesbank, Struktur und Eigenschaften einer neuen Version des ökonometrischen Modells der Deutschen Bundesbank, Monatsberichte der Deutschen Bundesbank, 8/1982, 32-41

Deutsche Bundesbank, Bundesbankmodell, Modellversion 10/01/83, Frankfurt 1983

Dieckheuer, G., Staatsverschuldung und wirtschaftliche Stabilisierung, Baden-Baden 1978

Grisse, G., Die Verbindung von realem und monetärem Teil einer Volkswirtschaft, Diss., Bonn 1976

Hansen, G., Westphal, U. (ed.), SYSIFO - Ein ökonometrisches Konjunkturmodell für die Bundesrepublik Deutschland, Frankfurt 1983

Klein, L.R., The Keynesian Revolution, London 1950 a

Klein, L.R., Economic Fluctuations in the United States, 1921-1941, Cowles Commission Monograph No. 11, New York and London 1950 b

Klein, L.R., Goldberger, A.S., An Econometric Model of the United States, 1929-1952, Amsterdam 1955

König, H., Gaab, W., Wolters, J., An Econometric Model of the Financial Sector of the Federal Republic of Germany, Beiträge zur angewandten Wirtschaftsforschung, Discussion Paper No. 38/1973, Mannheim 1973

König, H., Gaab, W., Wolters, J., An Econometric Model of the Financial Sector of the Federal Republic of Germany, in: Frowen, S.F., Courakis, A.S., Miller, M.H., (ed.), Monetary Policy and Economic Activity in West Germany, Stuttgart and New York 1977, 157-193

Krelle, W.E., Sarrazin, H.T., Capital Flows and the Exchange Rate in the Bonn Model 11, in: Klein, L.R., Krelle, W.E., (ed.), Capital Flows and Exchange Rate Determination, Journal of Economics, Supplementum 3, 163-201

de Leeuw, F., A Model of Financial Behavior, in: Duesenberry, J.S., Fromm, G., Klein, L.R., Kuh, E. (ed.), The Brookings Quarterly Econometric Model of the United States, Chicago and Amsterdam 1965, 465-530

Lüdeke, D., Fotiadis, F., Friedrich, D., Fronia, J., von Natzmer, W., Röhling, W., Schneider, R., F&T Modell, Freiburger und Tübinger ökonometrisches Vierteljahresmodell, Version 78, Tübingen 1981

Martiensen, J., Ein ökonometrisches Vierteljahresmodell des Geld- und Kreditsektors für die Bundesrepublik Deutschland, Meisenheim/Glan 1975

Menges, G., Hic sunt leones: Die Vorherbestimmung der vorherbestimmten Variablen, in: Albach, H. et al. (ed.), Quantitative Wirtschaftsforschun Wilhelm Krelle zum 60. Geburtstag, Tübingen 1977, 493-506

Pohl, R., Zwiener, R., Ein monetäres Teilmodell - ein Beitrag zur Weiterentwicklung des ökonometrischen Konjunkturmodells der Wirtschaftsforschungsinstitute, Vierteljahreshefte zur Wirtschaftsforschung, 1982, 277-293

Sarrazin, H.T., Simulationsexperimente mit dem BONNER MODELL 11, in: Langer, H.G., Martiensen, J., Quinke, H. (ed.), Tagungsband des GMD-Modellforum 1983, München, to be published in 1984

Schneider, R., Ein monetäres liquiditätstheoretisch orientiertes Viertel jahresmodell der Bundesrepublik Deutschland, Frankfurt, Bern, New York 1983

Tobin, J., The Equilibrium Approach to Monetary Theory, Journal of Money, Credit and Banking, Vol. 1, 1969, 15-29

C-OPTIMAL DECISIONS WITH OPTIMALITY PROPERTIES FOR FINITE SAMPLE SIZE

Uwe Kuß, Mainz

Die allgemeine Entwicklung der wissenschaftlichen Statistik geht aus sachlogisch zwingenden Gründen dahin, bei der Modellbildung und der Konstruktion der zugehörigen Entscheidungsverfahren harte, nicht verifizierbare Modellannahmen durch die Berücksichtigung aller Informationen zu vermeiden. Die Methodik der C-optimalen Entscheidungen, welche die Theorie der Linearen Partiellen Information mit einbezieht, führt zu einer diese Forderung in vollem Umfang erfüllenden Verfahrensweise. C-Optimalität geht von der Erkenntnis aus, daß es in der Realität nicht darauf ankommt, das Optimum ganz genau zu erreichen, sondern eine vorgegebene Genauigkeit C genügt.

C-optimale Entscheidungsfunktionen besitzen in parametrischen und nichtparametrischen Fällen Optimalitätseigenschaften für endlichen Stichprobenumfang, einschließlich der Zulässigkeit. Die asymptotische Optimalität gilt ohne Einschränkung der Menge der Entscheidungsfunktionen, im Gegensatz zum "klassischen" und den anderen Ansätzen.

In the construction of models and of corresponding decision procedures the general development of statistics tends, for compelling reasons, to avoid strong non-verifiable assumptions by considering all information at hand. The methodology of c-optimal decisions, including the theory of Linear Partial Information, suggests an approach fully sufficient to meet this requirement. C-optimality starts from the insight that in reality it is never of importance to reach an optimum exactly, rather a given accuracy c suffices.

In non-parametric as well as in parametric situations, c-optimal decision functions have optimality properties for finite sample size, including admissibility. Asymptotic optimality holds without any restriction on the set of decision functions, in contrast to the "classical" and to other approaches.

0. Introduction

The editors of the present commemorative book have asked the author for a contribution which follows the ideas of Günter Menges about (statistical decision theory, especially in the context of the theory of Linear Partial Information (KOFLER/MENGES, 1976). They have chosen the right topic, since it was the core of the interdisciplinary cooperation between Günter Menges and the author of this paper. But there exist re-

Contributions to Econometrics and Statistics Today
Edited by H. Schneeweiss and H. Strecker

sults in the field of inference and estimation too, refer to ch.9 of (MENGES, 1982) and to (KUSS, 1980a).

The common aim was - roughly speaking - the development of adaptive models for practical applications as well as for the foundation of an adaptive statistical theory with the following two properties:

1. All kinds of information (data, experiences and valuations) can be formulated and considered.
2. The decision procedures digest these (various) informations without loss of substance.

The theory of Linear Partial Information (LPI) or Stochastic Partial Information (SPI) has the first property; see also (KOFLER/MENGES, 1980) and (KOFLER/MENGES et al., 1980). But Menges has stressed that only c-optimal decision procedures (KUSS, 1980b and c) guarantee the second property too (MENGES, 1981, and 1982, p.411). The existing experience in applying these procedures for the production control will be published in another place. But see (KUSS, 1980c) with application examples. In the present paper, the mathematical background of c-optimality is investigated. The main result is that we obtain an optimality property for finite sample size, which is what we always have in reality. We also can prove the admissibility of the procedure.

1. The theory of LPI

Let P be a family of distributions on the (measurable) sample space (X,F), W_o a given fixed distribution on P, and A the set of decisions. In parametric situations,

$$P = (P_u)_{u \in U} ,$$

where U is a multidimensional interval and W_o the (normed to 1) Lebesgue-measure. Then a measurable mapping from X into A is called decision function, and D denotes the set of decision functions. Given any $\theta \in P$, the criterion for a $d \in D$ is the risk

$$R(d,\theta) := \int_X L(d(x),\theta)\ \theta(dx) , \qquad (1.1)$$

where L is the (measurable) loss function from AxP into the set of non-negative real numbers. Given a probability density f w.r. to W_o, the optimal decision d_o is defined such that d_o minimizes $\int_P R(d_o,\theta) f(\theta) dW_o(\theta)$.

In describing typical real situations, the theory of LPI starts from a finite set $P' = (P_1,\dots,P_n)$ of (probability-) distributions, a finite A and a utility function N from AxP to R (= the set of real numbers). Then the LPI is defined as a convex polyhydron S in the n-dimensional simplex spanned by the "states of the world" $(P_1,\dots,P_n)$.

If we do not have any information about the distribution on P', S is identical with the whole simplex, and this version leads to the "classical" models. The Bayesian model is equivalent to a LPI S which consists in a single point s, e.g. $s(P_i) = n^{-1}$ for $i = 1,\dots,n$. In the case of real partial information, S is neither a single point nor the whole simplex. If we denote the k corner points of S by $\theta_1,\dots,\theta_k$, we can choose

$P = (\theta_1, \dots ,\theta_k)$, $W_o(\theta_i) = k^{-1}$ for all $i = 1,\dots,k$, $D = A$

and, for any $d \in A$ and i

$$R(d,\theta_i) := \sum_{l=1}^{n} \theta_i(P_l) \; (\max_a N(a,P_l) - N(d,P_l)) \quad . \tag{1.2}$$

Therefore, the theory of LPI is - in the mathematical sense - a version of the above formulated decision problem which is defined by (P,W_o,D,R). In this notation, the maxEmin-principle (KOFLER/MENGES, 1976) means that

$$\max \; (\int_P R(d,\theta) \; f(\theta) \; W_o(d\theta) \; : \; f \text{ probability density w.r.to } W_o \;)$$

is minimized.

2. C-optimal decision functions and decisions

According to the above mentioned ideas of the c-optimality, we assume that we are given a positive constant c.

Then one can search for a $d_o \in D$ which satisfies

$$\int_P R(d_o,\theta)f(\theta) \; W_o(d\theta) \leq \inf_{d \in D} \int_P R(d,\theta)f(\theta) \; W_o(d\theta) + c \tag{2.1}$$

for all f of a certain family of (probability-) densities.

(If A = D and P are finite, as e.g. in the theory of LPI, we obtain sums instead of integrals and the minimum instead of the infimum.)

Because no d_o can fulfil (2.1) for all densities, if c is reasonably small, one must search for a reasonable restriction on the set of densities. We restrict the "variation" $(f(\theta)/f(\theta'))$ by

$$\sup_{\theta} f(\theta) \;/\; \inf_{\theta'} f(\theta') \leqq s \quad . \tag{2.2}$$

Thereby, only such densities are excluded which assign too much weight to a particular part of P. Such a restriction makes sense, because the true distribution θ is unknown to the statistician.
Hence, the family of densities entering (2.1) is of the form

$$V(s) := (f : \text{ f probability density with respect to } W_o \text{ and f satisfies (2.2) }) \quad . \tag{2.3}$$

Now, it is clear that one wants to find a $d_c \in D$ which satisfies (2.1) for all $f \in V(s)$ with s as large as possible, because $s \leqq s'$ implies $V(s) \subseteqq V(s')$, and this leads to

Definition 1:

We denote

$$S(d_o,c) := \sup\ (s \geqq 1 : d_o \text{ satisfies (2.1) for all } f \in V(s) \ ), \quad \text{and} \quad \sup\ () := 0 \ . \tag{2.4}$$

Then we call d_c c-optimal, if $S(d_c,c) \geqq S(d_o,c)$ holds for all $d_o \in D$.
It is no essential restriction to assume that A is compact and R uniformly continuous. Then a c-optimal decision function exists in all situations. This holds for every LPI-model.
$S(d_o,c)$ is evaluated by the following

Theorem 2:

For any $d_o \in D$ with the property

$$\sup_{d \in D} \int_P (R(d_o,\theta) - R(d,\theta))\ W_o(d\theta) \leqq c \quad (\text{for any other } d_o,\ S(d_o,c)=0),$$

$$S(d_o,c) - 1 = \inf_{d \in D} \frac{\int_P (R(d,\theta)-R(d_o,\theta)+c)\ W_o(d\theta)}{\int_P (R(d_o,\theta)-R(d,\theta)-c)^+ W_o(d\theta)} \tag{2.5}$$

holds, where $Y^+ := \max(Y,0)$.

Proof:

For any $t \geq 1$, we denote

$$c(t) := \sup \left(\int_P (R(d_o,\theta)-R(d,\theta))g(\theta)W_o(d\theta) \; : \; d \in D \text{ and } g \in V(t) \right)$$

and

$$R_o(d,t) := R(d_o,\cdot) - R(d,\cdot) - c(t) \quad \text{(as a function of } \theta)$$

for abbreviation.

Then, for every positive number e there exists a $d_e \in D$ and a $g_e \in V(t)$ such that

$$\int_P (R_o(d_e,t) + e) \, g_e \, dW_o = 0 \, .$$

Because $g_e \in V(t)$, we have

$$g_e(\theta) \leq t \min_{\theta'} g_e(\theta') \quad \text{for all } \theta \in P \, .$$

Hence,

$$t \int_P (R_o(d_e,t) + e)^+ \, dW_o - \int_P (-R_o(d,t) - e)^+ \, dW_o \geq 0 \, .$$

Because this inequality holds for all positive e, we obtain

$$\sup_{d \in D} \left(t \int_P R_o(d,t)^+ \, dW_o - \int_P (-R_o(d,t))^+ \, dW_o \right) \geq 0 \, . \tag{2.6}$$

Since, for every $d \in D$, the density

$$\left[t \, 1_{(\theta \in P \, : \, R_o(d,t) \geq 0)} + 1_{(\theta \in P \, : \, R_o(d,t) < 0)} \right] \cdot$$

$$\left[t W_o(R_o(d,t) \geq 0) + W_o(R_o(d,t) < 0) \right]^{-1}$$

is element of $V(t)$, the supremum in (2.6) is also nonpositive (according to the definition of $c(t)$.

Therefore, after simple transpositions

$$\sup_{d \in D} \left((t-1) \int_P R_o(d,t)^+ \, dW_o + \int_P R_o(d,t) \, dW_o \right) = 0 \qquad (2.7)$$

holds for all $t \geqq 1$. According to its definition, c(t) is a monotone increasing function of t. Because

$$|c(t_1) - c(t_2)| \leqq |t_1 - t_2| \int_P |R(d_o,\theta)| \, W_o(d\theta) \quad \text{(as one verifies easily)},$$

c(t) is also a uniformly continuous function of t.

Now, let $S(d_o,c)$ be finite:
According to definition 1, $c(S(d_o,c)) \leqq c$. Assume that $c(S(d_o,c)) \neq c$. Then there exists an $S > S(d_o,c)$ with $c(S) = c$, because c(t) is monotone and (uniformly) continuous. But the existence of such a number S contradicts the definition of $S(d_o,c)$. Therefore, we have $c(S(d_o,c)) = c$.
Hence, because of (2.7)

$$\sup_{d \in D} \left((S(d_o,c)-1) \int_P (R(d_o,\theta)-R(d,\theta)-c)^+ dW_o + \int_P (R(d_o,\theta)-R(d,\theta)-c) \, dW_o \right) = 0 .$$

Then, simple transpositions and considerations lead to (2.5).

If $S(d_o,c)$ is infinite, then for every $d \in D$

$$\int_P (R(d_o,\theta) - R(d,\theta) - c)^+ \, W_o(d\theta) \leqq 0 .$$

But this implies that

$R(d_o,\theta) \leqq R(d,\theta) + c$ holds for W_o-almost all $\theta \in P$ and all $d \in D$.

Therefore, (2.5) is true in this case too,

qed.-

3. Optimality properties for finite sample size

First, the corollary 3 of theorem 2 shows that any c-optimal decision function or decision is W_o-almost surely admissible, and admissible in the well-known sense, if P is countable and W_o suitably chosen, especially in all situations with a LPI.

Corollary 3:

Let d_c be c-optimal for any positive c and $S(d_c,c)$ finite.

a) If a d_1 fulfils

$R(d_1,\theta) \leqq R(d_c,\theta)$ for all $\theta \in P$, then

$$W_o(\ \theta \in P : R(d_1,\theta) \neq R(d_c,\theta)\ ) = 0 .$$

b) Therefore, d_c is admissible in the well-known sense in all situations with a LPI.

Proof:

a) We denote

$M := (\ R(d_1,\theta) < R(d_c,\theta)\ )$ and assume that $W_o(M) > 0$:

If

$$\int_{(\ R(d_1,\theta) > 0\ )} R(d_1,\theta)\ W_o(d\theta) = 0 ,$$

then

$$W_o(\ R(d_1,\theta) \neq 0\ ) = 0 .$$

Hence, according to its definition, $S(d_1,c)$ is infinite (for all c), and therefore $S(d_1,c) > S(d_c,c)$, in contradiction to the definition of c-optimality. Therefore,

$$\int_{(\ R(d_1,\theta) > 0\ )} R(d_1,\theta)\ W_o(d\theta) = \int_P R(d_1,\theta)^+\ W_o(d\theta) > 0 .$$

Denoting

$$e := \int_M (\ R(d_c,\theta) - R(d_1,\theta)\ )\ W_o(d\theta)\ \Big/ \int_P R(d_1,\theta)^+\ W_o(d\theta)$$

for abbreviation, we have $e > 0$ by assumption. Since, for every $d \in D$,

$$\int_P (R(d,\theta)-R(d_c,\theta)+c)W_o(d\theta)\ \Big/ \int_{M(d_c,d)} (R(d_c,\theta)-R(d,\theta)-c)W_o(d\theta) \leqq$$

$$\int_P (R(d,\theta)-R(d_1,\theta)+c)W_o(d\theta)\ \Big/ \int_{M(d_1,d)} (R(d_1,\theta)-R(d,\theta)-c)W_o(d\theta) - e ,$$

where $M(d,d') := (R(d,\theta) > R(d',\theta) + c)$ for any $d \in D$ and $d' \in D$, because of (2.5), we obtain

$$S(d_c,c) \leqq S(d_1,c) - e < S(d_1,c) \quad .$$

But the latter inequality contradicts the definition of c-optimality, hence, $W_o(M) = 0$.-

b) Part b) is a simple consequence of part a), qed.-

We remark that in the case c = 0 excluded above, corollary 3 is true, and that d_0 is the W_o-Bayes decision (function).
If one accepts the basic concept of the minimization of R (risk or a-posteriori- expectation of the loss)up to a given c, the adequate optimality property is the following.

Theorem 4:

For any number t between 0 and 1, we denote

$$G(t) := \left(g \text{ density w.r. to } W_o : -t \leqq g-1 \leqq t \text{ and } \int_P g(\theta)\, W_o(d\theta) > 0 \right)$$

and

$$W(t) := \left(w : \; w = g \left(\int_P g(\theta) W_o(d\theta)\right)^{-1} \text{ with } g \in G(t) \right) \quad .$$

Then, $W(1) = V(\infty)$ which is the set of all probability densities with respect to W_o.
If

$$t(d_o,c) := \sup \left(t : d_o \text{ satisfies (2.1) for all } w \in W(t) \text{ instead of } f \right) ,$$

then

$$t(d_c,c) \geqq t(d_o,c) \quad \text{holds for all } d_o \in D \; .$$

After replacing all sum-operators by integrals, the proof is equivalent to the proof of theorem 7 of (KUSS, 1980c).-

In other words: The c-optimal d_c minimizes the wdW_o-Bayes risk (or a-posteriori-Bayes risk) up to c for all $w \in W(t)$ with t as large as possible, i.e. for the largest part of the LPI with the same"structure" (see the figure 1.).

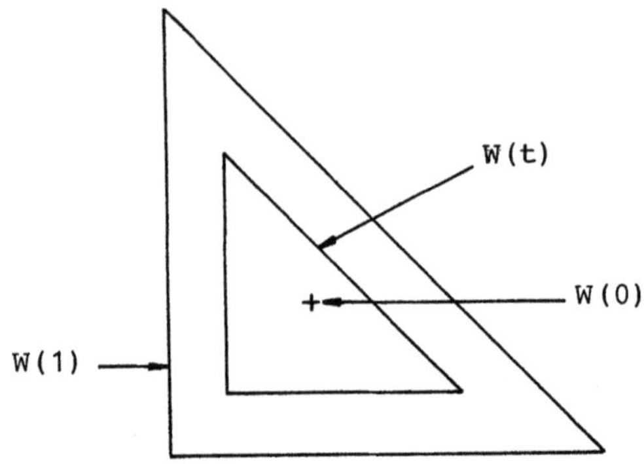

Figure 1: W(1) represents the 3-dimensional simplex.

4. Asymptotic results

In the general asymptotic situation, for each natural number n we have a family $(P_{n,u})_{u \in U}$ of distributions (in the parametric form), a positive loss function L_n on AxU and a set D_n of decision functions, since asymptotic considerations don't make sense for the a-posteriori-version. Let w_o be the a-priori-distribution on U . As in section 2, we assume the compactness of A and the continuity of every L_n.

In most papers which are concerned with problems of the asymptotic theory or applications, moreover the existence of a sequence (T_n) of estimators, i.e. (measurable) mappings T_n from the sample space X_n into U, which is uniformly consistent, is assumed directly or indirectly. I.e. there exist a null sequence (e_n) and a distance h such that

$$\lim P_{n,u} (h(T_n,u) > e_n) = 0 \text{ uniformly in U.} \tag{4.1}$$

Often, U is a k-dimensional interval , h the Euclidean metric, w_o the normed Lebesgue-measure and $e_n = O(n^{-1/2})$ (i.e. the sequence (e_n) di-

vided by the sequence $(n^{-1/2})$ diverges to infinity).
In the "classical" case of independent and identically distributed (real-valued) observations, these assumptions are fulfilled in the nonparametric situation too, i.e. if the continuous density function of the sample is unknown to the statistician. For, we can choose the set of distribution functions having continuous density as U, the supremum-norm as h and (e_n) as described before. Then (4.1) is true according to the lemma 2 in (DVORETZKY et al., 1964) which is a variant of the well-known Glivenko-Cantelli-lemma.
For obtaining the asymptotic results, first we prove

Lemma 5:

We assume that (U,h) is a compact metric space, and that (L_n) is bounded. Then there exists a sequence (d_{1n}) of decision functions such that

$$\lim \int_U \left(R_n(d_{1n},u) - \inf_a L_n(a,u) \right) w_o(du) = 0 . \qquad (4.2)$$

Proof:

Because $L_n'(a,u) := L_n(a,u) - \inf_a L_n(a,u)$ fulfils the same conditions as $L_n(a,u)$, for this proof, we can assume that $\inf_a L_n(a,u) = 0$.
Now, let (u_n) be dense in U (w.r.to h). Because L_n is continuous in the compact space AxU and therefore uniformly continuous, there exists a positive sequence (r_n) such that for every natural i

$$h(u,u_i) < r_n \quad \text{implies} \quad \sup_{a \in A} | L_n(a,u) - L_n(a,u_i) | \leq 2^{-n} ,$$

and therefore

$$\sup \left(|R_n(d_n,u)-R_n(d_n,u_i)| : h(u,u_i) < r_n \right) \leq 2^{-n} \qquad (4.3)$$

holds for all d_n, i and n. Since, by virtue of Hoelder's inequality,

$$\int_{(h(T_n,u) > e_n)} L_n(d_n,u)\, dP_{n,u} \leq \left(P_{n,u}(h(T_n,u) > e_n) \int_{X_n} L_n^2(d_n,u)\, dP_{n,u}\right)^{1/2},$$

we have because of the boundedness of (L_n)

$$\lim \left(\sup_{d_n} (R_n(d_n,u) - R_n'(d_n,u))\right) = 0 \text{ uniformly in U} , \qquad (4.4)$$

where $R'_n(d_n,u) := \int_{(h(T_n,u) \leq e_n)} L_n(d_n,u)\, dP_{n,u}$.

Now, we can choose a sequence $(k(n))$ which diverges to infinity, such that for every $n \geq n_o$

$$2\, e_n < \min\ (\, h(u_i,u_j) : i \neq j \text{ and } 1 \leq i, j \leq k(n)\,) \ . \qquad (4.5)$$

Then we define

$$M_1(n,i) := (\, h(T_n,u_i) < \min_{i\neq j \text{ and } 1 \leq j \leq k(n)} h(T_n,u_j)\,) \ ,$$

$$M_2(n) := \bigcup_{i=1}^{k(n)} (\, h(T_n,u_i) \leq e_n\,) \quad \text{and}$$

$$d'_n(x) := \sum_{i=1}^{k(n)} a_{n,i}\, 1_{M_1(n,i)}(x)\, 1_{M_2(n)}(x) + a_{n,1}\, 1_{X_n - M_2(n)}(x) \ ,$$

where $a_{n,i}$ fulfills $L_n(a_{n,i},u_i) \leq 2^{-n}$.

Clearly, every d'_n is a decision function. Taking account of (4.5), one verifies easily that for each natural number k

$$\lim R'_n(d'_n,u_k) = 0 \ . \qquad (4.6)$$

Because of (4.3) and (4.4), (4.6) implies (4.2), qed.-

Asymptotically, we don't need any restriction of the "variation" S (see 2.); more exactly we can prove

Theorem 6:

a) For any sequence $(d_{c,n})$ of c-optimal decision functions, $S(d_{c,n},c)$ tends to infinity.

b) Hence, $S(d_{on},c_n)$ tends to infinity for a certain null sequence (c_n) and the corresponding sequence (d_{on}) of c_n-optimal decision functions.

Proof:

(4.2) implies that

$$w_o\text{-}\lim \; (R_n(d_{1n},\theta) - R_n(d_n,\theta))^+ = 0 \tag{4.7}$$

for all (d_n) (where $A^+ := \max(A,0)$) .
Because of (2.5), we can choose a sequence (d_{2n}) such that

$$\int_U R_n(u)\; w_o(du) \;/ \int_{M(d_{1n},d_{2n})} -R_n(u)\; w_o(du) \leqq 1/2\; S(d_{1n},c) ,$$

where $R_n(u) := R_n(d_{2n},u) - R_n(d_{1n},u) + c$ and $M(d_{1n},d_{2n}) := (R_n < 0)$.

Because of the boundedness of (L_n) and (4.7),

$$\liminf \int_U R_n(u)\; w_o(du) \geqq c \quad \text{and} \quad \lim \int_{M(d_{1n},d_{2n})} -R_n(u)\; w_o(du) = 0$$

hold. Hence, because of theorem 2, $S(d_{1n},c)$ tends to infinity.
Therefore, $S(d_{1n},c_n)$ tends to infinity for a certain null sequence (c_n)

But $S(d_{c,n},c) \geqq S(d_{1n},c)$ and $S(d_{on},c_n) \geqq S(d_{1n},c_n)$

hold for all n, qed.-

Now, we formulate the main asymptotic result.

<u>Theorem 7</u>:

Under the assumptions of lemma 5, the c_n-optimal sequence (d_{on}) has the following Bayesian optimality property:

$$\limsup \int_U (R_n(d_{on},u) - R_n(d_n,u))\; w(du) \leqq 0 \tag{4.8}$$

holds for all sequences (d_n) of decision functions and all a-priori-distributions w which have any density with respect to w_o.

Moreover, (d_{on}) is asymptotically optimal, i.e.

$$w_o\text{-}\lim \; (R_n(d_{on},\theta) - R_n(d_n,\theta))^+ = 0 \quad \text{for } \underline{\text{all}}\ (d_n). \tag{4.9}$$

<u>Proof</u>:

Let any w and (d_n) be given:

Denoting $f := dw / dw_o$ and

$$f_n := 1/2 \; (\min(f, \inf_{m \geq n} S(d_{om},c_m)^{1/2}) + \max(f, \inf_{m \geq n} S(d_{om},c_m)^{-1/2})) \; ,$$

we have

$$f_n \in V(S(d_{on},c_n)) \; .$$

Therefore, denoting $R_{on}(u) := R_n(d_{on},u) - R_n(d_n,u)$,

$$\int_U R_{on}(u) f_n(u) \; w_o(du) \leq c_n \quad \text{for all } n \; ,$$

$$\lim f_n(u) = f(u) \quad \text{for all } u \in U \quad \text{and} \quad | f_n | \leq f \; .$$

Hence,

$$\limsup \int_U R_{on}(u) f(u) w_o(du) \leq \limsup \int_U R_{on}(u) f_n(u) w_o(du) + \sup L_n$$

$$\lim \int_U | f_n(u) - f(u) | \; w_o(du) \leq 0 \; .$$

Consequently, (4.8) is true.-
Let any positive number r be given:
According to the definition of c_n-optimality and (2.5),

$$r \; w_o(R_{on} > r) \leq \int_{(R_{on} > c_n)} R_{on}(u) \; w_o(du) \leq c_n + (S(d_{on},c_n) - 1)^{-1} .$$

$$\int_U (c_n - R_{on}(u)) \; w_o(du) \leq c_n + (S(d_{on},c_n) - 1)^{-1} (\sup L_n + c_n) \; .$$

Hence,

$$\lim w_o(R_{on} > r) = 0 \quad \text{for all positive numbers } r,$$ qed.-

If U is finite as in the theory of LPI, a somewhat stronger result holds.

<u>Corollary 8</u>:

Let U be finite. Then

$$\limsup (R_n(d_{on},u) - R_n(d_n,u)) \leq 0$$ holds for all $u \in U$ and <u>all</u> (d_n).

The proof is trivial and holds for countable U with positive w_o too.- Moreover, the loss is minimized asymptotically.

Corollary 9:

Let (X,P_u) be the infinite product of $((X_n,P_{n,u}))_{n \in N}$, and $((X,U) , P)$ the probability space defined by

$$P(A \times T) := \int_T P_u(A)\, w_o(du)$$, where A is any subset of X and T of U (both measurable). Then

$$P\text{-}\lim \left(L_n(d_{on}(x),\theta) - L_n(d_n(x),\theta) \right)^+ = 0 \quad \text{holds for all } (d_n)$$

in the situation of theorem 7 or corollary 8. ($d_n(x)$ is the value of d_n at the projection of x into X_n.)

The proof is a simple consequence of Markov's inequality.-

Finally, we remark that the boundedness of (L_n) is not an important restriction in practical situations. For, given the loss function L (independent on n) and chosen a normalizing sequence (k_n) in the asymptotic model,

$$L_n(a,u) := \min \left(k_n L(a,u) \, , \, \max_{d,\theta} L(d,\theta) \right)$$

is the suitably chosen sequence (L_n) of loss functions.

5. References

Dvoretzky, A., Kiefer, J. and Wolfowitz, J., Asymptotic Minimax of the Sample Distribution Function and the classical Multinomial Estimator, Ann. Math. Statist., Vol. 27, 1964, 125-134

Kofler, E. und Menges, G., Entscheidungen bei unvollständiger Information, Berlin, Heidelberg, New York, 1976 (Lecture Notes in Economic and Mathematical Systems, Vol. 136)

Kofler, E. and Menges, G., Fuzzy Sets and non-stochastic Linear Partial Information, Statistische Hefte, 21.Jg., 1980,246-260

Kofler, E., Menges, G. et al., Stochastische Partielle Information (SPI), Statistische Hefte, 21.Jg., 1980, 160-167

Kuß, U., Ein Schätzverfahren von Menges und Diehl und die Maximum-Probability-Methode, Statistische Hefte, 21.Jg., 1980a, 2-13

Kuß, U., Ein allgemeines statistisch-entscheidungstheoretisches Modell als Konsequenz der Ätialität und der Forderung nach weicher Modellbil-

dung , Statistische Hefte, 21.Jg., 1980b, 168-173
Kuß, U., C-Optimale Entscheidungen, Statistische Hefte, 21.Jg., 1980c, 261-279
Menges, G., Ätialität und Adäquation, Statistische Hefte, 22.Jg., 1981, 144-149
Menges, G., Die Statistik, Wiesbaden 1982

PREDICTION WITH ARIMA FILTERS

Bernd Leiner, Heidelberg

Bezugnehmend auf die von Box und Jenkins vorgeführten Beispiele von ARIMA-Modellen (autoregressive integrierte moving average-Modelle) in Prognoseform wird mit weiteren Beispielen diese Form der Prognoserechnung erläutert. Die neuen Beispiele untersuchen das IMA(0, 1, 2)-Modell, das IMA(0, 2, 1)-Modell, das ARIMA(0, 2, 0)-Modell, das ARI(1, 2, 0)-Modell, das ARI(2, 1, 0)-Modell, das ARIMA(2, 1, 1)-Modell und auch ein ARI(2, 1, 0)-Modell mit saisonalen Differenzen. Im letzten Modell wird die Transferfunktion des kombinierten Differenzenfilters betrachtet, der in der gemeinsamen Verwendung von ersten gewöhnlichen Differenzen und ersten saisonalen Differenzen besteht.

With regard to the examples of ARIMA models (autoregressive integrated moving average-models) presented by Box and Jenkins, new examples are constructed in order to demonstrate this form of prediction. The new examples examine the IMA(0, 1, 2) model, the IMA(0, 2, 1) model, the ARIMA(0, 2, 0) model, the ARI(1, 2, 0) model, the ARI(2, 1, 0) model, the ARIMA(2, 1, 1) model and an ARI(2, 1, 0) model with seasonal differences. In the last model the transfer function of the combined difference filter, a composition of an ordinary difference filter and a seasonal difference filter, is discussed.

1. A historical comment

Within the large bibliography of Professor Dr. Günter Menges the discussion of predictions and their theoretical background occupy a favorite position. His book "Ökonomische Prognosen" [1967] made it evident that he was one of the leading experts in this area.

Remarkable to me is in retrospect the fact that he could persuade me to follow him to Heidelberg since I (and four generations of my forefathers) was born in the Saar-region, where people usually remain for their lifetime. Günter Menges, for whom I have always had great respect as a famous scientist, succeeded in doing this after a speech held before a circle of economists in Saarbrücken in summer 1971. His fascinating lecture was entitled "Intervallprognosen".

In Heidelberg Günter Menges encouraged me to specialize in time series analysis and to analyse the discussion following the publication of the book of G.E.P. Box and G.M. Jenkins [1970]. As a consequence my habilitation speech dealt with a special problem of their ARIMA-technique (ARIMA is the abbreviation of autoregressive integrated moving average-models) and later on as a "Privatdozent" I held lectures on time series

Contributions to Econometrics and Statistics Today
Edited by H. Schneeweiss and H. Strecker

analysis. As a professor of statistics in his Institute of International Comparative Economic and Social Statistics at Heidelberg University, I published the "Einführung in die Zeitreihenanalyse" [1982], dealing mainly with those models but excluding their predictive possiblities. Since the computing techniques of ARIMA estimators have been further developed in the meanwhile (see Leiner [1983]), the need is felt to discuss the prediction algorithms of some of those models in detail.

2. The basic model

The ARIMA(p, d, q) model

$$\phi(B)\ \Delta^d z_t = \theta(B)\ a_t \tag{2.1}$$

is a mixture of three components:

1. With the observations z_t , t = 1, ..., T of a time series d th differences can be computed. d = 1 means first differences

$$\Delta z_t = z_t - z_{t-1} \tag{2.2}$$

d = 2 means second differences

$$\Delta^2 z_t = \Delta z_t - \Delta z_{t-1} = z_t - z_{t-1} - (z_{t-1} - z_{t-2}) \tag{2.3}$$

$$= z_t - 2z_{t-1} + z_{t-2}$$

and so on.

2. The random shocks a_t , t = 1, ..., T pass a moving average process of order q. Therefore we can write for the right side of equation (2.1) now

$$\theta(B)\ a_t = (1 - \theta_1\ B - \theta_2\ B^2 - \ldots - \theta_q\ B^q)\ a_t \tag{2.4}$$

$$= a_t - \theta_1\ a_{t-1} - \theta_2\ a_{t-2} - \ldots - \theta_q\ a_{t-q}$$

where we used the backward shift operator B which is definded by

$$B^{\tau} a_t = a_{t-\tau} \qquad \tau = 1, 2, \ldots \quad (2.5)$$

3. The residuals of the time series left by differencing pass an autoregressive process of order p. This means in the case d = 0 (no differencing) on the left side of equation (2.1) that

$$(1 - \phi_1 B - \phi_2 B^2 - \ldots - \phi_p B^p) z_t = z_t - \phi_1 z_{t-1} - \phi_2 z_{t-2} - \ldots - \phi_p z_{t-p} \quad (2.6)$$

since with the backward shift operator we can write

$$B^{\tau} z_t = z_{t-\tau} \qquad \tau = 1, 2, \ldots \quad (2.7)$$

3. Prediction with ARIMA models

3.1. The Box-Jenkins prediction-examples and their assumptions

On the one hand the broad variety of ARIMA models, that can be interpreted as filters with input $\{a_t\}$ and output $\{z_t\}$, has the advantage that at least some of the models may be adapted to an empirical process. On the other hand the ARIMA models diverge considerably in their characteristic features. For predictive purposes this means that every model type needs separate computations. Box and Jenkins [1970] present as prediction examples

1. the IMA(0, 1, 1) model (no autoregressive component),
2. the IMA(0, 2, 2) model (no autoregressive component),
3. the ARMA(1, 0, 1) model (no differencing) and
4. the ARIMA(1, 1, 1) model.

Furthermore an IMA(0, 1, 3) model and an IMA(0, 2, 3) model serve as examples for the class of IMA(0, d, q) models.

For practical purposes these examples should be extended, since other models are needed, too. The experience with programming packages led to the analysis of some further models.

According to Box and Jenkins ([1970], p. 307) all ARIMA models need the following assumptions for prediction:

The authors use conditional expectations that take into consideration all informations available at a period of interest. At period t a prediction is made for the period t+l (l-step prediction).

As conditional expectations of the present or previous values of the filter output they take the observations z_{t-j} for j = 0, 1, 2, ... ; as conditional expectations of future values of the filter output they take the j-step prediction $\hat{z}_t(j)$ for j = 1, 2, ...

As conditional expectations of the present or previous values of the filter input they take the shocks a_{t-j} for j = 0, 1, 2, ... ; as conditional expectations of future values of the filter input they take the value zero.

3.2. Prediction with the IMA(0, 1, 2) model

The IMA(0, 1, 2) model (a model without autoregressive component) can be written in the form

$$\Delta z_t = (1 - \theta_1 B - \theta_2 B^2)\, a_t \qquad \text{with } \Delta = 1 - B. \tag{3.2.1}$$

With the backward shift operator we can transform this to

$$z_t - z_{t-1} = a_t - \theta_1 a_{t-1} - \theta_2 a_{t-2} \tag{3.2.2}$$

or

$$z_t = z_{t-1} + a_t - \theta_1 a_{t-1} - \theta_2 a_{t-2} \tag{3.2.3}$$

In the future period t+l we will have

$$z_{t+l} = z_{t+l-1} + a_{t+l} - \theta_1 a_{t+l-1} - \theta_2 a_{t+l-2} \tag{3.2.4}$$

Under the assumptions of part 3.1 we obtain the one-step prediction (l=1) at period t

$$\hat{z}_t(1) = z_t - \theta_1 a_t - \theta_2 a_{t-1} \tag{3.2.5}$$

as prediction of z_{t+1} .

Now we get the two-step prediction (l=2) at period t with

$$\hat{z}_t(2) = \hat{z}_t(1) - \theta_2 a_t \quad (3.2.6)$$

as prediction of z_{t+2} and l-step predictions

$$\hat{z}_t(l) = \hat{z}_t(l-1) \quad \text{for } l > 2 \quad (3.2.7)$$

as predictions of z_{t+l} (with $l > 2$).

The predictions in (3.2.7) yield the same result as $\hat{z}_t(2)$. Inserting (3.2.5) in (3.2.6), we see

$$\hat{z}_t(2) = z_t - \theta_1 a_t - \theta_2 a_{t-1} - \theta_2 a_t \quad (3.2.8)$$

and because of (3.2.7)

$$\hat{z}_t(l) = z_t - (\theta_1 + \theta_2) a_t - \theta_2 a_{t-1} \quad \text{for } l \geq 2. \quad (3.2.9)$$

Therefore the IMA(0, 1, 2) model is suitable for estimates of the level of (e.g. economic) variables. This can be generalized to all IMA(0, 1, q) models, but greater values of q may lead to instabilities of the models.

3.3. Prediction with the IMA(0, 2, 1) model

The IMA(0, 2, 1) model uses second differences and needs only the parameter θ_1

$$\Delta^2 z_t = (1 - \theta_1 B) a_t \quad (3.3.1)$$

We can transform this to

$$(1 - B)^2 z_t = (1 - \theta_1 B) a_t \quad (3.3.2)$$

or

$$(1 - 2B + B^2) z_t = (1 - \theta_1 B) a_t \quad (3.3.3)$$

and get

$$z_t = 2z_{t-1} - z_{t-2} + a_t - \theta_1 a_{t-1} \qquad (3.3.4)$$

In the future period t+l we will have

$$z_{t+l} = 2z_{t+l-1} - z_{t+l-2} + a_{t+l} - \theta_1 a_{t+l-1} \qquad (3.3.5)$$

Under the assumptions of part 3.1 we obtain the one-step prediction (l=1) at period t

$$\hat{z}_t(1) = 2z_t - z_{t-1} - \theta_1 a_t \qquad (3.3.6)$$

as prediction of z_{t+1} and the two-step prediction (l=2) at period t

$$\hat{z}_t(2) = 2\hat{z}_t(1) - z_t \qquad (3.3.7)$$

as prediction of z_{t+2} , whereas the l-step predictions

$$\hat{z}_t(l) = 2\hat{z}_t(l-1) - \hat{z}_t(l-2) \qquad \text{for } l > 2 \qquad (3.3.8)$$

are predictions of z_{t+l} (with $l > 2$).

By continued inserting we get

$$\hat{z}_t(l) = (l+1)\, z_t - l\,(z_{t-1} + \theta_1 a_t) \qquad \text{for } l \geq 1 \qquad (3.3.9)$$

e.g. for l=5 we obtain

$$z_t(5) = 6z_t - 5z_{t-1} - 5\theta_1 a_t \qquad (3.3.10)$$

Thus, the prediction depends only on the observations z_t and z_{t-1} of the last two periods as well as on the parameter θ_1 and the shock a_t . All these values get weights depending on the length of the prediction step.

3.4. Prediction with the ARIMA(0, 2, 0) model

Box and Jenkins ([1970], p. 150) mention a model that was useful in explaining the IBM stock series, viz.

$$(1 - B)\, z_t = a_t \tag{3.4.1}$$

This is an ARIMA(0, 1, 0) model consisting of first differences

$$z_t - z_{t-1} = a_t \tag{3.4.2}$$

In the future period t+l we will have

$$z_{t+l} = z_{t+l-1} + a_{t+l} \tag{3.4.3}$$

Under the assumptions of part 3.1 we obtain the one-step prediction (l=1) at period t

$$\hat{z}_t(1) = z_t \tag{3.4.4}$$

as prediction of z_{t+1}, whereas we get the l-step predictions

$$\hat{z}_t(l) = \hat{z}_t(l-1) \qquad \text{for } l > 1 \tag{3.4.5}$$

as predictions of z_{t+l} (with $l > 1$).

By recursive inserting we obtain

$$\hat{z}_t(l) = z_t \qquad \text{for } l \geq 1 \tag{3.4.6}$$

In other words, all l-step predictions yield the same value, viz. the last observation z_t, because this is a model without memory of past values (no parameters).

We are now interested in the ARIMA(0, 2, 0) model

$$(1 - B)^2 z_t = a_t \tag{3.4.7}$$

consisting of second differences $\Delta^2 z_t$ with

$$(1 - 2B + B^2) z_t = a_t \tag{3.4.8}$$

or

$$z_t = 2z_{t-1} - z_{t-2} + a_t \tag{3.4.9}$$

In the future period t+l we will have

$$z_{t+l} = 2z_{t+l-1} - z_{t+l-2} + a_{t+l} \tag{3.4.10}$$

Under the assumptions of part 3.1 we get the one-step prediction (l=1) at period t

$$\hat{z}_t(1) = 2z_t - z_{t-1} \tag{3.4.11}$$

as prediction of z_{t+1} , the two-step prediction (l=2) at period t

$$\hat{z}_t(2) = 2\hat{z}_t(1) - z_t \tag{3.4.12}$$

as prediction of z_{t+2} and the l-step predictions

$$\hat{z}_t(l) = 2\hat{z}_t(l-1) - \hat{z}_t(l-2) \qquad \text{for } l > 2 \tag{3.4.13}$$

as predictions of z_{t+l} (with $l > 2$).

By continued inserting we obtain

$$\hat{z}_t(l) = (l+1)\, z_t - l\, z_{t-1} \qquad \text{for } l \geq 1 \tag{3.4.14}$$

e.g. for l=5

$$\hat{z}_t(5) = 6z_t - 5z_{t-1} \tag{3.4.15}$$

Thus, the prediction uses only the last two observations z_t and z_{t-1}

with weights depending on the length of the prediction step. The memory of this model is due to differencing of second order. No parameters are needed as we can see in the comparison of (3.4.15) with (3.3.10).

3.5. Prediction with the ARI(1, 2, 0) model

The model

$$(1 - \phi_1 B) \Delta^2 z_t = a_t \tag{3.5.1}$$

needs no moving average component. However, second differences are combinde with an autoregression of first order.

The product of the operator terms can be developed to

$$\begin{aligned}(1 - \phi_1 B) \Delta^2 &= (1 - \phi_1 B) (1 - B)^2 \\ &= (1 - \phi_1 B) (1 - 2B + B^2) \\ &= 1 - 2B + B^2 - \phi_1 B + 2\phi_1 B^2 - \phi_1 B^3 \\ &= 1 - (2 + \phi_1)B + (1 + 2\phi_1)B^2 - \phi_1 B^3\end{aligned} \tag{3.5.2}$$

Therefore (3.5.1) can be written

$$z_t - (2 + \phi_1)z_{t-1} + (1 + 2\phi_1)z_{t-2} - \phi_1 z_{t-3} = a_t \tag{3.5.3}$$

or

$$z_t = (2 + \phi_1)z_{t-1} - (1 + 2\phi_1)z_{t-2} + \phi_1 z_{t-3} + a_t \tag{3.5.4}$$

In the future period t+l we will have

$$z_{t+l} = (2 + \phi_1)z_{t+l-1} - (1 + 2\phi_1)z_{t+l-2} + \phi_1 z_{t+l-3} + a_{t+l} \tag{3.5.5}$$

Under the assumptions of part 3.1 we get the one-step prediction (l=1) at period t

$$\hat{z}_t(1) = (2 + \phi_1)z_t - (1 + 2\phi_1)z_{t-1} + \phi_1 z_{t-2} \tag{3.5.6}$$

as prediction of z_{t+1} , the two-step prediction (l=2) at period t

$$\hat{z}_t(2) = (2 + \phi_1)\hat{z}_t(1) - (1 + 2\phi_1)z_t + \phi_1 z_{t-1} \tag{3.5.7}$$

as prediction of z_{t+2} , the three-step prediction (l=3) at period t

$$\hat{z}_t(3) = (2 + \phi_1)\hat{z}_t(2) - (1 + 2\phi_1)\hat{z}_t(1) + \phi_1 z_t \tag{3.5.8}$$

as prediction of z_{t+3} and the l-step predictions

$$\hat{z}_t(l) = (2 + \phi_1)\hat{z}_t(l-1) - (1 + 2\phi_1)\hat{z}_t(l-2) + \phi_1\hat{z}_t(l-3) \quad \text{for } l > 3 \tag{3.5.9}$$

as prediction of z_{t+l} (with $l > 3$).

As can be verified by continued inserting, in all prediction steps only the last three observations z_t , z_{t-1} and z_{t-2} get weights (depending on the parameter ϕ_1). We get e.g.

$$\hat{z}_t(2) = (3 + 2\phi_1 + \phi_1^2)z_t - (2 + \phi_1 + 2\phi_1^2)z_{t-1} + \phi_1(2 + \phi_1)z_{t-2} \tag{3.5.10}$$

and

$$\hat{z}_t(3) = (4 + 3\phi_1 + 2\phi_1^2 + \phi_1^3)z_t - (3 + 6\phi_1 + 4\phi_1^2 + 2\phi_1^3)z_{t-1}$$

$$+ \phi_1(3 + 2\phi_1 + \phi_1^2)z_{t-2} \tag{3.5.11}$$

3.6. Prediction with the ARI(2, 1, 0) model

The model

$$(1 - \phi_1 B - \phi_2 B^2) \Delta z_t = a_t \tag{3.6.1}$$

needs no moving average component, either. Since first differences are combined with an autoregression of second order, two parameters ϕ_1 and ϕ_2 are involved.

Transforming the operator terms we obtain

$$(1 - \phi_1 B - \phi_2 B^2)\ \Delta = (1 - \phi_1 B - \phi_2 B^2)\ (1 - B) \tag{3.6.2}$$

$$= 1 - \phi_1 B - \phi_2 B^2 - B + \phi_1 B^2 + \phi_2 B^3$$

$$= 1 - (1 + \phi_1) B + (\phi_1 - \phi_2) B^2 + \phi_2 B^3$$

Therefore (3.6.1) can be written

$$z_t - (1 + \phi_1) z_{t-1} + (\phi_1 - \phi_2) z_{t-2} + \phi_2 z_{t-3} = a_t \tag{3.6.3}$$

or

$$z_t = (1 + \phi_1) z_{t-1} + (\phi_2 - \phi_1) z_{t-2} - \phi_2 z_{t-3} + a_t \tag{3.6.4}$$

In the future period t+l we will have

$$z_{t+l} = (1 + \phi_1) z_{t+l-1} + (\phi_2 - \phi_1) z_{t+l-2} - \phi_2 z_{t+l-3} + a_{t+l} \tag{3.6.5}$$

Under the assumptions of part 3.1 we obtain the one-step prediction ($l=1$) at period t

$$\hat{z}_t(1) = (1 + \phi_1) z_t + (\phi_2 - \phi_1) z_{t-1} - \phi_2 z_{t-2} \tag{3.6.6}$$

as prediction of z_{t+1}, the two-step prediction ($l=2$) at period t

$$\hat{z}_t(2) = (1 + \phi_1) \hat{z}_t(1) + (\phi_2 - \phi_1) z_t - \phi_2 z_{t-1} \tag{3.6.7}$$

as prediction of z_{t+2}, the three-step prediction ($l=3$) at period t

$$\hat{z}_t(3) = (1 + \phi_1) \hat{z}_t(2) + (\phi_2 - \phi_1) \hat{z}_t(1) - \phi_2 z_t \tag{3.6.8}$$

as prediction of z_{t+3} and the l-step predictions for $l > 3$

$$\hat{z}_t(l) = (1 + \phi_1) \hat{z}_t(l-1) + (\phi_2 - \phi_1) \hat{z}_t(l-2) - \phi_2 \hat{z}_t(l-3) \tag{3.6.9}$$

as predictions of z_{t+l} (with $l > 3$).

As can be verified by continued inserting, in all prediction steps only the last three observations z_t , z_{t-1} and z_{t-2} get weights depending on the parameters ϕ_1 and ϕ_2. We obtain e.g.

$$\hat{z}_t(2) = (1 + \phi_1 + \phi_2 + \phi_1^2) z_t - \phi_1(1 + \phi_1 - \phi_2) z_{t-1}$$

$$- \phi_2(1 + \phi_1) z_{t-2} \tag{3.6.10}$$

and

$$\hat{z}_t(3) = (1 + \phi_1 + \phi_2 + \phi_1^2 + 2\phi_1\phi_2 + \phi_1^3) z_t$$

$$- (\phi_1 + \phi_1\phi_2 + \phi_1^2 - \phi_2^2 - \phi_1^2\phi_2 + \phi_1^3) z_{t-1}$$

$$- \phi_2(1 + \phi_1 + \phi_2 + \phi_1^2) z_{t-2} \tag{3.6.11}$$

3.7. Prediction with the ARIMA(2, 1, 1) model

The model

$$(1 - \phi_1 B - \phi_2 B^2) \Delta z_t = (1 - \theta_1 B)\ a_t \tag{3.7.1}$$

contains all components. Because of (3.6.2) we can write

$$[1 - (1 + \phi_1)B + (\phi_1 - \phi_2)B^2 + \phi_2 B^3] z_t = (1 - \theta_1 B) a_t \tag{3.7.2}$$

or

$$z_t = (1 + \phi_1) z_{t-1} + (\phi_2 - \phi_1) z_{t-2} - \phi_2 z_{t-3} + a_t - \theta_1 a_{t-1} \tag{3.7.3}$$

In the future period t+l we will have

$$z_{t+l} = (1 + \phi_1) z_{t+l-1} + (\phi_2 - \phi_1) z_{t+l-2} - \phi_2 z_{t+l-3} + a_{t+l} - \theta_1 a_{t+l-1} \tag{3.7.4}$$

Under the assumptions of part 3.1 we obtain the one-step prediction (l=1) at period t

$$\hat{z}_t(1) = (1 + \phi_1) z_t + (\phi_2 - \phi_1) z_{t-1} - \phi_2 z_{t-2} - \theta_1 a_t \tag{3.7.5}$$

as prediction of z_{t+1} , the two-step prediction (l=2) at period t

$$\hat{z}_t(2) = (1 + \phi_1)\hat{z}_t(1) + (\phi_2 - \phi_1)z_t - \phi_2 z_{t-1} \tag{3.7.6}$$

as prediction of z_{t+2} , the three-step prediction (l=3) at period t

$$\hat{z}_t(3) = (1 + \phi_1)\hat{z}_t(2) + (\phi_2 - \phi_1)\hat{z}_t(1) - \phi_2 z_t \tag{3.7.7}$$

as prediction of z_{t+3} and the l-step predictions for l > 3

$$\hat{z}_t(l) = (1 + \phi_1)\hat{z}_t(l-1) + (\phi_2 - \phi_1)\hat{z}_t(l-2) - \phi_2\hat{z}_t(l-3) \tag{3.7.8}$$

as predictions of z_{t+l} (with l > 3).

As can be verified by continued inserting, in all prediction steps only the last three observations z_t , z_{t-1} , z_{t-2} and the shock a_t get weights depending on the parameters ϕ_1 , ϕ_2 and θ_1 . We obtain e.g.

$$\hat{z}_t(2) = (1 + \phi_1 + \phi_2 + \phi_1^2)z_t - \phi_1(1 + \phi_1 - \phi_2)z_{t-1}$$
$$- \phi_2(1 + \phi_1)z_{t-2} - \theta_1(1 + \phi_1)a_t \tag{3.7.9}$$

and

$$\hat{z}_t(3) = (1 + \phi_1 + \phi_2 + \phi_1^2 + 2\phi_1\phi_2 + \phi_1^3)z_t$$
$$- \phi_1(1 + \phi_1 + \phi_2 - \phi_1\phi_2 + \phi_1^2)z_{t-1}$$
$$- \phi_2(1 + \phi_1 + \phi_2 + \phi_1^2)z_{t-2}$$
$$- \theta_1(1 + \phi_1 + \phi_2 + \phi_1^2)a_t \tag{3.7.10}$$

Because of

$$a_{t+l} = z_{t+l} - \hat{z}_t(l) \qquad l = 1, 2, \ldots \tag{3.7.11}$$

a_{t+l} can be interpreted as the prediction error of the l-step prediction. Similarly a_t can be interpreted as prediction error of the ex post prediction $\hat{z}_{t-1}(1)$ for the observation z_t .

3.8. Prediction with the ARI(2, 1, 0) model with seasonal differences

The model

$$(1 - \phi_1 B - \phi_2 B^2)\ \Delta\Delta_s\ z_t = a_t \tag{3.8.1}$$

uses first ordinary differences Δ and seasonal differences Δ_s . In the case of monthly observations (s=12), the product of the operator terms can be transformed to

$$\begin{aligned}(1 - \phi_1 B - \phi_2 B^2)\ \Delta\Delta_{12} &= (1 - \phi_1 B - \phi_2 B^2)(1 - B)(1 - B^{12}) \qquad (3.8.2)\\ &= (1 - \phi_1 B - \phi_2 B^2)(1 - B - B^{12} + B^{13})\\ &= 1 - (1 + \phi_1)B + (\phi_1 - \phi_2)B^2 + \phi_2 B^3 - B^{12}\\ &\quad + (1 + \phi_1)B^{13} + (\phi_2 - \phi_1)B^{14} - \phi_2 B^{15}\end{aligned}$$

Therefore (3.8.1) can be written

$$\begin{aligned}z_t = {}& (1 + \phi_1)z_{t-1} - (\phi_1 - \phi_2)z_{t-2} - \phi_2 z_{t-3} + z_{t-12} - (1 + \phi_1)z_{t-13}\\ & - (\phi_2 - \phi_1)z_{t-14} + \phi_2 z_{t-15} + a_t\end{aligned} \tag{3.8.3}$$

With the help of

$$\begin{aligned}z_{t+l} = {}& (1 + \phi_1)z_{t+l-1} - (\phi_1 - \phi_2)z_{t+l-2} - \phi_2 z_{t+l-3} + z_{t+l-12}\\ & - (1 + \phi_1)z_{t+l-13} - (\phi_2 - \phi_1)z_{t+l-14} + \phi_2 z_{t+l-15} + a_{t+l}\end{aligned} \tag{3.8.4}$$

and the assumptions of part 3.1, predictions with various prediction steps can be deduced.

The combination of first ordinary differences and first seasonal differences that is rather often used may create problems since the spectrum of the filter input may be amplified considerably. The transfer function $T^{\Delta\Delta_{12}}(\lambda)$ of the combined filter can be computed as the product of the transfer function $T^{\Delta}(\lambda) = 2(1 - \cos\lambda)$ of the first ordinary differences with the transfer function $T^{\Delta_{12}}(\lambda) = 2[1 - \cos(12\lambda)]$ of the first seasonal differences (with s=12). Therefore $T^{\Delta\Delta_{12}}(\lambda)$ shows us, how every angular frequency λ of the filter input is amplified. Table 1 contains some remarkable values of this transfer function. We observe that high-frequency oscillations are amplified and that especially in the neighbourhood of the Nyquist frequency this transfer function takes on a value of 15.727. This means that an oscillation with period 2.2 is amplified with the factor 15.727 through this sort of differencing as a consequence of the elimination of the 12-month oscillation and its aliases.

Table 1: Transfer functions of the first ordinary difference Δ, the first seasonal difference Δ_{12} and their combination $\Delta\Delta_{12}$

λ	0	$\frac{\pi}{24}$	$\frac{2\pi}{24}$	$\frac{3\pi}{24}$	$\frac{4\pi}{24}$	$\frac{5\pi}{24}$	$\frac{6\pi}{24}$	$\frac{7\pi}{24}$	$\frac{8\pi}{24}$	$\frac{9\pi}{24}$	$\frac{10\pi}{24}$	$\frac{11\pi}{24}$	$\frac{12\pi}{24}$
period	∞	48	24	16	12	9.6	8	6.9	6	5.3	4.8	4.4	4
$T^{\Delta}(\lambda)$	0	.017	.068	.152	.268	.413	.586	.782	1	1.235	1.482	1.739	2
$T^{\Delta_{12}}(\lambda)$	0	2	4	2	0	2	4	2	0	2	4	2	0
$T^{\Delta\Delta_{12}}(\lambda)$	0	.034	.273	.304	0	.827	2.343	1.565	0	2.469	5.929	3.478	0

λ	$\frac{13\pi}{24}$	$\frac{14\pi}{24}$	$\frac{15\pi}{24}$	$\frac{16\pi}{24}$	$\frac{17\pi}{24}$	$\frac{18\pi}{24}$	$\frac{19\pi}{24}$	$\frac{20\pi}{24}$	$\frac{21\pi}{24}$	$\frac{22\pi}{24}$	$\frac{23\pi}{24}$	π
period	3.7	3.3	3.2	3	2.8	2.7	2.5	2.4	2.3	2.2	2.1	2
$T^{\Delta}(\lambda)$	2.261	2.518	2.765	3	3.218	3.414	3.587	3.732	3.848	3.932	3.983	4
$T^{\Delta_{12}}(\lambda)$	2	4	2	0	2	4	2	0	2	4	2	0
$T^{\Delta\Delta_{12}}(\lambda)$	4.522	10.071	5.531	0	6.435	13.657	7.173	0	7.696	15.727	7.966	0

References

Box, G.E.P. and G.M. Jenkins [1970]: Time Series Analysis. Holden-Day, San Francisco-Cambridge-London

Leiner, B. [1982]: Einführung in die Zeitreihenanalyse. Oldenbourg Verlag, München-Wien

Leiner, B. [1983]: ARIMA-Schätzungen mit SPSS und SAS. In: In memoriam Günter Menges. Editor: Bernd Leiner. Diskussionsschriften (Discussion Papers) des Instituts für international vergleichende Wirtschafts- und Sozialstatistik der Universität Heidelberg, Nr. 7 (April 1983), p. 33 - 42

Menges, G. [1967]: Ökonometrische Prognosen. Westdeutscher Verlag, Köln-Opladen

EXPLORATION AND INFERENCE

Martin Rutsch, Karlsruhe

Die scheinbar sich selbst sichernden Methoden der statistischen Inferenz werden von vielfältigen 'äußeren Ungewißheiten' umlauert. Diese können der Ausübung inferentieller Techniken in Wirklichkeit den Charakter explorativer Betätigung geben. Umgekehrt kann bewußt geübte Exploration eine befreite Form von Inferenz sein, die teilweise deren strenge Auflagen mildert und auf ihre eingebaute Absicherung verzichtet - soweit diese durch jene 'äußere Ungewißheit' in Frage gestellt sind. Die Übergänge zwischen Inferenz und Exploration zeigen die wichtige Rolle der induktiven Situation auf, die den statistischen Akt der Inferenz als dessen 'Umwelt' umgibt und mit zusätzlicher Information versorgt.

Around seemingly self-protecting methods of statistical inference, various 'external uncertainties' are lurking. They may reduce the practice of inferential techniques to the status of an exploratory activity. Conversely, exploration, consciously practiced, can be a liberated form of inference, partly dispensing with the strict requirements of the latter and renouncing its built-in protection - as far as these are undermined by external uncertainty. Such interchanges between Inference and Exploration show the important role of the framework of induction as an 'environment' surrounding the statistical act of inference and supplying it with supplementary information.

> A strong impetus, especially by something new and astonishing or at least something mightily brought to light, arouses universal interest, which may last for years, and which has been very fruitful, especially in recent times.
>
> Goethe

Exploratory statisticians created many new practices of data analysis during these last years; what is more, their publications have thrown new light on some basic features of statistical work, which perhaps had all been there from the outset, but had by and by been forgotten in favour of "rigorous" methods of statistical inference and decision. But for this untimely death early in 1983, we could have been confident to hear Günter Menges' voice repeatedly in the revived debate on the nature of statistics, just as we had heard before his enlightening explanations on the relationship between inference and decision. It was only in December 1982 that I had asked him in a letter: "Is inference without a model possible?" He was not granted the time to think up an answer, *his* answer, to this badly posed question. So I had to grope for a

Contributions to Econometrics and Statistics Today
Edited by H. Schneeweiss and H. Strecker

tenable response myself; and I shall communicate in this note a few findings of my search in the literature concerning this subject, and of my own deliberations. Notwithstanding my shortcomings, I hope thereby to pay homage to the personality and inclinations of Günter Menges, who always cherished foundational work - perhaps even more than brilliant pieces of scientific research expounded sometimes mainly *ad maiorem auctorum gloriam*.

★

'Inference' has become the customary name, and should be reserved for a conclusive treatment of data which takes into account the fact - or mere supposition! - that they are "subject to appreciable haphazard variability" (COX-HINKLEY, p. 1). This variability is taken seriously by assessing and choosing statistical procedures for their stability or accuracy, and/or by including in the conclusion an indication of its own precision or uncertainty. We become aware of that variability by recognizing that the observed values or the statistics calculated from them would be "variable from sample to sample" (FISHER 1970, p. 42), or that "the survey, experiment or observational program... could have turned out somewhat differently" (MOSTELLER-TUKEY, p. 25). In a subtler and more reserved interpretation, variability may be understood as the presence of an untypical distortion or disturbance in the revelation of some invariant ('population') characteristic. Statistical Inference, inasmuch as it conforms to the above usage, i.e. reflects that 'variability', cannot do without at least a crude model of data-origination. So the first categorical answer to my question "Is inference without a model possible?" must be "No".

The crudest model of data-generation, which, however, conveys most effectively the problematic nature of statistical inference, is random sampling from a finite population. It is not astonishing, therefore, to find sampling experiments in the textbooks of didactically motivated authors. One of the earliest experiments is described in chapter 11 of F.N. DAVID's "A Statistical Primer" of 1953 (later published as "A First Course in Statistics"), and can easily be replicated by students with paper and pencil. In our introductory statistics course we used a population of seven numbers and one of eleven numbers which had been produced by a hand-held calculator as "normal deviates"; we had then the big computer draw, respectively, all 3-samples or all 5-samples from these two populations, and calculate certain "indicators of location". We obtained for instance the following histogram of the $\bar{x}_{(3)}$'s in the seven number population:

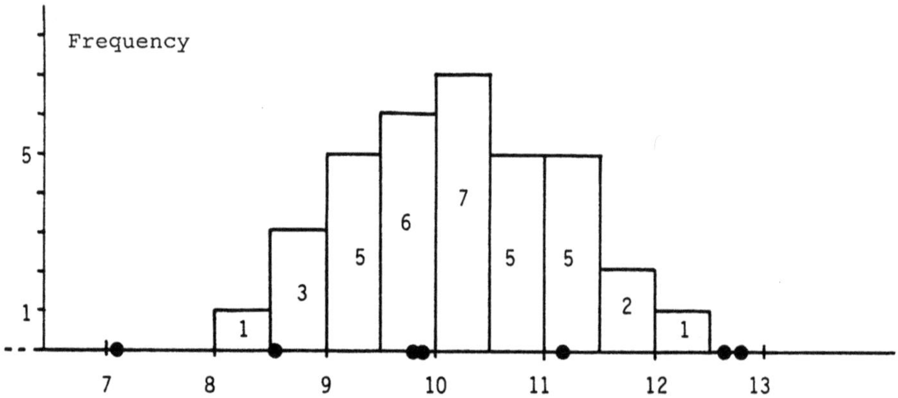

Fig.1 - Histogram of all $\bar{x}_{(3)}$'s from the population of the seven dots (RUTSCH 1984, p. 5.3-10)

Another sampling experiment is described in (WETHERILL, ch. 4), and yet another one mentioned in the same book (comment on ch. 4: p. 331).

Still other sampling experiments would be required to impart an understanding of the fact that different "hierarchies of error structure" (COX-SNELL, p. 33) may underlie a given data set. Variance-analytic models provide ample variety of different sampling designs and randomization structures to play around with. We plan to carry out "artificial uniformity trials", and shall eventually publish the results in a course outline.

The relation sample---population is the central and crucial point - or should I say: the *point litigieux*? - of statistical inference. Sampling is how you get the former from out of the latter; Inference is how you extrapolate or conclude from the former to the latter. There must be harmony between the two, or else the conclusiveness of the evidence - seemingly divulged from the sample through inferential procedures - is seriously impaired. In practice, it may be difficult and sometimes impossible to ensure 'good sampling', e.g. from a wild-living species. For teaching purposes, on the other hand, it can be nicely demonstrated how 'biased sampling' destroys the properties of an - otherwise well-behaved - indicator. By restricting samples to a lop-sided subset of our former seven number population, the indicator distribution of fig. 1 is altered in the following way:

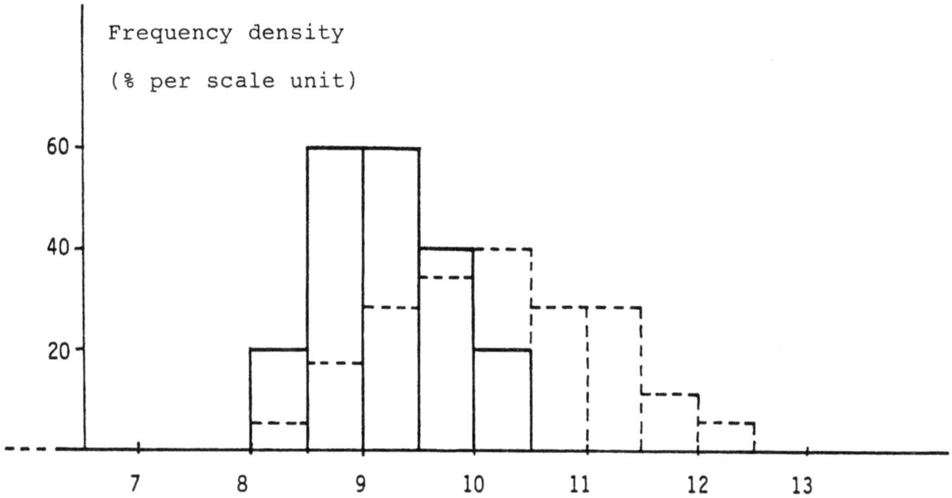

Fig.2 - Histogram of the $\bar{x}_{(3)}$'s under restricted sampling: heavy line (RUTSCH 1984, p. 5.3-25)

In one of his earliest book publications, Günter Menges gave a simple and convincing characterisation of the 'target population' ('Zielgesamtheit') - i.e. the population to which inferences from a (given) sample legitimately pertain: "It is that (finite) set, delimited in time and space, whose elements had the same possibility... to be drawn" (MENGES 1959, p.65). We are to suppose here, of course , that the inference methods to be used provided for just this kind of sampling 'with equal probabilities'.

The undeniability of this characterisation must not deceive anybody about the fundamental difficulties of ensuring *what is*, in reality, the target population. Let me mention some insecurities arising in this respect!

- *Is there at all* anything like a 'stock of units' from which some are (or were) randomly drawn? Effective random sampling is an indispensable prerequisite from statistical inference about natural objects of complex and variable constitution. But even if we can be sure that the individuals were drawn at random it may be difficult to name with certitude a "Kollektiv" from which they were drawn - to outline confidently its extension "in time and space".

● A population may be the 'target' of our investigations - yet it may be doubtful if it is the same as *the population sampled*, i.e. the 'target population' in Menges' definition. Numerous divergences between the two are possible and are known under different names: Contamination of the population to be sampled by (members of) another one; limited access to the (whole of the) intended population; biassed selection in one way or another etc.

● Once the sample is there, it may remain open to dispute *which one* from among several conceivable populations has, *in fact*, been sampled. If all elements of the sample turn out to be of a special kind, or to come from a particular location or the like, it may be suspected that in reality a *sub*population has been sampled. Conversely, that part of the intended population which is or was accessible to sampling may belong to a special subclass. Judging from nothing but a given sample, to designate its 'mother population' can be the matter of endless (and fruitless) discussion.

● The last point to be mentioned is of almost metaphysical import. The population sampled - whether it is the right or the wrong one - is always a concrete assembly, "delimited in time and space". Immediate conclusions, therefore, can be drawn "with confidence" only "about the descriptive properties of the population in question" (COX-SNELL, p. 10, (iii)). So they reflect, more or less, the peculiar circumstances prevailing (or having prevailed) *in this particular population*. We have to distinguish two situations.

(I) It may be the purpose of the inquiry to find out as much as possible about a concrete, 'historically unique' population. Then the above-mentioned limitation of the conclusions is not really restrictive. It is true, however, that confidence coefficients, significance levels etc., will admit only of a 'descriptive' or figurative interpretation, since the idea of repeatability is highly fictitious (see below (1) and (2)). On the other hand, conclusions obtained in this spirit can attain the rank of truly scientific knowledge - insofar as they represent instances of a *general phenomenon* - instances which serve to verify or modify existing theories, or are compared, differentiated, classified, generalized, taken apart, and so on - all that within a Baconian scheme of induction. Menges gave due credit to the 'idiographic method', as he called it, 25 years ago (MENGES 1959, p. 48 ff). He saw its value especially in social and cultural science (ibid., 3. Kapitel). The idiographic approach seems to me of an essentially *exploratory* nature (for further comments, see (1) and (2) below). In a more intuitive sense, a poet wrote: "Any fact is, in a sense, 'significant'. Any fact may be 'symptomatic', but certain facts give one a sudden insight into circumjacent conditions, into their causes, their effects, into sequence, and law" (POUND, p. 22).

(II) For another, more common type of scientific enquiry, the purpose is to ascertain, eventually, a universal law, e.g. "a general relationship between variables". Then the fact that we can draw samples only from populations which are to a greater or lesser (and mostly unknown) extent of a particular, ephemeral composition may seriously diminish the inductive force of the conclusions - be they statistically as stringent as anybody might wish! (Cf. again COX-SNELL, l.c.!) Menges has pointed to this fundamental difficulty in (MENGES 1959, p. 53 ff). He traced it back to the *changeability* of the 'general conditions' ('allgemeine Bedingungen' - in his conception the logical basis of probability statements), materialized in the variations of external conditions, in a shifting population mix, or in a changing pattern of explanatory variables. These changes, if they are uncontrolled or unrecorded, can make repetition of a study highly illusory - and thus contribute to reviving Heraclitus' philosophical views!

We have to ask: In what measure is the concrete sampled population $\mathcal{P}_t$ ('target population' in Menges' terminology) representative of the abstract timeless universal population $\mathcal{P}$ which is the true aim of our inquiry? The situation is schematically represented in the next figure:

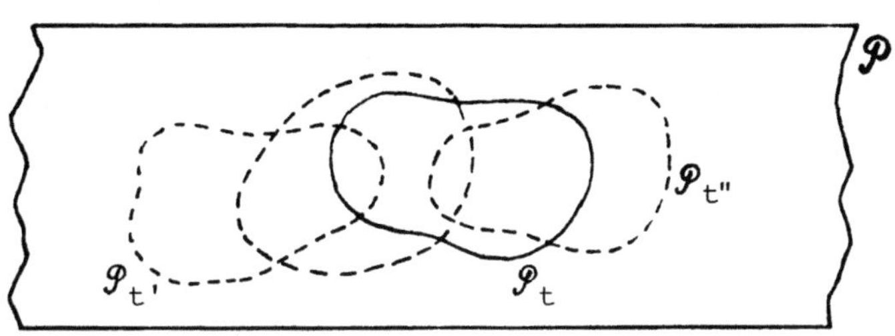

Fig.3 - Sub-populations $\mathcal{P}_t$ $\mathcal{P}_{t'}$ $\mathcal{P}_{t''}$: in various time periods t, t', t" existing and accessible parts of the qualitatively defined population $\mathcal{P}$

We must make sure, somehow, that we are sampling from the right *species*, the right kind of objects, and under 'normal' conditions. This is a wide field of practical and theoretical endeavour and I can in this short essay only mention one aspect: the importance of qualitative distinction and definition, to which from time to time E. POUND has called our attention, writing, e.g.: ".... I know I am expected to be *factual*, but one must occasionally stop *to define* an idea, or to ascertain the lines along which one means to assemble one's facts, and the sort of interpretative value one can give them when marshalled" (POUND, p. 189). In practice, we must frequently resort to vague, verbal definitions, since most populations of practical interest are a conglomerate or mixture of "pure" populations; nevertheless, if they suffice to delimit *materially* and with the necessary exactitude a stable type of longer-lasting interest, this is usually all that is needed. I am not going to preach 'statistical nominalism'; but I noticed and hereby report a kindred philosophical current in "Science Without Numbers" by Hartry H. Field (FIELD 1980), who writes: "... the way is open to a thoroughly nominalistic metaphysics".

In this regard, even in experimental statistical inference, things are not so much better as some people seem to believe. In a randomized comparison of two alternative medical treatments A and B, e.g., under carefully controlled standardized conditions, the responses may clearly confirm a significant difference of the effects: still, the treatment difference may hold *but for a particular class of patients*, to which the majority of those in the sample *happen* to belong. If, for example, 7 out of 10 patients respond systematically better to A than to B, by a constant amount Δ say, while the other 3 react indifferently, the observed treatment difference will be 0.7 Δ. The error estimate for this difference (neglecting random variation) will be 0.15, so that $t = 4.6$ indicates very high significance. In reality we have observed a (randomly disturbed) Bernoulli experiment, and could have tested the hypothesis that $\leq 50\ \%$ of the patient population are of the 'non responding type' (SL = 5.5 %).

E. Lehmann has diligently explained this lacuna in the inferential argumentation under the heading 'population models'; in particular he points out that if "no assumptions are made concerning the nature and provenance of the subjects, any inference regarding the effectiveness of the treatment will refer only to the particular subjects in the study" (LEHMANN, p. 55; s.a. p. 56, 63, 65).

★

Statistical Inference, understood in a strict sense, necessarily involves a *probabilistic model* - to permit some measurement of the logical conclusiveness of the argument. The model reflects, as I have tried to intimate, *certain* forms of irregular fluctuations that are supposed to have influenced the data. *Other* kinds of possibly varying influences are *not* taken into account by the model - like certain variable features of the units studied or of the population they come from, or certain subdivisions of the sample that would constitute a finer 'structure of error', or certain particularities of the error distribution.

The probability model permits a rationally understandable, communicable, and reproducible assessment of the uncertainty affecting the indications or conclusions obtained. The most direct and elementary form of such a probabilistic assessment is a statement of significance: So strong a distortive tendency (of the type in question) as became visible in the observed data could, "by pure chance", have only arisen with probability α_{obs}. Without at least an *ordinal scaling* of probabilities such a statement is impossible. In contrast, pure indication, of a central value for example, can do without probabilities - choosing the midpoint which minimizes the 'distortive (= unbalanced) pattern' of the residuals in some way.

The mere fact of our using some probabilistic model will, however, not guarantee that our inference is sound - let alone that an appropriate sampling procedure was carried out. And if the logic of an inferential argument seems formally self-evident and incontestable, its true cognitive value depends most sensitively upon the context of its application, upon its *inductive environment* as I shall call it. Is it not significant that R.A. Fisher entitled one of his books "Statistical Methods and *Scientific Inference*"? - reminding us thereby that inference, rightly so called, is the work of scientific reasoning - and statistical method but a portion of it. On the other hand, its share should not be underestimated: Wolfgang Stegmüller, following Thomas Kuhn, has come to believe that, as far as all usual kinds of scientific activity are concerned, "the problem of induction is completely reduced to the clarification of the rules of statistical inference".

Günter Menges, in his last great monograph "Statistik", pleaded for developing statistics so as to increase its faculty to extract, process, take in, and pursue every kind of information - whether it is contained in data or involved in our scientific knowledge of the subject in question (MENGES 1982, p. 15). "I am not yet ready", he noted as to his plans of tackling this big task himself. Menges, likewise, rated the importance of the scientific milieu surrounding statistical inference higher than the value of statistical methodology in itself (ibid.).

Since Statistical Inference may depend in many ways on its specific inductive environment, there are several forms of what MOSTELLER & TUKEY call 'external uncertainty', and what, for clarity's sake, should be termed 'inductive uncertainty' - at least in its more basic varieties. Let me mention some of them!

(i) Insecurity about the shape of the "error distribution" - especially in the tails - may raise doubts whether the nominal significance level is realistic. The phenomenon (and degree) of 'staggering', possibly aggravated by the problem of multiplicity, could seriously invalidate the calculated SL (see MOSTELLER-TUKEY, ch. 2 , and RUTSCH 1983).

(ii) The *interpretation* of the SL obtained - i.e. "the significance of significance" - will differ widely, according as it can or cannot be supported by some extraneous '*inductive*' argument: see the example and illuminating comments in (DAVIES, p. 323 - 329)!

(iii) The calculation and the meaning of significance can be drastically altered if we switch from one model to another - as we have seen before, in the example of a universal *fixed* treatment effect versus a *randomly* present Δ.

(iv) We have already noticed that the range of validity of the conclusion depends on the kind of sampling procedure that may reasonably be supposed to have furnished the objects and thereby the data: Uncertainty about the 'target population' will affect the theoretical and the practical usefulness of the results.

(v) Similarly, serious changes in relevant circumstances may be suspected to have occurred during (or after) the period of data-collecting, or some uncontrolled factor may have varied in a systematic and 'confounding' fashion: Such suspicions will create considerable 'inductive uncertainty' about the results of our inference.

(vi) In some cases, the very idea of a stochastic origin of the data, intrinsic to the statistical model, may be grossly inadequate or completely untenable. As an illustration, consider Example C in (COX-SNELL), comparing the frequency of και's in different writings attributed to St Paul.

The authors comment upon the situation as follows:"...note that the consideration of any probabilistic aspects in this problem raises conceptual issues. The data available are not samples but complete enumerations and the works are unique, so that direct consideration of 'repetitions' of the data is not possible. .... It is especially important in this problem that the final conclusion should make sense from a descriptive viewpoint and should not rely too heavily on the probabilistic analysis."

★

In the last two points, (v) and (vi), we met with more substantial forms of *the uncertainty befalling the uncertainty* inherent in the model and, hence, in the inference. We discuss some subtler interpretations and inductive adaptations of the reasoning, necessitated by this "uncertainty of the second degree". To start with (vi), let us assume that the adequacy and well-foundedness of the probabilistic argument as such are in question. This difficulty may be more or less serious:

(1) In some of these cases we may still, with some effort, be able to see the data as the output of one or several random systems - in COX & SNELL's Example C perhaps as (possibly different!) Bernoullian sources of και's - even if the "experiment" can certainly not be repeated, and the "samples" exhaust all that will ever have been produced by the author(s): further material might, however, some day come to light.... What, then, can be the scientific value of recognizing a difference or a comparison as (statistically!) *significant*- like, in the present example, the comparison between the group of letters "Romans", "1st Corinth.", "Galat." and the group "1st Timothy", "2nd Timothy", "Hebrews"? The scientific use of such evidence from a *'singular' statistical analysis* could only consist in the possible discovery of connections between such groups and (different) historical personalities - or, less sensational, with different life periods of the *same* personality; and this requires a lot of 'outside knowledge' - of a non-statistical nature! The bulk of inference, therefore, happens *outside* the statistical procedure.

(2) In graver cases of difficulty (vi), a probabilistic interpretation may be absolutely fictitious; and then statistical inference really degenerates to a purely descriptive data-analytic procedure: - organizing, grouping, sorting, disentangling empirical material, in order to separate the 'smooth' from the 'rough', the persisting pattern expressing regularity from the (!) irregular, ephemeral fluctuations. In this

idea survives a shadow of the probabilistic model, e.g. of something like $Y_i = g(x_i, \vec{\beta}) + \varepsilon_i$ - though the idea of any probabilistic mechanism producing an independent sequence of ε_i's may be utterly absurd - - be it only because any 'general conditions' for this process will completely escape our grasp. The inductive environment may furnish the general or theoretical pattern $g(\ , \vec{\beta})$ which can then be fitted to the data; and a class of unspecific or versatile probability distributions may be used (or abused) to model the "pattern of irregularity" - which "essentially amounts to saying that it may be useful to treat the numbers, which are... unique, *as if* they were generated by a physical random mechanism capable of repetition under the same conditions" (COX-SNELL, p. 17). The same authors make a fine remark to the amount that, *subsequently*, the use and choice of a pseudo-probability model may be justified: "A rough agreement with a simple theory is some *indirect confirmation* of the use of probabilistic ideas" (l.c. p. 67).

The paraphernalia of inference lose much of their natural meaning - but not all of it. The significance level, e.g., becomes a measure of *how pronounced* an effect, or a functional relation is manifested through the observations; or as a measure of the *consonance* of a model with the latter. Alternatively, it may still be regarded as a filtering device to protect us from too many false alarms or hopes - a device to be set, solely in an empirical way, at a level well-proven in the respective field of research or application, as I. Bross has recommended. As for confidence intervals or bands, they are to provide "limits of error" and thereby a measure of the intrinsic imprecision of all statistical indications. "The application of Statistics can never be better than our success in assessing its error", wrote Menges (MENGES 1982, p. V). And again, pseudo-probabilistic calculations can lead to understandable and useful error regions.

Even when there is a semantically sound probability basis for authentic statistical inference, this will not guarantee that proper statistical inference, and nothing but statistical inference will be performed: Induction may take a different, more adventurous path, as I shall presently outline.

(3) In a *single* statistical study at most a limited number of preplanned tests ought to be carried out - tests of *logically* independent hypotheses, each test using up roughly one out of several *statistically* independent components (or aspects) of the experiment or the body of data. If, as we are warned we should not, we test "indiscriminately"

whatever hypothesis comes to our minds - possibly even upon inspection of the data! - it is not so much that the significance level suffers from the 'effect of multiplicity' (cf. MOSTELLER-TUKEY, p. 28f): it is rather that we follow a different line of inductive conduct. Instead of practicing ascetic inference, we indulge in an unrestrained search for hints in the data - and this is an explorative attitude! In other words: We make *explorative use of formally inferential techniques*.

So the same study may be used by one analyst strictly as a planned investigation, while another will ransack the data for indications of associations, similarities or differences, lawlike relations, and the like. For the latter, "searchy" type, the main consideration will be to have *a good chance of detecting* possibly fruitful phenomena. To make up a simple calculation, imagine that he makes 10 comparisons, of which 3 correspond to real differences. If he works at the 1 % SL and with 80 % 'detection power', he has a 90 % chance of missing at most one of the three substantial effects, and a 7 % risk to fall for one of the non-existing effects. This not-so-good experimentwise error rate will not overly bother him, since all noteworthy clues are to be followed up and further examined - partly, when suitable, in controlled experimentation. Lancelot Hogben would certainly have raised his familiar objections against this screening strategy passing for a means of "automatic hypothesis finding": in that it is not in conformity with the "hard-won standards" of experimental sciences like physics, chemistry or physiology, which arrive at their conjectures and hypotheses in a methodical way of reasoning. Statistical methods, he held, can at best "classify certain phenomena which may prove to be worthy of the attention of the laboratory worker... in so far as it furnishes the latter with a clue"; or compute "indices referable to natural populations or to the variable states of individuals" (HOGBEN, p. 231 and 230). I think we have to consider his classification and rating of different research methodologies.

Finally, going back to our variety (v) of 'inductive uncertainty', I shall briefly deal with another way of integrating statistical inference - or rather inferences - into an inductive framework. Here the inductive scheme is pursued with the joint aid of *several* inferential instances - but again it takes place essentially outside the statistical analyses proper - and outside the statician's supervision!

The same statistical investigation may be carried out (or have been carried out) several times, in different places and by different people - e.g. a number of experiments with the same variables and identical or analogous designs. It is, in general, unwise to pool the data sets: see (WETHERILL, p. 191 ff) for the dangers of adding contingency tables! It is preferable to *combine the evidence* obtained in *separate* evaluations of the studies under consideration: R.A. Fisher proposed a composition of individually observed p-values of a number of independent tests into *one* aggregate level of significance (FISHER, § 21.1). He used as ingenious device χ^2-variables, which he *added* - instead of *multiplying* the probabilities themselves; thereby he defined, moreover, a highly original 'discrepancy ranking' of all the joint test results that are possible! His method requires "to know from the individual tests not only whether they are or are not individually significant, but also... what are the actual probabilities indicated" (l.c. p. 100). An aggregate significance level of this making, however, permits a straightforward interpretation only if all the individual significances point to related effects from one and the same potential cause, present in *all* the investigations. But recalling (v), we are prepared for a fundamental complication of the situation:

(4) "Relevant circumstances" may change - or are deliberately changed - from investigation to investigation, and the effectivity of the presumable cause will possibly change with them. It is then advisable to first judge the data sets independently - for instance by evaluating the different significance levels of the effect to be investigated in all the studies. After that, we should, if possible, look for a factor A/non-A which seems to explain why the effect occurs (or occurred) significantly in some studies and not so in others. Continuing repetition of the study may reveal a second factor B which could further differentiate the occurrence or intensity or special form of the effect - in cases "non-A", say - according to the modification B_i of B observed; and thus we may go on. This is obviously the procedure of *classical induction in Baconian style, with the particularity that it relies on a sequence of statistical analyses and their conclusions*. In contrast to Fisher's method (see above) for example, the separate measures of evidence are *not* combined to one statistical assessment of uncertainty; instead, their synthesis will be entrusted to an act of inductive, summarizing or generalizing judgment. It is this form of 'statistical induction' that Ehrenberg advocates and exemplifies under the name of *empirical generalization* (EHRENBERG, Part V) - showing that it is more useful and more widely used than is generally known. It is Induction - is it Exploration?

As an example I propose a somewhat deviant interpretation of Arbuthnot's "Argument for Divine Providence". He noticed that in all the 82 years for which records were available the number of male births in London exceeded that of female births. From this fact he could have "concluded", by ordinary *inductive generalization*, that this is probably *always* so - save under exceptional circumstances like Herod's atrocious intervention. By analysing the data for each year separately, this induction could perhaps have been refined in the following way: If significantly higher frequencies of male births were observed in all the 82 annual records, this could be considered to support the theory that the probability p_t of a male birth is $> 1/2$ in *every* year t. (This would, of course, limit the regulating faculty of Divine Providence to fixing the p_t's for each year.) This is a simple case of exactly the kind of 'statistical induction' intended in (4). One may want to go one step further and try to fuse the 82 significance levels into one, by Fisher's or some similar method - but thereby one would quit the scope of (4)!

You should compare the argumentation of 'statistical induction' with that of the sign test, which Arbuthnot is credited to have set up for the first time. Let me just remark that the sign test can be understood as a method of combining significance levels; and also as a statistical justification of inductive generalization: after 82 "successes" in 82 trials, the 1 % significance interval for the success probability of Divine Providence is [0.9454, 1.0000]!

★

At the end of my random walk along the borderline of Inference and Exploration I realize that I contributed more to their confounding and intertwining than to their separation and distinction, and that I am in lack of even a provisional conclusion. So I leave it to the reader to take whatever useful remark he may find in this paper, and to combine it with his own experience to form an opinion of his own!

REFERENCES

(COX-HINKLEY) D.R. Cox & D.V. Hinkley, Theoretical Statistics, London 1974

(COX-SNELL) D.R. Cox & E.J. Snell, Applied Statistics, London-New York 1981

(DAVIES) O.L. Davies & P.L. Goldsmith, Statistical Methods in Research and Production, 4th rev. ed., London-New York 1980

(EHRENBERG) A.S.C. Ehrenberg, Data Reduction - Analysing and Interpreting Statistical Data, Chichester-New York 1975

(FIELD) H.H. Field, Science Without Numbers - The Case for Nominalism, Princeton 1980

(FISHER) R.A. Fisher, Statistical Methods for Research Workers, 14th ed., New York-London 1970

(HOGBEN) L. Hogben, Statistical Theory - The Relationship of Probability, Credibility and Error, London 1957

(LEHMANN) E.L. Lehmann, Nonparametrics - Statistical Methods Based on Ranks, San Francisco-New York 1975

(MENGES 1959) G. Menges, Stichproben aus endlichen Gesamtheiten Frankfurt a.M. 1959

(MENGES 1982) G. Menges, Statistik - Zwölf Stationen des statistischen Arbeitens, Wiesbaden 1982

(MOSTELLER-TUKEY) F. Mosteller & J.W. Tukey, Data Analysis and Regression - A second Course in Statistics, Reading (Mass.) 1977

(POUND) E. Pound, Selected Prose 1909-1965, London 1973

(RUTSCH 1983) M. Rutsch, Approximations and Substitutes for Student's t-Distributions, in: Proceedings of the 8th Symposium on Operations Research in Karlsruhe, 1983 (to appear)

(RUTSCH 1984) M. Rutsch, Statistik (lecture notes), Karlsruhe 1984

(WETHERILL) G.B. Wetherill, Elementary Statistical Methods, 3rd ed., London-New York 1982

ESTIMATING LINEAR RELATIONS WITH ERRORS IN THE VARIABLES: THE MERGING OF TWO APPROACHES[1)]

Hans Schneeweiss, München

In estimating a linear relation with errors in the variables, two main approaches can be distinguished: methods that utilize knowledge about the error variances and methods that rely on instrumental variables. This paper clarifies the relationship between these two approaches and also points to the related estimation methods in econometric models.

Bei der Schätzung von linearen Beziehungen mit fehlerbehafteten Variablen lassen sich zwei Hauptansätze unterscheiden: Schätzmethoden, die Kenntnisse über die Fehlervarianzen ausnutzen und solche, die Instrumentvariablen verwenden. In diesem Aufsatz werden die Zusammenhänge zwischen beiden Ansätzen aufgezeigt und wird auf die Verwandtschaft mit den Schätzmethoden für ökonometrische Modelle hingewiesen.

0. Introduction

Statistics abounds with statistical errors. As a consequence, when statistical data which are contaminated with errors are used to study the relations between variables, the findings of such studies will generally be biased. In many cases the bias will be small or even negligible and thus need not be considered in practice, but there are other cases where the bias cannot be neglected. This is especially true when a linear regression is being estimated where the regressor variables are measured with errors and the error variance is large relative to the regressor variance.

Indeed, suppose one wants to estimate the slope parameter β of a regression $y = \alpha + \beta x + u$ from an independent sample of data (x_i, y_i), $i=1,\ldots,n$, and the regressor variable x is measured with an error term v, which is a random variable with expectation 0 and variance σ_v^2, and which is independent of the true regressor variable. Then, as is well known, the ordinary least squares estimator

---

[1)] This paper is an augmented version of a paper presented at the Heidelberg Symposium on Statistical Errors, which was organized by G. Menges on December 9, 1982. It was also presented at the Workshop on Functional and Structural Relationships and Factor Analysis in Dundee, Scotland, September 1983. The Workshop was partly financed by the U.K. Science and Engineering Research Council.

Contributions to Econometrics and Statistics Today
Edited by H. Schneeweiss and H. Strecker

(1) $$\hat{\beta}_{OLS} = \frac{s_{xy}}{s_{xx}}$$

is inconsistent, in the sense that plim $\hat{\beta} \neq \beta$ as $n \to \infty$. The asymptotic bias is given by plim $\hat{\beta} - \beta = \beta\sigma_v^2/\sigma_x^2$, where σ_x^2 is the variance of x.[1] (The precise conditions for which this result holds true are given in section 1.) Note that an error in the dependent variable y does not contribute to any bias.

It is also known that consistent estimates of ß can be constructed only if some kind of additional information is available. Broadly speaking, there are two main types of additional information which permit consistent estimation of ß: One is some kind of knowledge about the variances of the errors involved (including the error in the dependent variable y), the other is knowledge of some instrumental variable z which is independent of all the error variables, but is correlated with the regressor variable x.

To take an example, suppose σ_v^2 is given and v is independent of u and of any error in the variable y, then

(2) $$\hat{\beta}_{ALS} = \frac{s_{xy}}{s_{xx} - \sigma_v^2}$$

is a consistent estimator of ß [Theil 1971]; it is called the <u>adjusted least squares estimator</u>, as the denominator of (1) has been adjusted in (2) so as to correct for the asymptotic bias of (1). Other types of estimators can be constructed when some other kind of knowledge about the erros is available (see section 2).

On the other hand, suppose an instrumental variable z is given, then

(3) $$\hat{\beta}_{IV} = \frac{s_{yz}}{s_{xz}}$$

is again a consistent estimator of ß; it is called the <u>instrumental variable estimator</u>.

These two types of additional knowledge differ widely, and the ways in which they are used to construct consistent estimators (2) and (3) seem to be quite different, too. Yet, as will be shown in the sequel, these

---

[1] For a survey of the statistical treatment of regression models with errors in the variables, see e.g. Aigner et al. [1984], Kendall and Stuart [1979], Madansky [1959], Moran [1971], Schneeweiss [1980]. For further reference see the forthcoming book by Schneeweiss and Mittag.

two approaches are closely related: Instrumental variables can be used to estimate the error variances and these estimates in turn can be used to construct an estimator of β similar to (2) (see section 3).

It has been argued that estimators using knowledge of the error variances will typically be applied in the natural sciences where this kind of knowledge is likely to be available. On the other hand, instrumental variables should be abundant in the social sciences and in particular in econometrics, since in these fields almost all variables depend on each other. It seems therefore that econometricians can disregard the first approach in estimating linear relationships and can concentrate on the use of instrumental variables. But because of the interrelation between these two approaches, as indicated above, instrumental variables can be used efficiently only if the estimation methods of the other approach, i.e. methods that utilize knowledge of the error variances, are fully taken into account. How this can be accomplished will be the main theme of this paper.

1. The Model

In order to study the effect of measurement errors in linear regressions more closely, the following simple model is set up: A linear relation between two non-observable (latent) random variables η and ξ is postulated. Instead of η and ξ the random variables y and x are observed, and the differences between observed and latent variables are taken to be the measurement errors w and v. Thus we have

$$\begin{aligned} \eta &= \alpha + \beta\xi \\ y &= \eta + w \\ x &= \xi + v , \end{aligned} \tag{4}$$

The error variables are assumed to be stochastically independent of ξ (and therefore also of η) and to have expectation 0.

This is the linear model with errors in the variables. It is also called the linear structural relationship. The model can easily be generalized to include more than one independent variable ξ, but we hope that the salient features of measurement errors can be seen more clearly in the simple model (4).

Note that the model deals with random errors only. The model could be expanded by taking into account systematic errors as well. But systematic errors are best treated separately. Their effect on parameter estimation is easily determined, and so we will not pursue this topic any further, although we are well aware of its relevance in practice.

Note also that the linear equation (1a) does not contain an error term (an error in the equation). We could, of course, add a variable ε, independent of ξ and with $E\,\varepsilon = 0$, to the right-hand side of (4a), which would then become a regression equation. But by suitably redefining the variables involved one can always modify the model such that the linear equation is free of errors and the variable ε is incorporated into the variable w. Thus we may stick to model (4).

As a final remark let us emphasize that the so-called measurement errors need not be due only to accidental errors in the measurement process; they can in fact represent much more fundamental deviations of the observed variables from their latent counterparts. It may well be that the latent variables can never be measured accurately, at least not with the techniques currently available, and that therefore one has to rely on observable proxy variables that approximate the latent variables in some sense. In such a case the "measurement error" may come close to a concept which G. Menges [1982] called the accommodation error, i.e. the gap between a theoretical quantity and an empirical number designed to measure this quantity.

2. Estimation with Knowledge about Σ

Having set up the linear model with errors in the variables, we now turn to the problem of estimating the parameter β when knowledge about the error variances and covariance is known. (The parameter α can always be estimated by $\hat{\alpha} = \bar{y} - \hat{\beta}\bar{x}$ whenever a consistent estimate of β has been found; that is why we concentrate on the estimation of β.)

In what follows we assume that all variables have finite variances, which are denoted by σ_{xx}, σ_{yy} etc. Similarly, σ_{xy} denotes the covariance between x and y etc. The corresponding empirical variances and covariances are denoted by s_{xx}, s_{yy}, s_{xy}. They are computed from a sample of data (x_i, y_i), $i=1,\dots,n$, which are supposed to be generated by the model with variables ξ_i, v_i, w_i such that the random vectors (ξ_i, v_i, w_i) are independently and identically distributed. By definition $s_{xx} = \Sigma(x_i-\bar{x})^2/n$ and similarly s_{yy}, s_{xy}. We introduce the theoretical covariance matrices

$$\Sigma = \begin{pmatrix} \sigma_{xx} & \sigma_{xy} \\ \sigma_{yx} & \sigma_{yy} \end{pmatrix}, \qquad \Psi = \begin{pmatrix} \sigma_{\xi\xi} & \sigma_{\xi\eta} \\ \sigma_{\eta\xi} & \sigma_{\eta\eta} \end{pmatrix}, \qquad \Omega = \begin{pmatrix} \sigma_{vv} & \sigma_{vw} \\ \sigma_{wv} & \sigma_{ww} \end{pmatrix}$$

and the empirical covariance matrix

$$S = \begin{pmatrix} s_{xx} & s_{xy} \\ s_{yx} & s_{yy} \end{pmatrix} .$$

We assume Ω to be non-singular and $\sigma_{\xi\xi}>0$.

We want to construct estimators for β when all or part of Ω is known. But first let us see how β could be computed when Ψ, the covariance matrix of the "true" variables ξ and η were known. If we define the vectors $\psi = (\xi,\eta)'$ and $b = (-\beta,1)'$, then the model equation (4a) can be written as

$$\psi' b = \alpha ,$$

from which we can derive the equation system

(5) $$\Psi\, b = 0 ,$$

which in turn has the equivalent solutions

(6) $$\beta = \sigma_{\xi\eta}/\sigma_{\xi\xi}$$

(7) $$\beta = \sigma_{\eta\eta}/\sigma_{\xi\eta} .$$

They are the ordinary and inverse least squares formulas for β, computed under the assumption that the covariance matrix of the latent variables Ψ is known.

This assumption is not very realistic. Instead, assume that the covariance matrix of the error variables Ω is known. In addition, assume for the moment that Σ is known. With this knowledge Ψ can be computed, because it readily follows from (4b,c) that

(8) $$\Sigma = \Psi + \Omega$$

and therefore (5) can be replaced by

(9) $$(\Sigma-\Omega)b = 0 ,$$

which gives rise to the following two formulas for ß corresponding to (6) and (7):

(10) $$\beta = \frac{\sigma_{xy}-\sigma_{vw}}{\sigma_{xx}-\sigma_{vv}}$$

(11) $$\beta = \frac{\sigma_{yy}-\sigma_{ww}}{\sigma_{xy}-\sigma_{vw}} .$$

Another way of expressing ß in terms of Σ and Ω is to write (9) as an eigenvalue problem:

(12) $$\lambda\to\min: \ (\Sigma-\lambda\Omega)b = 0.$$

It is easy to see that the smallest eigenvalue λ_o of (12) is $\lambda_o = 1$ and therefore (12) and (9) are equivalent. From (12) we get the following two equivalent representations of ß:

(13) $$\beta = \frac{\sigma_{xy}-\lambda_o\sigma_{vw}}{\sigma_{xx}-\lambda_o\sigma_{vv}} = \frac{\sigma_{yy}-\lambda_o\sigma_{ww}}{\sigma_{xy}-\lambda_o\sigma_{vw}}$$

corresponding to (10) and (11).

From these formulas we readily derive estimators for ß by replacing Σ by the sample covariance matrix S. We consider three cases.

If σ_{vv} and σ_{vw} are known, (10) gives rise to the <u>adjusted least squares</u> estimator

(14) $$\hat{\beta}_{ALS} = \frac{s_{xy}-\sigma_{vw}}{s_{xx}-\sigma_{vv}} .$$

In the particular case of uncorrelated errors ($\sigma_{vw} = 0$) (14) reduces to (2) of the introduction.

If σ_{ww} and σ_{vw} are known, (11) can be used to derive the <u>inverse adjusted least squares</u> estimator:

(15) $$\hat{\beta}_{IALS} = \frac{s_{yy}-\sigma_{ww}}{s_{xy}-\sigma_{vw}} .$$

Finally, if all of Ω is known, (13) can be used as a starting point to construct an estimator which is known under the name of weighted least squares [Lindley 1947] :

(16) $$\hat{\beta}_{WLS} = \frac{s_{xy}-\ell_o\sigma_{vw}}{s_{xx}-\ell_o\sigma_{vv}} = \frac{s_{yy}-\ell_o\sigma_{ww}}{s_{xy}-\ell_o\sigma_{vw}} ,$$

where ℓ_o is the smallest eigenvalue of

(17) $$\ell\rightarrow\min : (S-\ell\Omega)\hat{b} = 0,$$

and $\hat{b} = (-\hat{\beta}_{WLS},1)'$ is the corresponding eigenvector.

The two expressions for $\hat{\beta}_{WLS}$ given in (16) are equivalent.

The estimators (14) to (16) are all consistent. Disregarding certain border cases, they can essentially be regarded as ML-estimates when all variables of the model are normally distributed. Their asymptotic variances (for $n\rightarrow\infty$) can be computed (see e.g. Schneeweiss [1980], Kapteyn and Wansbeek [1981]).

In practice, Ω will often not be known precisely, but there may be an estimate $\hat{\Omega}$ of Ω (or of part of it) available, e.g. from repeated measurements. If this estimate is consistent, it can be used to replace Ω in the estimation formulas (14) to (16), and these formulas will still give consistent estimates of β [Fuller 1980]. This fact will be utilized in the next section.

3. Estimation with Instrumental Variables

We now turn to the problem of estimating β when instrumental variables $z_1, z_2, \ldots, z_m$ are observed together with x and y. They are assumed to be stochastically independent of the error variables v and w. In addition they are linked to the latent regressor variable ξ by a linear relation [Zellner 1970]

(18) $$\xi = \pi_o + \sum_{j=1}^{m} \pi_j z_j$$

with unknown parameters π_j, $j = 0,\ldots,m$.

When equation (18) is added to the model equations (4), the original linear structural relationship is expanded and thereby changed to a

<u>linear model with errors in the variables and with incorporated instrumental variables</u> (in short, EVIV model). We shall estimate ß within this enlarged model. This will be done by reducing the estimation problem to a problem of estimating ß after estimates of the error covariance matrix Ω have been obtained, thus utilizing the estimation techniques of section 2.

But first let us mention that equation (18) can be relaxed somewhat by adding an error term e to the right-hand side of (18), thus rendering (18) more realistic for practical applications. Of course e should be independent of $z_1 \ldots z_m$ and should have expectation 0 so that (18) becomes a regression equation. However, just as in the case of adding an error term ε to equation (4a), which we discussed previously, we can always redefine the variables of the model in such a way that (18) can be written without an error term. In fact, the error term e can be incorporated into the error variables v and w. For this reason we will stick to the simpler equation (18) without an error term.

Now, from the EVIV model (4,18) we can derive its <u>reduced form</u> by eliminating ξ and η and solving for y and x:

$$(19)\qquad \begin{aligned} y &= \rho_o + \Sigma\rho_j z_j + w \\ x &= \pi_o + \Sigma\pi_j z_j + v \end{aligned}$$

with $\rho_j = \beta\pi_j$, j=1,...,m and $\rho_o = \alpha + \beta\pi_o$.

The two equations of the reduced form (19) are regression equations which can be estimated by least squares when a sample of data $(x_i, y_i, z_{1i}, \ldots, z_{mi})$, i=1,...,n, is observed. We can compute the estimated regression values as well as the residuals

$$(20)\qquad \begin{aligned} \hat\eta_i &= \hat\rho_o + \sum_j \hat\rho_j z_{ji} \quad , \qquad & \hat w_i &= y_i - \hat\eta_i \\ \hat\xi_i &= \hat\pi_o + \sum_j \hat\pi_j z_{ji} \quad , \qquad & \hat v_i &= x_i - \hat\xi_i \end{aligned}$$

and from these derive estimates of Ψ and Ω :

$$(21)\qquad \hat\Psi = \begin{pmatrix} s_{\hat\xi\hat\xi} & s_{\hat\xi\hat\eta} \\ s_{\hat\eta\hat\xi} & s_{\hat\eta\hat\eta} \end{pmatrix} \quad , \qquad \hat\Omega = \begin{pmatrix} s_{\hat v\hat v} & s_{\hat v\hat w} \\ s_{\hat w\hat v} & s_{\hat w\hat w} \end{pmatrix} .$$

Using data matrices

$$(22)\qquad x^* = \begin{pmatrix} x_1^* \\ \vdots \\ x_n^* \end{pmatrix}, \qquad y^* = \begin{pmatrix} y_1^* \\ \vdots \\ y_n^* \end{pmatrix}, \qquad Z^* = \begin{pmatrix} z_{11}^* & z_{21}^* & \cdots & z_{m1}^* \\ \vdots & \vdots & & \vdots \\ z_{1n}^* & z_{2n}^* & \cdots & z_{mn}^* \end{pmatrix},$$

where the * denotes measurements as deviations from the arithmetic mean (e.g. $x_i^* = x_i - \bar{x}$), the estimates (21) can be expressed as

$$(23)\qquad \hat{\Psi} = \frac{1}{n} W'QW \quad , \qquad \hat{\Omega} = \frac{1}{n} W'PW$$

where $W = (x^*, y^*)$, $Q = Z^*(Z^{*\prime}Z^*)^{-1}Z^{*\prime}$ and $P = I-Q$. As $S = \frac{1}{n} W'W$, we obviously have, in analogy to (8):

$$(24)\qquad S = \hat{\Psi} + \hat{\Omega}.$$

If we now replace the elements of Ψ in (6) and (7) by their estimates from (21a), we obtain two estimators for ß, the <u>two-stage least squares</u> and the <u>inverse two-stage least squares</u> estimator (see Zellner [1970]; for an application see Tintner and Wörgötter [1979]):

$$(25)\qquad \hat{\beta}_{TSLS} = \frac{s_{\hat{\xi}\hat{\eta}}}{s_{\hat{\xi}\hat{\xi}}} \quad , \qquad \hat{\beta}_{ITLS} = \frac{s_{\hat{\eta}\hat{\eta}}}{s_{\hat{\eta}\hat{\xi}}} \quad .$$

It is obvious that for m = 1, i.e. when only one instrumental variable is observed, both estimators (25) reduce to the simple instrumental variable estimator (3).

In a similar way we can use $\hat{\Omega}$ from (21b) for constructing estimators of ß analogous to the estimators that were presented in section 2, where knowledge about Ω was used. We simply replace the elements of Ω by those of $\hat{\Omega}$ in (14), (15), (16) and obtain:

$$(26)\qquad \hat{\beta}_{TSLS} = \frac{s_{xy} - s_{\hat{v}\hat{w}}}{s_{xx} - s_{\hat{v}\hat{v}}}$$

$$(27)\qquad \hat{\beta}_{ITLS} = \frac{s_{yy} - s_{\hat{w}\hat{w}}}{s_{xy} - s_{\hat{v}\hat{w}}}$$

$$(28)\qquad \hat{\beta} = \frac{s_{xy} - \ell_o s_{\hat{v}\hat{w}}}{s_{xx} - \ell_o s_{\hat{v}\hat{v}}} = \frac{s_{yy} - \ell_o s_{\hat{w}\hat{w}}}{s_{xy} - \ell_o s_{\hat{v}\hat{w}}} ,$$

where ℓ_o is the smallest eigenvalue of

$$\ell \to \min \ : \ (S - \ell\hat{\Omega})\hat{b} = 0.$$

Because of (24), (26) and (27) are the same as (25a) and (25b) respectively. But we can derive slightly modified estimators from (26) and (27), which differ from (25a,b), by replacing the simple estimate (21b) of Ω by an estimate which takes account of the degrees of freedom, i.e. $\hat{\hat{\Omega}} = \frac{n}{n-m-1}\hat{\Omega}$. Thus instead of (26) we have

$$(29) \qquad \hat{\beta}_{MTSLS} = \frac{s_{xy} - \frac{n}{n-m-1} s_{\hat{v}\hat{w}}}{s_{yy} - \frac{n}{n-m-1} s_{\hat{w}\hat{w}}}$$

and similarly with (27). An estimate such as (29) has been suggested by Tukey [1951].

The same modification, if applied to (28), would not yield any new estimator of β, but (28) itself is quite different from any of the previous estimates (for an application of (28) see Tintner [1944]). It is the ML-estimator when the variables of the model are normally distributed [Goldberger 1972].

The estimators (26), (28), and (29) as well as the ordinary least squares estimator (1) can all be assembled under one general formula:

$$(30) \qquad \hat{\beta}_k = \frac{s_{xy} - k\, s_{\hat{v}\hat{w}}}{s_{xx} - k\, s_{\hat{v}\hat{v}}} ,$$

where k is some number or, more generally, a function of the sample data. (A similar formula can be set up to generalize (27)).

We get (1), (26), (28), and (29) by setting $k = 0, 1, \ell_o$, and $n/(n-m-1)$ respectively. Estimators which are constructed from (30) are called <u>k-class estimators</u>. They are all consistent as long as plim $k = 1$, and they are asymptotically equivalent to $\hat{\beta}_{TSLS}$ as long as plim $\sqrt{n}(k-1) = 0$ (which is true e.g. for estimator (28) [Schönfeld 1971]). But they differ in their small sample properties. In fact, by a suitable choice of k it is possible to construct estimators with favourable small sample properties (see Fuller [1977, 1980]).

The fact that the estimators (26) and (28) are asymptotically equivalent may come as a surprise since the analogous estimators (14) and (16) differ in their asymptotic properties. However, note that the estimate $\hat{\Omega}$ is not independent of S and therefore at least it is plausible that the estimators (26) and (28) need not exhibit the same asymptotic properties as in the case when $\hat{\Omega}$ is replaced by Ω. What is happening can be seen more clearly by slightly changing the formula for $\hat{\beta}_k$ to

$$\hat{\beta}_k = \frac{s_{\hat{\xi}\hat{\eta}} - (k-1)\, s_{\hat{v}\hat{w}}}{s_{\hat{\xi}\hat{\xi}} - (k-1)\, s_{\hat{v}\hat{v}}} \tag{31}$$

which follows from (30) because of (24). Now it is evident that $\hat{\beta}_k$ will be asymptotically equivalent to $\hat{\beta}_{TSLS}$ as long as plim $\sqrt{n}(k-1) = 0$, and this property does not change even if the elements of $\hat{\Omega}$ are replaced by those of Ω in (31). In fact, (31) can be used as a starting point to construct estimators when in addition to the presence of instrumental variable some knowledge about Ω is available [Nussbaum 1977].

4. Errors in Variables and Simultaneous Equations Systems

The reader familiar with econometrics will have recognized the analogy of k-class estimators in the EVIV-model with k-class estimators in the simultaneous equations model of econometrics. The analogy is not accidental. Any EVIV-model can be viewed as a special simultaneous equations model. To see this, simply eliminate ξ and η from (4a) and (18) so as to get the equations

$$(32) \qquad \begin{aligned} y &= \alpha + \beta x + u \\ x &= \pi_o + \sum_{i=1}^{m} \pi_i z_i + v \end{aligned}$$

with $u = w - \beta v$. This is a simultaneous equations model consisting of two equations with two endogenous variables x and y and m exogenous variables $z_1,\ldots,z_m$. The error variables u and v are independent of $z_1,\ldots,z_m$, which corresponds to the main assumption about exogenous variables in a simultaneous equations model. The covariance matrix Ω^* of v and u is unrestricted by the model as long as σ_{vw} is a free parameter. This can be seen by computing

$$\Omega^* = \begin{pmatrix} \sigma_{vv} & \sigma_{vu} \\ \sigma_{uv} & \sigma_{uu} \end{pmatrix} = \begin{pmatrix} \sigma_{vv} & \sigma_{vw}-\beta\sigma_{vv} \\ \sigma_{vw}-\beta\sigma_{vv} & \sigma_{ww}-2\beta\sigma_{vw}+\beta^2\sigma_{vv} \end{pmatrix}.$$

Obviously for any given β and any Ω^* there is always a covariance matrix Ω which implies Ω^*. Ω is given by

$$(33) \qquad \Omega = \begin{pmatrix} \sigma_{vv} & \sigma_{uv}+\beta\sigma_{vv} \\ \sigma_{uv}+\beta\sigma_{vv} & \sigma_{uu}+2\beta\sigma_{uv}+\beta^2\sigma_{vv} \end{pmatrix}$$

and is always positive definite.

Thus (32) is a simultaneous equations model with unrestricted error covariance matrix. For such models various estimators of the parameters have been developed, and they all apply to (32). As it turns out, some of the estimators which are generally different coincide in (32) due to the special form of model (32), e.g. three-stage and two-stage least squares or full information and limited information maximum likelihood. On the other hand, all the estimators of ß in the EVIV model (4,18) can be reformulated as simultaneous equations estimators applied to model (32). More specifically, the k-class estimators (30) and in particular the TSLS estimator (20) or (26) are identical with the simultaneous equations estimators of the same name. Estimator (28) is identical with the ML-estimator in simultaneous equations systems.

The question may be asked whether an EVIV model differs from a simultaneous equations model at all. There is one special case of an EVIV model where a difference shows up, viz. when $\sigma_{vw} = 0$. In that case we have from (33)

$$\sigma_{uv} + \beta\sigma_{vv} = 0$$

and Ω^* is no longer free of restrictions. Other estimators must now be constructed which can no longer be derived from well-known estimators of the simultaneous equations model. For instance, although the ML-estimator of ß can be determined with the restriction $\sigma_{vw} = 0$, it will not be given any more by (28); rather a complicated numerical method is required to compute its value [Goldberger 1972]. Similarly, k-class estimators can be modified, taking account of $\sigma_{vw} = 0$, by putting $s_{\hat{v}\hat{w}} = 0$ in (31). Note that we suggest modifying (31), but not (30).

5. A Condensed Model with Errors in the Variables

The EVIV model is equivalent to a simultaneous equations model. On the other hand, the EVIV model can be condensed to a simple linear structural relationship, thus giving rise to a further correspondence between simultaneous equations models and linear structural relationships. This correspondence has been exploited, among others, by Anderson [1976], Morimune and Kunitomo [1980], and Kunitomo [1980] in order to study the small-sample properties of estimators in linear structural relationships by linking them to those of th simultaneous equations model.

To simplify the presentation, let us rewrite model (4) in vector notation with all variables expressed as deviations from their arithmetic means. If we introduce n-vectors ξ^*, η^*, v^*, and w^* analogous to (22), then (4) takes the form

$$\begin{aligned} \eta^* &= \beta\,\xi^* \\ y^* &= \eta^* + w^* \\ x^* &= \xi^* + v^* \,. \end{aligned} \tag{34}$$

Let $B = (Z^{*\prime}Z^*)^{-1/2}\,Z^{*\prime}$ and define $\tilde{x} = Bx^*, \tilde{y} = By^*$, and similarly $\tilde{\xi}$, $\tilde{\eta}$, $\tilde{v}$, $\tilde{w}$, then (34) can be transformed into

$$\begin{aligned} \tilde{\eta} &= \beta\,\tilde{\xi} \\ \tilde{y} &= \tilde{\eta} + \tilde{w} \\ \tilde{x} &= \tilde{\xi} + \tilde{v} \,, \end{aligned} \tag{35}$$

which is called the <u>condensed model with errors in the variables</u> corresponding to (4,18). It is easily seen that $\tilde{w}$ and $\tilde{v}$ are independent of $\tilde{\xi}$, that $E\tilde{w} = E\tilde{v} = 0$, and that $E\tilde{v}\tilde{v}' = \sigma_v^2 I$, $E\tilde{w}\tilde{w}' = \sigma_w^2 I$, and $E\tilde{v}\tilde{w}' = \sigma_{vw} I$. Thus the m rows of the matrix $(\tilde{v},\tilde{w})$ are uncorrelated and they all have the same covariance matrix Ω. Therefore (35) is a linear structural relationship.

The instrumental variables z_i have been incorporated into the definition of the variables of the condensed model (35). But they still supply additional information via the estimate $\hat{\Omega}$, as given in (23). With this estimate $\tilde{k}$-class estimators of β can be constructed analogous to (30):

$$\hat{\beta}_{\tilde{k}} = \frac{\frac{1}{m}\,\tilde{x}'\tilde{y} - \tilde{k}\,s_{\hat{v}\hat{w}}}{\frac{1}{m}\,\tilde{x}'\tilde{x} - \tilde{k}\,s_{\hat{v}\hat{v}}} \,. \tag{36}$$

Note that we use $\tilde{x}'\tilde{y}/m$ instead of $s_{\tilde{x}\tilde{y}}$. This is due to the fact that in the condensed model the intercept α is missing.

Using the definition of $\tilde{x}$, $\tilde{y}$, $s_{\hat{v}\hat{w}}$, and $s_{\hat{v}\hat{v}}$ it can be seen that

$$(37) \qquad \hat{\beta}_{\tilde{k}} = \frac{s_{xy} - (1+\frac{m}{n}\tilde{k})s_{\hat{v}\hat{w}}}{s_{xx} - (1+\frac{m}{n}\tilde{k})s_{\hat{v}\hat{v}}} .$$

Comparing (37) with (30) we see that any $\tilde{k}$-class estimator for the condensed model (35) is equivalent to a k-class estimator for the original model (4) with

$$k = 1 + \frac{m}{n}\tilde{k} .$$

In particular, the OLS estimator of ß in the condensed model (corresponding to $\tilde{k}$=0) is equivalent to the TSLS estimator of ß in the original model (corresponding to k=1).

These studies again show the usefulness of bringing together different approaches to the same problem.

REFERENCES

Aigner et al., Latent variable models in econometrics. In: Handbook of Econometrics (Griliches and Intriligator, eds.), Vol.2, 1983, North-Holland, Amsterdam

Anderson, T.W., Estimation of linear functional relationships: approximate distributions and connections with simultaneous equations in econometrics, Journal of the Royal Statistical Society B38, 1976, 1-36

Fuller, W.A., Some properties of a modification of the limited information estimator, Econometrica 45, 1977, 939-954

Fuller, W.A., Properties of some estimators for the errors-in-variables model, Annals of Statistics 8, 1980, 407-422.

Goldberger, A.S., Maximum likelihood estimation of regressions containing unobservable independent variables, International Economic Review 13, 1972, 1-15

Kapteyn, A. and T. Wansbeek, Errors in variables: consistent adjusted least squares (CALS) estimation. Manuscript 1981

Kendall, M.G. and A. Stuart, The Advanced Theory of Statistics, Vol.2, 1979, Charles Griffin, London

Kunitomo, N., Asymptotic expansions of the distributions estimators in a linear relationship and simultaneous equations, Journal of the American Statistical Association 75, 1980, 693-700

Lindley, D.V., Regression lines and the linear functional relationship, Journal of the Royal Statistical Society, Suppl. 9, 1947, 218-244

Madansky, W., The fitting of straight lines when both variables are subject to error, Journal of the American Statistical Association 54, 1959, 173-205

Moran, P.A.P., Estimating structural and functional relationships, Journal of Multivariate Analysis 1, 1971, 232-255

Morimune, K. and N. Kunitomo, Improving the maximum likelihood estimate in linear functional relationships for alternative parameter sequences, Journal of the American Statistical Association 75, 1980, 230-237

Nussbaum, M., Asymptotic optimality of estimators of a linear functional relation if the ratio of the error variances is known. Mathematische Operationsforschung und Statistik, Ser. Statistics 8, 1977, 173-198

Schneeweiss, H., Modelle mit Fehlern in den Variablen, Methods of Operations Research 37, 1980, 41-77

Schneeweiss, H. and H.-J. Mittag, Lineare Modelle mit fehlerbehafteten Daten, 1985, Physica-Verlag, Würzburg-Wien

Schönfeld, P., Methoden der Ökonometrie, Vol.2, 1971, Vahlen, Berlin

Theil, H., Principles of Econometrics, 1971, Wiley, New York

Tintner, G., An application of the variate difference method to multiple regression, Econometrica 12, 1944, 97-113

Tintner, G. and G.Wörgötter, Ein empirischer Test der Annahme der permanenten Einkommenshypothese von Milton Friedman, Empirica 1, 1979, 23-45

Tukey, J.W., Components in regression, Biometrics 7, 1951, 33-70

Zellner, A., Estimation of regression relationships containing unobservable variables, International Economic Review 11, 1970, 441-454.

EINIGE BEMERKUNGEN ZUM KONZEPT DER KOHÄRENZ

Dem Andenken an meinen verehrten Lehrer,
Herrn Professor Günter Menges, gewidmet

Heinz J. Skala, Paderborn

Wir beginnen mit einem Überblick über einige klassische Resultate, die auf de Finetti sowie Heath und Sudderth zurückgehen. Bei den Beweisen dieser Resultate und deren Verallgemeinerungen macht man im wesentlichen von einem Hahn-Banach Argument Gebrauch. Es zeigt sich, daß eine von König angegebene Variante dieses Arguments auch hier unmittelbar zu den gewünschten Ergebnissen führt. Wir führen eine Verschärfung der klassischen Kohärenzbedingung ein und zeigen, daß in gewissen Fällen die σ-Kohärenz automatisch aus der Kohärenz folgt. Abschließend diskutieren wir kurz das Aggregationsproblem von Wahrscheinlichkeiten.
In einem zweiten Abschnitt untersuchen wir Situationen, in denen der Entscheidende zwar keine Wahrscheinlichkeitsverteilung über die Zustände angeben kann, es jedoch möglich ist, eine Mengenfunktion anzugeben, die gewissen Rationalitätsanforderungen entspricht. An diesem Problemkreis war Günter Menges während seiner gesamten wissenschaftlichen Tätigkeit äußerst interessiert. Eine Zusammenfassung seiner Resultate findet man bei Kofler/Menges (1976).
Wir beschließen diese Arbeit mit einigen Bemerkungen zur kohärenten Inferenz.
Reviewing some results due to de Finetti and Heath/Sudderth we observe that a version of the Hahn-Banach argument given by König can very effectively be applied for proving the classical results and some generalizations. We introduce the concept of σ-coherence and show that in some situations σ-coherence is automatically implied by coherence. The chapter is closed by some remarks on the aggregation problem of probabilities.
In the second chapter we investigate situations in which the decision maker is unable to state a probability distribution on the states of nature. However, there is still the possibility to derive set functions from some basic rationality requirements. In this area Günter Menges was always interested. A summary of his results may be found in Kofler/Menges (1976).
We close the paper by some remarks on coherent inference.

1. Kohärenz

Wir zitieren zunächst eine sehr nützliche Konsequenz des Satzes von Hahn und Banach, die von König angegeben wurde, und die in einer Reihe von verschiedenen Situationen sehr effektiv angewandt werden kann (vgl. König (1968, 1970, 1972)).
Sei L ein reeller Vektorraum und L* der Vektorraum der reellen linearen Funktionale auf L. Wir fixieren ein sublineares Funktional $\sigma : L \to R$.

Contributions to Econometrics and Statistics Today
Edited by H. Schneeweiss and H. Strecker

Theorem 1. Sei $F \subset L$ nichtleer. Zu $g,h \in F$ existiere ein $f \in F$ mit $\sigma(f-\frac{1}{2}(g+h)) \leqq 0$. Dann existiert ein $\pi \in L^*$ mit $\pi \leqq \sigma$ und

$$\inf_{f \in F} \sigma(f) = \inf_{f \in F} \pi(f).$$

Das folgende Resultat von Heath und Sudderth (1978) folgt nun unmittelbar aus dem Königschen Theorem:

Korollar 2. Sei S eine nichtleere Menge und L(S) der reelle Vektorraum der beschränkten Funktionen $S \to R$. Für jedes $F \subset L(S)$ sind die folgenden Aussagen äquivalent:

(i) Es existiert ein positives lineares Funktional $\pi \in L(S)^*$ mit $\pi(f) \geqq 0$ für alle $f \in F$.

(ii) Jede endliche Konvexkombination von Funktionen in F hat ein positives Supremum. (Positiv soll in dieser Arbeit immer $\geqq 0$ bedeuten.)

Beweis. Daß (ii) aus (i) folgt, ist sofort einzusehen. Wir nehmen nun (ii) an und beachten, daß $\sup: f \to \sup f$ ein sublineares Funktional ist. Ferner sind die linearen Funktionale $\pi \in L(S)^*$ mit $\pi \leqq \sup$ gerade die positiven linearen Funktionale mit $\pi(1_S)=1$ und entsprechen also in eindeutiger Weise den W-Inhalten auf S.[1)]
Die konvexe Hülle von F, kon(F), erfüllt die Voraussetzungen von Theorem 1 und wir erhalten

$$0 \leqq \inf_{f \in kon(F)} \sup f = \inf_{f \in kon(F)} \pi(f) \leqq \inf_{f \in F} \pi(f).$$

Bemerkung. Der ursprüngliche Beweis von Heath und Sudderth (1978) machte vom wohlbekannten Satz von der trennenden Hyperebene Gebrauch. Wir haben der Version via Königs Theorem den Vorzug gegeben, da der Satz von König bzw. dessen Varianten oft in allgemeineren Situationen direkter anwendbar sind.

Für unsere Zwecke ist es bequem, auch die folgende Variante von Korollar 2 anzugeben, welche eine leichte Verschärfung von Theorem 1 von Heath und Sudderth (1972) darstellt:

---

1) Wenn keine Mißverständnisse auftreten können, werden wir wie üblich die Indikatorfunktion 1_X mit der Menge X identifizieren.
Unter einem W-Inhalt verstehen wir eine auf einer Algebra definierte, positive, endlich additive und auf 1 normierte Funktion. Ist die Funktion überdies σ-additiv, so sprechen wir von einem W-Maß.

<u>Korollar 2'.</u> Es seien $S, L(S), F$ wie in Korollar 2.
Äquivalent sind:

(i) Für jedes positive lineare Funktional $\pi \varepsilon L(S)^*$ existiert ein $f \varepsilon F$ mit $\pi(f) > 0$.

(ii) Es existieren $f_1, \ldots, f_n \varepsilon F$ und $a_1, \ldots, a_n \varepsilon R^+$, so daß $\inf \sum_{i=1}^{n} a_i f_i(s) > 0$.

Wir folgen nun der Terminologie von Heath und Sudderth (1972) und bezeichnen mit $\mathcal{E}$ eine Familie von Teilmengen von S, für die ein Buchmacher eine Funktion $\mu: \mathcal{E} \to [0,1]$ angibt. Ein Spieler kann einen positiven Betrag b auf $E \varepsilon \mathcal{E}$ wetten und erhält den Nettobetrag $b[1_E(s) - \mu(E)]$, wenn s eintritt. Gilt für eine endliche Anzahl von Wetten $\sum_{i=1}^{n} b_i(1_{E_i}(s) - \mu(E_i)) > 0$ für alle $s \varepsilon S$, so sprechen wir von einem sicheren Gewinn.

Wendet man Korollar 2' auf die Familie $\{f_E : E \varepsilon \mathcal{E}\}$ mit $f_E(s) = 1_E(s) - \mu(E)$ an, so erhält man die folgende leichte Verschärfung eines Resultates von Heath und Sudderth (1972) (vgl. auch de Finetti (1964)):

<u>Theorem 3.</u> Es gibt genau dann einen sicheren Gewinn, wenn für jeden W-Inhalt p auf S ein $E \varepsilon \mathcal{E}$ existiert mit $p(E) > \mu(E)$.

Gilt also insbesondere, daß mit E auch die Komplementmenge E^c zu $\mathcal{E}$ gehört und $\mu(E^c) = 1 - \mu(E)$, so gibt es genau dann keinen sicheren Gewinn, wenn es einen W-Inhalt p auf S gibt mit $p(E) = \mu(E)$ für alle $E \varepsilon \mathcal{E}$.

Läßt man abzählbar viele Wetten zu, so zeigt sich, daß auch die σ-Additivität einem Kohärenzbegriff aquivalent ist. Heath und Sudderth (1972) zeigten

<u>Theorem 4.</u> Sei $\mathcal{E}$ eine Algebra (auf S) und gelte $\mu(E) = 1 - \mu(E^c)$.
Genau dann existieren keine positiven reellen Zahlen $b_i \varepsilon R^+$ und $E_i \varepsilon \mathcal{E}$, $i = 1, 2, \ldots$, mit $\sum_{i=1}^{\infty} b_i \mu(E_i) < \infty$ und $\sum_{i=1}^{\infty} b_i(1_{E_i}(s) - \mu(E_i)) > 0$ für alle $s \varepsilon S$, wenn μ ein W-Maß auf $\mathcal{E}$ ist.

Es ist also naheliegend, von σ-Kohärenz zu sprechen, wenn es kein abzählbares Wettsystem gibt, das einen sicheren Gewinn verspricht. Wir wollen hier noch erwähnen, daß in manchen Fällen die gewöhnliche Kohärenz automatisch die σ-Kohärenz nach sich zieht, oder, was dasselbe ist, daß ein W-Inhalt automatisch ein W-Maß ist.

Definition. Eine Familie $\mathcal{C}$ von Teilmengen einer Menge S nennt man kompakte Klasse, wenn für jede Folge $\{C_n\}_{n\geq 1}$ aus $\mathcal{C}$ gilt: wenn

$$\bigcap_{i=1}^{n} C_i \neq \emptyset \text{ für alle } n\geq 1, \text{ dann } \bigcap_{i=1}^{\infty} C_i \neq \emptyset.$$

Wie man sich leicht überzeugt, bilden etwa die kompakten Teilmengen eines topologischen Hausdorff Raumes eine kompakte Klasse. Marczewski (1953) zeigte, daß W-Inhalte, die eine gewisse Approximationseigenschaft besitzen, automatisch σ-additv sind:

Theorem 5. Sei $\mathcal{E}$ eine Algebra (in S) und sei $\mathcal{C} \subset \mathcal{E}$ eine kompakte Klasse. Gilt für einen W-Inhalt p auf $\mathcal{E}$, daß

$$p(E)=\sup\{p(C):C\subset E, C\in\mathcal{C}\} \text{ für alle } E\in\mathcal{E},$$

dann ist p σ-additiv.

Beispiel. Sei S ein total unzusammenhängender kompakter Hausdorff Raum. Die Klasse $\mathcal{E}$ der offenen und abgeschlossenen Mengen bildet offensichtlich eine Algebra und eine kompakte Klasse. Somit ist jeder W-Inhalt auf $\mathcal{E}$ ein W-Maß.

In vielen wichtigen Fällen wird S ein kompakter Hausdorff Raum sein. Bezeichnet man mit USC(S) die Menge der oberhalb stetigen Funktionen $f:S\to[-\infty,\infty[$, so ergibt eine Spezialisierung des König'schen Theorems:

Korollar 6. Sei S ein kompakter Haudorff Raum. Für jedes $F\subset USC(S)$ sind die folgenden Aussagen äquivalent:

(i) Es existiert ein Borelsches W-Maß p auf S mit

$$\int_S f p(ds)\geq 0 \quad \text{für alle } f\in F.$$

(ii) Das Maximum jeder endlichen Konvexkombination von Funktionen in F ist ≥ 0.

Bezeichnet man die Menge der unterhalb stetigen Funktionen $f:S\to]-\infty,\infty]$ mit LSC(S), so gilt analog:

Korollar 6'. Sei S ein kompakter Hausdorff Raum. Für jedes $F\subset LSC(S)$ sind folgende Aussagen äquivalent:

(i) Für jedes Borelsche W-Maß p auf S existiert ein $f\in F$ mit $\int_S f p(ds)>0$.

(ii) Es existieren $f_1,\ldots,f_n\in F$ und $a_1,\ldots,a_n\in R^+$, so daß

$$\sum_{i=1}^{n} a_i f_i(s)>0 \quad \text{für alle } s\in S.$$

Bemerkungen:

1. Aus Korollar 6' folgt sofort Lemma 3.2 von Lane und Sudderth (1983).
2. In einer Reihe von Arbeiten hat Fuchssteiner die Existenz von Integraldarstellungen für allgemeinere Situationen untersucht (vgl. etwa Fuchssteiner (1975)).

Wir betrachten nun Wetten auf den topologisch interessanten Mengen, etwa den offenen Mengen eines topologischen Raumes, und beachten, daß die Indikatorfunktionen von offenen Mengen unterhalb stetig sind.

Theorem 7. Sei S ein kompakter Hausdorff Raum und bestehe $\mathcal{E}$ aus den offenen Mengen. Ist der Gesamteinsatz beschränkt ($\sum_{i=1}^{\infty} b_i\mu(E_i)<\infty$), dann sind folgende Aussagen äquivalent:

(i) Es gibt keine endliche Anzahl von Wetten mit $\sum_{i=1}^{n} b_i(1_{E_i}(s)-\mu(E_i))>0$ für alle $s\varepsilon S$.

(ii) Es gibt kein abzählbares Wettsystem mit $\sum_{i=1}^{\infty} b_i(1_{E_i}(s)-\mu(E_i))>0$ für alle $s\varepsilon S$.

Beweis. Die Funktionen $f_E(s)=1_E(s)-\mu(E)$ sind unterhalb stetig. Man beachte, daß mit f und g auch f+g und $b\cdot f, b\geq 0$, unterhalb stetig sind. Wir nehmen (i) an und erhalten aus Korollar 6' die Existenz eines Borelschen W-Maßes p auf S mit $\int_S fp(ds)\leq 0$ für alle $f\varepsilon F$.

Gäbe es nun ein abzählbares Wettsystem mit sicherem Gewinn aber kein endliches, so hätten wir $\int_S \sum_{i=1}^{\infty} b_i(1_{E_i}(s)-\mu(E_i))p(ds)>0$. Wir beachten, daß $\int_S |b_i(1_{E_i}(s)-\mu(E_i))|p(ds)\leq 2b_i\mu(E_i)$ und damit $\sum_{i=1}^{\infty} \int_S |b_i(1_{E_i}(s)-\mu(E_i))|p(ds)<\infty$ ist. $\sum_{i=1}^{\infty} b_i(1_{E_i}(s)-\mu(E_i))$ konvergiert also fast überall und ist integrierbar. Wegen des Lebesgueschen Satzes von der dominierten Konvergenz folgt $\sum_{i=1}^{\infty} \int_S b_i(1_{E_i}(s)-\mu(E_i))p(ds)>0$. Widerspruch!

Wir wollen dieses Kapitel mit einigen Bemerkungen zum Aggregationsproblem, welches insbesondere für Expertensysteme eine große praktische Bedeutung hat, abschließen. Für verschiedene Aspekte dieses Problems verweisen wir den Leser auf Arbeiten von Brown/Lindley/Tversky (1979), DeGroot (1974), Stone (1961) und Raiffa (1968).

Wie man sich leicht anhand von einfachen Beispielen überzeugt, gibt es, selbst wenn die individuellen Maße der Unsicherheit kohärent (d.h. W-Inhalte) sind, kein allgemein überzeugendes Verfahren, das einen W-Inhalt für die Gruppe liefert. Wir beschränken uns daher hier auf die

Frage, wann kohärente individuelle Maße der Unsicherheit konsistent sind. Seien also $\mathcal{E}_i, i\varepsilon I$, Algebren (auf S), die mit W-Inhalten p_i versehen sind, so fragen wir nach Bedingungen, unter denen ein W-Inhalt p auf der von den $\mathcal{E}_i$ erzeugten Algebra $\mathcal{E}$ (und damit auf S) existiert, der mit den p_i auf $\mathcal{E}_i$ übereinstimmt. Eine offensichtlich notwendige Bedingung ist, daß die Einschränkung von p_i auf $\mathcal{E}_i \cap \mathcal{E}_j$ gleich der Einschränkung von p_j auf $\mathcal{E}_i \cap \mathcal{E}_j$ für alle $i,j\varepsilon I$ ist. Für den Fall $|I|=2$ ist diese Bedingung auch hinreichend.

<u>Theorem 8 (Maharam (1972)).</u> Seien $\mathcal{E}_1$ und $\mathcal{E}_2$ Algebren auf S, die mit den W-Inhalten p_1 und p_2 versehen sind. Genau dann existiert auf S eine gemeinsame Erweiterung von p_1 und p_2, wenn $p_1(E)=p_2(E)$ für alle E in $\mathcal{E}_1 \cap \mathcal{E}_2$.

Schon für den Fall $|I|=3$ ist leicht einzusehen, daß die genannte Bedingung nicht mehr hinreichend ist. Sei etwa $S=\{1,2,3\}$, $\mathcal{E}_1=\{\emptyset,\{1\},\{2,3\},\{1,2,3\}\}, p_1(\{1\})=\frac{1}{3}$, $\mathcal{E}_2=\{\emptyset,\{2\},\{1,3\},\{1,2,3\}\}$, $p_2(\{2\})=\frac{1}{3}$, $\mathcal{E}_3=\{\emptyset,\{3\},\{1,2\},\{1,2,3\}\}, p_3(\{3\})=\frac{1}{2}$, so ist die notwendige Bedingung trivialerweise erfüllt, es gibt jedoch keine gemeinsame Erweiterung der p_i, $i=1,2,3$.

In diesem Zusammenhang wollen wir eine einfache Anforderung an die Algebren erwähnen, die sicherstellt, daß gemeinsame Erweiterungen immer existieren. Betrachtet man etwa das Beispiel $\mathcal{E}_1=\{\emptyset,\{1,2\},\{3,4\},\{1,2,3,4\}\}$, $\mathcal{E}_2=\{\emptyset,\{2,3\},\{1,4\},\{1,2,3,4\}\}$, so ist wieder unsere Bedingung trivialerweise erfüllt, und somit gibt es wegen Theorem 8 Erweiterungen für beliebige p_1 und p_2. Allgemeiner gilt die folgende

<u>Beobachtung.</u> Genau dann gibt es zu beliebigen W-Inhalten $p_1,\dots,p_k$ auf $\mathcal{E}_1,\dots,\mathcal{E}_k$ (auf S) eine gemeinsame Erweiterung p, wenn für alle $E_i \varepsilon \mathcal{E}_i$, $E_i \neq \emptyset$, gilt $\bigcap_{i=1}^{k} E_i \neq \emptyset$.

Beweis. Ist $\cap E_i \neq \emptyset$ für alle $E_i \varepsilon \mathcal{E}_i, E_i \neq \emptyset$, dann ist $\mathcal{E}_i \cap \mathcal{E}_j=\{\emptyset,S\}, i\neq j$, und $p(\cap E_i)=p_1(E_1)\cdot\ldots\cdot p_k(E_k)$, $p_1,\dots,p_k$ beliebig, kann offensichtlich zu einem W-Inhalt auf S erweitert werden.
Sei andererseits $\cap E_i=\emptyset$, dann genügt es, $p_i(E_i)=1$ zu setzen, um zu sehen, daß im allgemeinen keine Erweiterung existiert.

Bemerkungen.

1. Zu Theorem 8 verwandte allgemeinere Resultate findet der Leser bei Maharam (1972). Es sei erwähnt, daß für W-Maße das Problem recht delikat ist. Siehe dazu insbesondere auch Kellerer (1964) und Strassen (1965).
2. Durch eine sorgfältige Einschränkung der einzelnen Expertenmeinungen auf spezielle Subalgebren kann der Anwender immer eine kohärente Mengenfunktion gewinnen. Insbesondere kann er eine "vorsichtige" Glaubensfunktion durch $\underline{p}(E)=\inf\{p(E):p$ ist Erweiterung der $p_1,\ldots,p_k\}$ gewinnen. Mengenfunktionen dieser Art werden wir im nächsten Abschnitt diskutieren.
   Unsere Beobachtung kann auch dahingehend ausgenutzt werden, um in einem zweiten Schritt durch eine geeignete Prozedur eine möglichst plausible Erweiterung auszuwählen.
3. In Analogie zum Aggregationsproblem für Präferenzordnungen scheint es ein interessantes Problem zu sein, plausible Anforderungen für das hier behandelte Aggregationsproblem aufzustellen. Eine solche Anforderung wäre etwa, daß sich jedes Resultat einer Aggregationsprozedur auch als gewichtetes Mittel extremer Einschätzungen gewinnen läßt.

2. Obere und untere Wahrscheinlichkeiten

Eine Reihe von Autoren, insbesondere Dempster (1968), Good (1962), Huber (1976), Huber und Strassen (1973), Shafer (1976), Skala (1974), Smith (1961) und Suppes (1974), haben, mit zum Teil ganz verschiedenen Argumenten und Modellvorstellungen, für die Verwendung von nicht notwendig additiven Mengenfunktionen in der Statistik plädiert. Historisch gesehen findet man erste Ansätze bei Jacob Bernoulli, Lambert und Boole. Eine ausgezeichnete Darstellung der Ideen von Bernoulli und Lambert hat Shafer (1978) gegeben.

Wir begnügen uns hier, stellvertretend drei Argumente aufzuführen:

1. Dem Statistiker sind die Wahrscheinlichkeiten im allgemeinen nur approximativ bekannt. Insbesondere erhält man bei der experimentellen Bestimmung subjektiver Wahrscheinlichkeiten meist nur eine durch den Experimentator erzwungene additive Quantifizierung der Unsicherheit. (Es gibt durchaus realistische Wettsituationen, bei denen ein Individuum weder die eine noch die andere Seite einer Wette akzeptieren will.) Die naheliegende Einführung von oberen und unteren Schranken ist auch rein numerisch unproblematisch, da die

Intervallarithmetik einerseits theoretisch wohlfundiert ist und der Statistiker andererseits auf eine Reihe von implementierten Programmen zurückgreifen kann. (Siehe dazu insbesondere Kulisch und Miranker (1981).)

2. Die von uns betrachteten Mengenfunktionen lassen sich durch rationales Wettverhalten operationalisieren.
3. Nicht-additive Mengenfunktionen spielen eine wesentliche Rolle in der Begründung robuster statistischer Verfahren.

Definition. Sei S eine beliebige Menge und sei $\mathcal{E}$ eine Algebra (auf S). Die Mengenfunktionen $\overline{p}$ bzw. $\underline{p}$ heißen obere bzw. untere Wahrscheinlichkeiten auf $\mathcal{E}$, wenn sie folgende Bedingungen erfüllen:

(i) $\overline{p}(S)=\underline{p}(S)=1$,

(ii) $\underline{p}(E)\geq 0$ für $E\varepsilon$,

(iii) $\underline{p}(E)+\underline{p}(F)\leq\underline{p}(E\cup F)\leq\underline{p}(E)+\overline{p}(F)\leq\overline{p}(E\cup F)\leq\overline{p}(E)+\overline{p}(F)$ für $E\cap F=\emptyset$.

Aus unserer Definition erhalten wir sofort folgende einfachen Konsequenzen:

(a) $\underline{p}(\emptyset)=\overline{p}(\emptyset)=0$

(b) $\overline{p}(E)\leq\overline{p}(F)$ und $\underline{p}(E)\leq\underline{p}(F)$ für $E\subset F$,

(c) $\underline{p}(E)+\overline{p}(E^c)=1$.

Definition. Gilt für $\overline{p}$ bzw. $\underline{p}$ überdies

(iv) $\overline{p}(E\cup F)+\overline{p}(E\cap F)\leq\overline{p}(E)+\overline{p}(F)$

(iv') $\underline{p}(E\cup F)+\underline{p}(E\cap F)\geq\underline{p}(E)+\underline{p}(F)$,

so nennt man $\overline{p}$ 2-alternierend und $\underline{p}$ 2-monoton.

2.1. Kohärente obere und untere Wahrscheinlichkeiten.

Sei S eine beliebige Menge und $\mathcal{E}$ eine Mengenfamilie, dann wissen wir schon aus Theorem 3, daß ein Buchmacher genau dann einen sicheren Gewinn vermeiden kann, wenn es einen W-Inhalt p gibt, für den $p(E)\leq\mu(E)$ für alle $E\varepsilon\mathcal{E}$ gilt. (Wir interpretieren $\mu(E)$ als den kleinsten Preis, zu dem der Buchmacher bereit ist, eine Wette auf E zu offerieren.) Betrachtet man wieder endliche Wettsysteme auf $\mathcal{E}$ und beachtet, daß das Vermeiden eines sicheren Gewinns bedeutet, daß es für alle $E_1,\ldots,E_n\varepsilon\mathcal{E}$ und $b_1,\ldots,b_n\geq 0$ ein s gibt mit $\Sigma b_i 1_{E_i}(s)\leq\Sigma b_i\mu(E_i)$ (mit anderen Worten: aus $\Sigma a_i 1_{E_i}\geq 1$, $a_i\geq 0$, $E_i\varepsilon\mathcal{E}$ folgt $\Sigma a_i\mu(E_i)\geq 1$, so ergibt sich sofort

Theorem 9. Sei μ: $\mathcal{E}\to R^+$ eine beliebige Mengenfunktion. Genau dann existiert ein W-Inhalt p mit $p(E)\leq\mu(E)$, $E\varepsilon\mathcal{E}$, wenn für alle $a_i \geq 0$, $E_i \in \mathcal{E}$, gilt:

Aus $\sum_{i=1}^{n} a_i 1_{E_i} \geq 1$ folgt $\sum_{i=1}^{n} a_i \mu(E_i) \geq 1$.

Korollar 10. Sei $\mu: \mathcal{E} \to R^+$ eine beliebige Mengenfunktion. Genau dann existiert ein W-Inhalt p mit $p(E) \geq \mu(E)$, $E \in \mathcal{E}$, wenn für alle $a_i \geq 0$, $E_i \in \mathcal{E}$, gilt:

Aus $\sum_{i=1}^{n} a_i 1_{E_i} \leq 1$ folgt $\sum_{i=1}^{n} a_i \mu(E_i) \leq 1$.

Bemerkung. Einen Hinweis auf die Effektivität des Königschen Theorems liefert ein Vergleich mit dem von Huber (1976) für endliche S angegebenen Beweis von Korollar 10.

Wir betrachten jetzt Mengenfunktionen, die, neben dem Vermeiden eines sicheren Gewinns (sicheren Verlustes), noch stärkeren Rationalitätsanforderungen genügen. Dazu fragen wir uns zunächst, unter welchen Umständen ein W-Inhalt p existiert mit $p(E) \leq \mu(E)$ für alle $E \in \mathcal{E}$ und $p(F) = \mu(F)$ für ein gegebenes $F \in \mathcal{E}$. Dazu muß man nur Korollar 2' auf die Familie $F = \{f_E : E \in \mathcal{E}\} \cup \{\mu(F) - 1_F\}$ anwenden und erhält:

Lemma 11. Genau dann existiert ein W-Inhalt p mit $p(E) \leq \mu(E)$ für alle $E \in \mathcal{E}$ und $p(F) = \mu(F)$ für ein gegebenes $F \in \mathcal{E}$, wenn für alle $E_1, \ldots, E_n \in \mathcal{E}$ und alle $b_1, \ldots, b_n, b \in R^+$ gilt:

$$\sum_{i=1}^{n} b_i (1_{E_i}(s) - \mu(E_i)) \leq b(1_F(s) - \mu(F)) \quad \text{für mindestens ein } s \in S.$$

Eine Anwendung von Lemma 11 auf alle $F \in \mathcal{E}$ ergibt somit

Theorem 12. Es existiert eine Menge M_1 von W-Inhalten mit $\mu(E) = \sup\{p(E) : p \in M_1\}$, $E \in \mathcal{E}$, genau dann, wenn für alle $E_1, \ldots, E_n, F \in \mathcal{E}$ und alle $b_1, \ldots, b_n, b \in R^+$ gilt:

$$\text{(A)} \quad \sum_{i=1}^{n} b_i (1_{E_i}(s) - \mu(E_i)) \leq b \cdot (1_F(s) - \mu(F)) \quad \text{für mindestens ein } s \in S.$$

Man überlegt sich sofort, daß unsere Bedingung (A) äquivalent ist zu:

für alle $a_i \varepsilon R^+, a \varepsilon R, F, E_i \varepsilon \mathcal{E}$, gilt:

Aus $1_F \leq \sum_{i=1}^{n} a_i 1_{E_i} - a$ folgt $\mu(F) \leq \sum_{i=1}^{n} a_i \mu(E_i) - a$

Analog erhalten wir durch Anwendung von Korollar 2:

Theorem 13. Genau dann existiert eine Menge M_2 von W-Inhalten mit $\mu(E) = \inf\{p(E) : p \varepsilon M_2\}, E \varepsilon \mathcal{E}$, wenn für alle $E_1, \ldots, E_n, F \varepsilon \mathcal{E}$, und alle $b_1, \ldots, b_n, b \varepsilon R^+$ gilt:

(B) $\sum_{i=1}^{n} b_i (1_{E_i}(s) - \mu(E_i)) \geq b(1_F(s) - \mu(F))$ für mindestens ein $s \varepsilon S$.

Wieder sieht man sofort, daß Bedingung (B) äquivalent zu der von Huber (1976) angegebenen Charakterisierung ist, daß für alle $a_i \varepsilon R^+, a \varepsilon R, F, E_i \varepsilon \mathcal{E}$, gilt:

Aus $1_F \geq \sum_{i=1}^{n} a_i 1_{E_i} - a$ folgt $\mu(F) \geq \sum_{i=1}^{n} a_i \mu(E_i) - a$.

Daß die Bedingungen sofort als Rationalitätsforderungen anzusehen sind, ist ebenso klar. Setzt man b=0, so besagt Bedingung (A) genau, daß der Buchmacher einen sicheren Gewinn seines Kontrahenten vermeidet. Des weiteren würde eine Verletzung von (A) bedeuten, daß ein Buchmacher mindestens $\mu(F)$ für eine Wette auf F fordert, es jedoch eine für ihn schlechtere Kombination von Wetten gibt, die er zu einem geringeren Preis offeriert. Man nennt daher Mengenfunktionen μ, die sich als sup bzw. inf für eine Menge von W-Inhalten darstellen lassen, kohärent. Für eine eingehende Diskussion des hier behandelten Konzeptes der Kohärenz sei auf Smith (1961) und Williams (1976) verwiesen.

Im folgenden nehmen wir der Einfachheit halber immer an, daß $\mathcal{E}$ die Potenzmengenalgebra von S ist und stellen zunächst die Frage, ob es einfache hinreichende Bedingungen für die Kohärenz einer Mengenfunktion gibt. Es gilt das bekannte

Theorem 14. Ist $\underline{p}$ eine 2-monotone untere Wahrscheinlichkeit ($\overline{p}$ eine 2-alternierende obere Wahrscheinlichkeit), dann gibt es für ein gegebenes $E \subset S$ einen W-Inhalt p mit $p(E) = \underline{p}(E)$ und $p(F) \geq \underline{p}(F)$ für alle $F \subset S$

$(p(E)=\overline{p}(E)$ und $p(F)\leq\overline{p}(F)$ für alle $F\subset S)$.

Beweis. Wir definieren eine teilweise Ordnung auf den 2-monotonen Wahrscheinlichkeiten durch $\underline{p}\prec\underline{q}$ genau dann, wenn $\underline{p}(E)\leq\underline{q}(E)$ für alle $E\subset S$. Das Zornsche Lemma liefert ein maximales Element p. Wäre p kein W-Inhalt, dann gibt es ein $F\subset S$, so daß für $\underline{p}'$, $\underline{p}'(E)=p(E\cup F)+p(E\cap F)-p(F)$, gilt: $p\prec\underline{p}'$, $p(F^c)<p'(F^c)$. Widerspruch!

<u>Korollar 15.</u> Ist $\underline{p}$ eine 2-monotone untere Wahrscheinlichkeit ($\overline{p}$ eine 2-alternierende obere Wahrscheinlichkeit), dann gilt für alle $E\subset S$ $\underline{p}(E)=\inf\{p(E):\underline{p}\prec p]$ $(\overline{p}(E)=\sup\{p(E):p\prec\overline{p}\})$.

Die folgenden beiden instruktiven Beispiele (Huber (1976), Huber und Strassen (1973)) zeigen, daß die Beziehungen 2-monoton (2-alternierend) $\rightarrow$ kohärent $\rightarrow$ es gibt einen dominierenden (dominierten) W-Inhalt nicht umkehrbar sind.

<u>Beispiel 1.</u> Sei $|S|=4$ und hängen $\underline{p}$ und $\overline{p}$ nur von der Mächtigkeit der Menge E ab:

$\lvert E\rvert$	0	1	2	3	4
$\underline{p}$	0	0	$\frac{1}{2}$	$\frac{1}{2}$	1
$\overline{p}$	0	$\frac{1}{2}$	$\frac{1}{2}$	1	1

Hier existiert nur ein einziger W-Inhalt zwischen $\underline{p}$ und $\overline{p}$, nämlich $p(E)=|E|/4$.

<u>Beispiel 2.</u> Sei $S=\{1,2,3,4\}$, $p_1=(5/10,2/10,2/10,1/10)$, $p_2=(6/10,1/10,1/10,2/10)$ und definiere $\underline{p}(E)=\min\{p_i(E):i=1,2\}$. Sei $E=\{1,2\}$ und $F=\{1,3\}$, dann erhalten wir $\underline{p}(E)=7/10$, $\underline{p}(F)=7/10$, $\underline{p}(E\cup F)=8/10$ und $\underline{p}(E\cap F)=5/10$. Da $\underline{p}(E\cup F)+\underline{p}(E\cap F)=13/10$ und $\underline{p}(E)+\underline{p}(F)=14/10$, ist $\underline{p}$ nicht 2-monoton. Die W-Inhalte p mit $\underline{p}\prec p$ sind aber genau die Elemente in der konvexen Hülle von $\{p_1,p_2\}$.
Um zu sehen, daß 2-monotone untere Wahrscheinlichkeiten (2-alternierende obere Wahrscheinlichkeiten) in ganz natürlichen statistischen Modellen auftreten können, betrachten wir etwa die experimentelle Bestimmung subjektiver Wahrscheinlichkeiten. Sei der Grad unseres Vertrauens in das gewählte Verfahren $(1-\varepsilon)$, $0\leq\varepsilon\leq 1$, so liegt es nahe $\underline{p}(E)=(1-\varepsilon)p(E)$, $E\neq S$, zu setzen. Dieses globale Fehlermodell (vgl. auch Huber und Strassen (1973)) liefert, wie man sich unschwer überzeugt, 2-monotone untere Wahrscheinlichkeiten.

2.2. Einige weitere Resultate.

Wir nehmen nun an, daß S ein Polnischer Raum sei, der mit seiner Borelschen σ-Algebra $\mathcal{B}$ ausgestattet ist. Mit $M^1(S)$ wird die Menge aller Borelschen W-Maße bezeichnet. Wie üblich versehen wir $M^1(S)$ mit der schwachen Topologie. Die Familien der offenen, abgeschlossenen und kompakten Teilmengen bezeichnen wir mit $\mathcal{O}$, $\mathcal{A}$ und $\mathcal{K}$. Sei $\emptyset \neq P \subset M^1(S)$, dann haben die oberen und unteren Wahrscheinlichkeiten $\overline{p}(E) = \sup\{p(E): p \in P\}$, $\underline{p}(E) = \inf\{p(E): p \in P\}$, $E \in \mathcal{B}$, offensichtlich folgende Eigenschaften:

(i) $\overline{p}(\emptyset)=0$, $\overline{p}(S)=1$ $\qquad$ $\underline{p}(\emptyset)=0$, $\underline{p}(S)=1$

(ii) $E \subset F \Rightarrow \overline{p}(E) \leq \overline{p}(F)$ $\qquad$ $E \subset F \Rightarrow \underline{p}(E) \leq \underline{p}(F)$

(iii) $E_i \uparrow E \Rightarrow \overline{p}(E_i) \uparrow \overline{p}(E)$ $\qquad$ $E_i \downarrow E \Rightarrow \underline{p}(E_i) \downarrow \underline{p}(E)$

Huber und Strassen (1973) zeigten überdies, daß für kompaktes $\underline{p}$ gilt:

(iv) $E_i \downarrow E \Rightarrow \overline{p}(E_i) \downarrow \overline{p}(E)$, $E_i \in \mathcal{A}$ $\qquad$ $E_i \uparrow E \Rightarrow \underline{p}(E_i) \uparrow \underline{p}(E)$, $E_i \in \mathcal{O}$.

Für kompaktes P ist also $\overline{p}$ eine (reguläre) Kapazität (siehe etwa Choquet (1969)). Umgekehrt gilt:

Lemma 16. Ist f eine Kapazität, dann ist

$$P = \{p \in M^1(S): p(E) \leq f(E), \text{ für alle } E \in \mathcal{B}\}$$

kompakt.

Beweis. Siehe Huber und Strassen (1973).

Theorem 17. (Huber (1976)) Sei $P \neq \emptyset$ eine beliebige Menge von W-Maßen auf S. Dann ist $\underline{p}$ monoton wachsend und auf $\mathcal{K}$ von rechts stetig.

Wir definieren nun die folgenden Mengenfunktionen:
Die innere Kapazität

$$u_*(E) = \sup\{\underline{p}(K): K \subset E, K \in \mathcal{K}\}, \quad E \subset S.$$

Die äußere Kapazität

$$u^*(E) = \inf\{u_*(O): O \supset E, O \in \mathcal{O}\}, E \subset S$$

Wegen Lemma 9.8. (Choquet (1969)) stimmen u^* und u_* mit $\underline{p}$ auf den kompakten Mengen (und auch auf den offenen Mengen) überein. Man nennt Mengen, für die $\underline{p}(E) = u_*(E) = u^*(E)$ gilt, auch $\underline{p}$ -kapazitabel.
Huber (1976) vermutete, daß alle Borelschen Mengen kapazitierbar sind, wenn P kompakt ist und bemerkt, daß der 1973 angegebene Beweis falsch ist.

Um Aussagen für Polnische Räume aus einfacheren Situationen zu gewinnen, kann man bequemerweise von einem Resultat Gebrauch machen, das auf Hoffmann und Jørgensen (1970) zurückgeht:

Theorem 18. Sei (S,τ) ein Polnischer Raum. Dann gibt es eine Topologie τ', die gröber als τ ist, so daß (S,τ') ein kompakter metrisierbarer Hausdorff Raum ist und die Borelschen Mengen von (S,τ) mit denen von (S,τ') übereinstimmen.

Insbesondere folgt aus Theorem 18 sofort die bekannte Tatsache, daß jedes Borelsche W-Maß auf einem Polnischen Raum regulär ist.

Wir kommen nun auf eine Fragestellung zurück, die uns schon im ersten Abschnitt interessiert hat: Wann sind Mengenfunktionen als inf bzw. sup von W-Maßen darstellbar.

Theorem 19. Sei S ein kompakter Hausdorff Raum. Es gibt genau dann eine Menge P von Borelschen W-Maßen auf S mit $\underline{p}(E) = \inf\{p(E): p \in P\}$, $E \in \mathfrak{B}$, wenn für alle $E_1,\ldots,E_n$, $F \in \mathfrak{B}$, und alle $b_1,\ldots,b_n$, $b \in R^+$ gilt:

$$\sum_{i=1}^{n} b_i(1_{E_i}(s)-\underline{p}(E_i)) \geq b(1_F(s)-\underline{p}(F)) \text{ für mindestens ein } s \in S.$$

Unter Zuhilfenahme der Korollare 6 und 6' verläuft der Beweis von Theorem 18 und der entsprechenden Aussage für obere Wahrscheinlichkeiten $\overline{p}$ ganz analog zu den Beweisen der Theoreme 12 und 13.
Unter Verwendung von Theorem 18 kann das obige Theorem genauso für Polnische Räume postuliert werden. Man erhält nur zusätzlich: Die Menge P von Borelschen W-Maßen ist genau dann kompakt, wenn $\underline{p}$ eine Kapazität ist.

Bemerkung. Im Zusammenhang mit dem Aggregationsproblem ist zu erwähnen, daß für Kapazitäten von Choquet (1953-54) Integraldarstellungen angegeben wurden. Grob gesagt lassen sich also Kapazitäten als gewichtetes Mittel von Extremalelementen angeben.

2.3. Zur statistischen Relevanz von nicht additiven Mengenfunktionen.

Für kohärente Mengenfunktionen lassen sich in evidenter Weise obere und untere Erwartungen definieren. Damit hat man alle Elemente zur Verfügung, um die Theorie der verallgemeinerten Bayesschen Inferenz bei Vorliegen von partieller Information auszubauen. Wir wollen uns jedoch hier mit dieser Frage nicht beschäftigen, vielmehr wenden wir uns kurz einigen Problemen der robusten Statistik zu. Auf diesem Gebiet haben Huber und Strassen (1973) einen wichtigen Durchbruch erzielt. Da hier nur ein ganz enger Themenkreis angesprochen wird, wollen wir für eine schöne Literaturübersicht sowie eine anschauliche Diskussion verschiedenster Probleme auf dem Gebiet der robusten Entscheidungen die Monographie von Brachinger (1982) erwähnen.

Eine Grundidee der robusten Statistik ist, daß man von einer idealisierten Beschreibung eines Phänomens ausgeht, etwa in Form einer Normalverteilung, sich dieser Idealisierung aber bewußt bleibt und versucht sicherzustellen, daß die angewandten Methoden auch dann gut funktionieren, wenn die Verteilungsannahme das Phänomen nur approximativ beschreibt. Diese Idee wird in natürlicher Weise durch die Einführung eines Umgebungsbegriffes formalisiert. Wir erwähnen hier nur zwei der gebräuchlichsten Umgebungen:

(i) Die "vergiftete" Umgebung.
Ihr liegt die Vorstellung zugrunde, daß die Beobachtungen mit Wahrscheinlichkeit $(1-\varepsilon)$ von einer gegebenen Verteilung erzeugt werden. Mit Wahrscheinlichkeit ε dagegen stammen sie von einer unbekannten Störverteilung.
Wir definieren: Sei $0 \leqq \varepsilon \leqq 1$ und $p_o \varepsilon M^1(S)$. Die Menge $P(p_o,\varepsilon)=\{p: p=(1-\varepsilon)p_o+\varepsilon q,\ q \varepsilon M^1(S)\}$ nennt man die vergiftete Umgebung von p_o.
Vergiftete Umgebungen treten auch in der Bayesschen Statistik in natürlicher Weise auf: Betrachten wir einen Statistiker, der nach den Beobachtungen feststellt, daß seine a-priori Wahrscheinlichkeit p_o äußerst unplausibel ist. Soll er dann seine a-priori Verteilung abändern? Eine Vorgehensweise, die wohl von den meisten Bayesianern als "Betrug" abgelehnt wird. Hartigan machte für diese Situation den Vorschlag, einen Anteil ε der a-priori Masse für eine beliebige Verteilung sicherheitshalber zur Verfügung zu stellen und die ursprüngliche a-priori Verteilung mit $(1-\varepsilon)$ zu gewichten.

(ii) Die Umgebung der totalen Variation
Auch hier wird durch ε der Grad der zulässigen Abweichung festgelegt. Sei $p_o \varepsilon M^1(S)$ und $0 \leqq \varepsilon \leqq 1$, dann wird durch
$P'(p_o,\varepsilon)=\{p: \sup\{|p(E)-p_o(E)| \leqq \varepsilon,\ E \varepsilon \mathfrak{B},\ p \varepsilon M^1(S)\}$
die Umgebung der totalen Variation definiert.

Offensichtlich ergibt jeder Umgebungsbegriff kohärente obere und unter Wahrscheinlichkeiten. Somit erhält die Einführung von Umgebungsbegriffen ihre Rechtfertigung durch rationales Wettverhalten. Unter geeigneten Voraussetzungen erhält man aber oft mehr. Ist etwa S ein Polnischer Raum, so lassen sich die beiden genannten Umgebungsbegriffe sogar durch 2-alternierende (2-monotone) Kapazitäten beschreiben..

Wir zitieren nun das für die Theorie der robusten Statistik wohl wichtigste Resultat:

Theorem 20. (Neyman-Pearson-Lemma für Kapazitäten)
Sei S ein Polnischer Raum und seien P_1 und P_2 zwei Mengen von W-Maßen aus $M^1(S), P_1 \cap P_2 = \emptyset$, die sich durch 2-alternierende (2-monotone) Kapazitäten $\overline{p}_1$ und $\overline{p}_2$ ($\underline{p}_1$ und $\underline{p}_2$) beschreiben lassen.
Es existiert ein ungünstigstes Paar $(p_1, p_2), p_1 \varepsilon P_1, p_2 \varepsilon P_2$) und eine Verallgemeinerung π der Radon-Nikodymschen Derivierten dp_2/dp_1, so daß für alle $a \varepsilon R$ und alle $q_1 \varepsilon P_1$ und $q_2 \varepsilon P_2$ gilt:

$$p_1\{\pi>a\} \geqq q_1\{\pi>a\}, \quad p_2\{\pi>a\} \leqq q_2\{\pi>a\}.$$

Dabei ist die Funktion π im wesentlichen eindeutig durch $\overline{p}_1$ und $\overline{p}_2$ bestimmt.

Einen Beweis dieses Theorems sowie eine detaillierte Diskussion findet der Leser in der wichtigen Arbeit von Huber und Strassen (1973).

Bemerkung. Die Vermutung, daß, sofern P kompakt ist, alle Borelschen Mengen kapazitierbar sind, ist richtig. Da $\overline{p}$ nur auf $\mathfrak{B}$ definiert ist, erweitern wir es und setzen für beliebige $E \subset S$: $\overline{p}(E) = \inf\{\overline{p}(F) : E \subset F, F \varepsilon \mathfrak{B}\}$. Das so erhaltene $\overline{p}$ ist eine (reguläre) Kapazität. Für lokalkompakte Hausdorff Räume mit abzählbarer Basis ergibt sich die Behauptung aus Thorem 9.3. zusammen mit Problem 8.2. (ii) in Choquet (1969). Eine Anwendung von Theorem 18 zeigt die Behauptung für Polnische Räume.

3. Zur kohärenten Inferenz.

Wir übernehmen hier die Notation von Heath und Sudderth (1978) und bezeichnen mit Θ die Menge der möglichen Zustände der Natur. X sei die Menge der möglichen Beobachtungen. Obwohl dies für den ersten Teil unserer Diskussion nicht notwendig ist, versehen wir Θ und X gleich mit den σ-Algebren $B(\Theta)$ und $B(X)$. $B(\Theta)xB(X)$ bezeichnet dann die Produkt σ-Algebra.

Definition. Unter einem Stichprobenmodell p verstehen wir eine Abbildung, die jedem $\theta\varepsilon\Theta$ einen W-Inhalt p_θ auf $B(X)$ zuordnet. Überdies nehmen wir an, daß für jedes $A\varepsilon B(X)$ die Abbildung $p_\theta(A)$ $B(\Theta)$-meßbar als Funktion von θ ist.
Eine bedingte "odds"-(Wettquotienten-) Funktion ist eine Abbildung, die jedem $x\varepsilon X$ eine Mengenfunktion q_x auf $B(\Theta)$ zuordnet und den Wertebereich $[0,1]$ hat. Für jedes $A\varepsilon B(X)$ soll $q_x(A)$ $B(X)$-meßbar als Funktion von x sein. q heißt insbesondere Inferenz, wenn jedes q_x ein W-Inhalt ist. (Dabei kann eine Inferenz etwa einer a posteriori Verteilung, einer Fiduzialverteilung u.s.w. entsprechen.)

Zur Interpretation betrachten wir das folgende Spiel. Ein Schiedsrichter wählt $\theta\varepsilon\Theta$ und trifft sodann gemäß p_θ eine Zufallsauswahl. Das resultierende x wird nun offengelegt, und der Buchmacher setzt Wettquotienten für Mengen aus $B(\Theta)$ fest. Anschließend wettet der Spieler auf eine endliche Anzahl dieser Mengen.
Formal verstehen wir unter einem einfachen Wettsystem ein Paar (A,b), wobei $A\varepsilon B(\Theta)XB(X)$ und b eine beschränkte, $B(X)$-meßbare Funktion ist. Wenn also nach der Beobachtung von x der Spieler den Betrag $b(x)q_x(A^x)$ auf das Ereignis $A^x=\{\theta:(\theta,x)\varepsilon A\}$ setzt, dann ist seine Auszahlung durch

$$\varphi(\theta,x)=b(x)(A(\theta,x)-q_x(A^x))$$

festgelegt. (Man beachte, daß $A(\theta,x)$ hier für die Indikatorenfunktion steht.) Für ein gegebens θ ist dann die erwartete Auszahlung

$$E(\theta)=\int\varphi(\theta,x)p_\theta(dx).$$

Sei r ein W-Inhalt auf $B(\Theta)xB(X)$, dann definieren wir W-Inhalte auf $B(\Theta)$ und $B(X)$ durch

$$\pi(A)=r(AxX),\ A\varepsilon B(\Theta)$$
$$m(A)=r(\Theta xA),\ A\varepsilon B(X).$$

Definition. Eine bedingte odds-Funktion heißt kohärent, wenn es keine endliche Anzahl einfacher Wettsysteme $(A_1,b_1),\ldots,(A_n,b_n)$ gibt, so daß

$$\inf_\theta\{E_1(\theta)+\ldots+E_n(\theta)\}>0$$

Wendet man Korollar 2 auf die Familie der Funktionen $E(\theta)$ an, so erhält man das von Heath und Sudderth (1973) angegebene

Theorem 21. Eine bedingte odds-Funktion q ist genau dann kohärent, wenn es einen a-priori W-Inhalt π gibt, so daß für jedes einfache Wettsystem (A,b) gilt:

$$\int\int b(x)A(\theta,x)p_\theta(dx)\pi(d\theta)=\int\int b(x)q_x(A^x)p_\theta(dx)\pi(d\theta)=$$
$$=\int b(x)q_x(A^x)m(dx)$$

Definition. Ein bedingter W-Inhalt q auf Θ, gegeben X, heißt a posteriori W-Inahlt für den a priori W-Inhalt π, wenn für alle beschränkten, $B(\Theta)\times B(X)$-meßbaren Funktionen φ auf ΘxX gilt:

$$\int\int\varphi(\theta,x)p_\theta(dx)\pi(d\theta)=\int\int\varphi(\theta,x)q_x(d\theta)m(dx)$$

Korollar 22. Eine bedingte odds Funktion q auf Θ, gegeben X, ist genau dann kohärent, wenn sie ein a-posteriori W-Inhalt für einen a priori W-Inhalt π ist.

Es ist nun naheliegend, zu fragen, was für σ-kohärente odds-Funktionen ausgesagt werden kann.

Definition. q heißt σ-kohärent, wenn es keine abzählbare Anzahl einfacher Wettsysteme$(A_1,b_1),\ldots,(A_n,b_n),\ldots$ gibt, so daß

$$\sum_{i=1}^{\infty} E_i(\theta)>0 \quad \text{für alle } \theta\varepsilon\Theta.$$

Vermutung. Eine bedingte odds-Funktion q ist genau dann σ-kohärent, wenn es eine a-priori Wahrscheinlichkeit π gibt, so daß für jedes einfache Wettsystem (A,b) gilt:

$$\int\int b(x)A(\theta,x)p_\theta(dx)\pi(d\theta)=\int b(x)q_x(A^x)m(dx).$$

(Die p_θ sind jetzt σ-additiv!)

Beweisidee: Zunächst zeigt man, daß die q_x σ-additiv sind. Dies folgt aus der σ-Kohärenz. Die erwarteten Auszahlungen $E(\theta)$ existieren für alle θ. Wir werden nun Korollar 2 auf die Familie F der Funktionen

$E(\theta)$ an und erhalten die Existenz eines W-Inhalts π, so daß

$$\int E(\theta)\pi(d\theta)=0, \quad \text{für alle } E(\theta)\varepsilon F.$$

Die Schwierigkeit liegt nun darin, zu zeigen, daß π auch σ-additiv ist. Unter geeigneten topologischen Annahmen kann man dies natürlich erreichen (Darstellungssatz von Riesz bzw. dessen Verallgemeinerungen!) Ich vermute jedoch, daß man ohne topologische Annahmen auskommt.
Ist π nun σ-additiv, dann gibt es genau ein W-Maß r auf $B(\Theta)xB(X)$, so daß

$$r(CxD)=\int_C p_\theta(D)\pi(d\theta) \quad , \quad C\varepsilon B(\Theta), D\varepsilon B(X).$$

(Satz von Fubini)

Wir definieren

$$m(D)=\int p_\theta(D)\pi(d\theta) \quad , \quad D\varepsilon B(X).$$

und zeigen nun leicht

$$\int\int b(x)q_x(A^x)p_\theta(dx)\pi(d\theta)=\int b(x)q_x(A^x)m(dx).$$

Abschließend zeigen wir noch, daß es auch im σ-additiven Fall a-priori Wahrscheinlichkeiten gibt, die keine a-posteriori Wahrscheinlichkeit besitzen.
Sei $\Theta=X=[0,1]$. Wir versehen X mit der Borelschen σ-Algebra $B(X)$ und dem Lebesgueschen Maß m. Sei $M\subset[0,1]$ nicht-Lebesgue meßbar, z.B. $m^*(M)=1$, $m_*(M)=0$, und sei $B(\Theta)$ die von den Borelschen Mengen und M erzeugte σ-Algebra. Die Mengen aus $B(\Theta)$ haben die Form $(A_1\cap M)\cup(A_2\cap M^c)$, wobei A_1 und A_2 Borelsche Mengen sind. Wir definieren ein W-Maß π auf $B(\Theta)$ durch

$$\pi((A_1\cap M)\cup(A_2\cap M^c))=m(A_1).$$

Wir nehmen an, daß für jedes gemeinsame W-Maß r (von π und m) auf $(\Theta xX, B(\Theta)xB(X))$ W-Maße q_x auf $B(\Theta)$ existieren, so daß

$$r(AxB)=\int_B q_x(A)m(dx) \quad , \quad A\varepsilon B(\Theta), B\varepsilon B(X).$$

Wir definieren maßbare Abbildungen $i:\Theta\to X$ und $j:\Theta\to\Theta xX$ durch $i(\theta)=\theta$ und $j(\theta)=\langle\theta,i(\theta)\rangle=\langle\theta,\theta\rangle$.
Seien p_1 und p_2 die Projektionen von ΘxX auf Θ und X, und sei r das Bildmaß $r=j(\pi)$, d.h. $j(\pi)(E)=\pi(j^{-1}(E))$, $E\varepsilon B(\Theta)xB(X)$. Es ist also $i=p_2\circ j$ und $\pi=p_1(r)$. Gemäß unserer Annahme existiert eine a posteriori Wahrscheinlichkeit, also eine Familie $\{q_x\}_{x\varepsilon X}$ von W-Maßen auf $B(\Theta)$,

so daß die Funktionen $x \to q_x(A)$ $B(X)$-meßbar sind und

$$r(A\times B) = \int_B q_x(A)m(dx) \quad , \quad A\in B(\Theta), B\in B(X),$$

wobei $m=p_2(r)$.

Wir beachten, daß $r(A\times B)=\pi(j^{-1}(A\times B))=\pi(A\cap i^{-1}(B))=\pi(A\cap B)$. Betrachtet man $B(X)$ als Sub-σ-Algebra von $B(\Theta)$, so würde dies bedeuten, daß die Funktion $q_x(A)$ eine reguläre bedingte Wahrscheinlichkeit, gegeben $B(X)$, ist. Das ist aber ein Widerspruch zu dem von Dieudonné (1948) angegebenen Resultat.

Abschließend möchte ich die angenehme Pflicht wahrnehmen, Herrn Dr.Thomas Landes für viele nützliche Diskussionen zu danken.

Literatur

Brachinger,H.W.: Robuste Entscheidungen. Verlag Statistische Hefte, 1982.

Choquet,G.: Lectures on Analysis I. Benjamin, 1969.

Choquet,G.: Theory of capacities. Ann. Inst. Fourier 5(1953/54) 131-295.

DeGroot,M.: Reaching a consensus. JASA 69 (1974) 118-121.

Dempster,A.P.: A generalization of Bayesian inference. J.Royal Statist. Soc. B 30 (1968) 205-245.

Dieudonné,J.: Sur le théorème de Lebesgue-Nikodym (III). Ann. Univ. Grenoble 23 (1948) 23-53.

Good,I.J.: The measure of a non-measurable set. In: Logic Methodology and Philosophy of Science (ed. E.Nagel, P.Suppes, A.Tarski). Stanford, Calif. 1962, p.319-329.

Heath,D., Sudderth,W.: On a theorem of de Finetti, oddsmaking, and game theory. Ann. Math. Stat. 43 (1972) 2072-2077.

Heath,D., Sudderth,W.: On finitely additive priors, coherence, and extended admissibility. Ann. Stat. 6 (1978) 333-345.

Huber,J.: Kapazitäten statt Wahrscheinlichkeiten? Jber.d.Dt.Math.-Verein. 78 (1976) 81-92.

Huber,P.J., Strassen,V.: Minimax tests and the Neyman-Pearson Lemma for capacities. Ann. Statist. 1 (1973) 251-263 und 2 (1974) 223-224.

König,H.: Über das Neumannsche Minimax-Theorem. Arch. Math. 19 (1968) 482-487.

König,H.: On certain applications of the Hahn-Banach and minimax theorems. Arch. Math. 21 (1970) 583-591.

König,H.: Sublineare Funktionale. Arch. Math. 23 (1972) 500-508.

Kofler,E., Menges,G.: Entscheidungen bei unvollständiger Information, Springer, 1976.

Lindley,D.V., Tversky,A.,Brown,R.V.: On the reconciliation of probability assessments. J.Royal Stat. Soc. A 142 (1979) 146-180.

Maharam,D.: Consistent extension of linear functionals. Proc. 6th Berkeley Symp. Math. Stat. Prob. 2, Univ. California Press 1971, 127-147.

Marczewski,E.: On compact measures. Fund. Math. 40 (1953) 113-124.

Raiffa,H.: Decision Analysis. Reading, Mass. (1968).

Shafer,G.: A Mathematical Theory of Evidence. Princeton Univ. Press, 1976.

Shafer,G.: Non-additive probabilities in the work of Bernoulli and Lambert. Arch.Hist. Exact Sci. 19 (1978) 309-370.

Skala,H.J.: Not necessarily additive realizations of comparative probability. Trans.7th Prague Conf. on Information Theory, Statistical Decision Functions, Random Processes, 1974, 545-554.

Smith,C.A.B.: Consistency in statistical inference and decision. J.Royal Statist. Soc. B 23 (1961) 1-25.

Stone,M.: The opinion pool. Ann. Math. Stat. 32 (1961) 1339-1342.

Suppes,P.: The measurement of belief. J.Royal Stat. Soc. B 38 (1974) 160-175.

Williams,P.M.: Indeterminate probabilities. Formal Methods in the Methodology of Empirical Sciences. Reidel 1976, 229-246.

THE ESTIMATION OF RATIOS AND RELATED QUANTITIES

D. A. Sprott and R. Viveros, Waterloo, Canada, and Puebla, Mexico

The estimation of a parameter α is considered for a family of problems giving rise to likelihood functions of α that are determined by the ratio of two quadratic functions of α. This family contains a number of problems arising in practice that have an extensive and controversial literature. The reason for this controversy may be that, although a parent normal distribution is assumed, the resulting likelihood functions have some curious properties. These militate against the widespread application of estimation in terms of point estimates with minimum variance, squared error loss functions, etc. Several examples are discussed.

Es wird die Schätzung eines Parameters α für eine Klasse von Problemen betrachtet, die zu Likelihood-Funktionen für α führen, welche sich durch das Verhältnis zweier quadratischer Funktionen von α ausdrücken lassen. Diese Klasse enthält eine Reihe praktischer Probleme, die in der Literatur ausgedehnt und kontrovers erörtert worden sind. Der Grund für diese Kontroverse mag darin liegen, dass, obwohl Normalverteilung vorausgesetzt wird, die resultierenden Likelihood-Funktionen einige eigenartige Eigenschaften aufweisen. Diese sprechen gegen die weitverbreitete Schätzung in Form von Punktschätzungen mit minimaler Varianz, quadratischer Verlustfunktion, etc. Mehrere Beispiele werden diskutiert.

1. Introduction

Consider two samples X and Y of sizes m and n from $N(\theta,\sigma^2)$ and $N(\alpha\theta,\sigma^2)$ distributions respectively. A <u>pivotal</u> quantity is a function of the observations X,Y, and the parameters, having a known distribution, that is, a distribution that is independent of the parameters. The standard method of estimating α is to use the Fieller N(0,1) (i.e. normal, mean 0 and variance 1) pivotal quantity $H^{1/2}$, where $H=mn(\bar{y}-\alpha\bar{x})^2/(m+n\alpha^2)\sigma^2$. Thus if σ is known, a complete set of confidence intervals for α can be obtained by reference to the standard normal distribution. If σ is unknown, then $t^2=mn(\bar{y}-\alpha\bar{x})^2/(m+n\alpha^2)\tilde{\sigma}^2=H\sigma^2/\tilde{\sigma}^2$ is used, where $\tilde{\sigma}^2$ is the usual unbiased estimate of σ^2 based on m+n-2 degrees of freedom. Corresponding confidence intervals can be obtained by referring t to the $t_{(m+n-2)}$ distribution.

Since θ and $\alpha\theta$ have independent $N(\bar{x},\sigma^2)$, $N(\bar{y},\sigma^2)$ likelihoods, the restricted maximum likelihood (ml) estimate of θ for a specified α is $\theta^*=(m\bar{x}+n\alpha\bar{y})/(n+m\alpha^2)$. Replacing θ by θ^* in the joint likelihood of θ,α, gives the maximum relative or profile likelihood of α as $R_M(\alpha)=\exp(-H/2)$, Sprott(1980). If σ^2 is unknown, then similarly replacing σ^2 by its restricted ml estimate for a specified α gives $R_M(\alpha)=[1+t^2/(m+n-2)]^{-(m+n-1)/2}$, which is a $t_{(m+n-2)}$ likelihood.

The essential feature in what follows is the fact that replacing

Contributions to Econometrics and Statistics Today
Edited by H. Schneeweiss and H. Strecker

by a one-to-one function $\phi=\phi(\alpha)$ does not change the estimation problem. As shown by Sprott (1980) these likelihoods, and hence the corresponding Fieller pivotal quantities above, can be simplified by transforming to the parameter $\phi=\tan^{-1}\alpha$. This allows the application of ml estimation, as suggested and exemplified by Sprott and Viveros (1984), to obtain an approximate efficient linear pivotal quantity having an approximate normal or a t distribution. This in turn gives a complete summary of the evidence contained in the data concerning ϕ in terms of a simple estimation statement of the form $\phi=\tilde{\phi}\pm st$, where $\tilde{\phi}$ and s are numbers calculable from the observations, and t is a random variable with a known distribution, cf. Barnard (1981). Such statements can be transformed back to yield corresponding statements about α, or about any single valued function of α.

It is the purpose here to generalize the foregoing to the family of likelihood functions defined by (1) below, and to exemplify the application of ml estimation using t and also log F approximations. Many, apparently diverse, problems arising in practice have likelihood functions belonging to this family, including the intersection of two regression lines, the maximum or minimum of a quadratic regression, the ED50 dose in bioassay, the linear calibration problem, and the linear functional relationship. These likelihoods all have the following interesting features, whatever the sample size: they do not approach zero as $\alpha \to \pm\infty$, so that all values of α have some degree of plausibility; in addition to having a maximum at the ml estimate $\hat{\alpha}$, all of these likelihoods have an absolute minimum at a finite point $\tilde{\alpha}$. They thus all potentially have a shape far from a normal likelihood. They should serve as a warning against estimation in terms of point estimates, loss functions, etc. Such methods could prove misleading when applied to this family of likelihoods. As always, the shape of the observed likelihood should first be examined.

2. General family of likelhoods

Let $H(\alpha)$ be the ratio of two quadratic functions of α,

$$H=H(\alpha) = H_1(\alpha)/H_2(\alpha), \quad H_i(\alpha) = a_i\alpha^2+2b_i\alpha+c_i, \quad i = 1,2, \tag{1a}$$

where $a_i>0$, a_2, b_2, c_2, are constants, or functions of ancillary statistics and so regarded as constants, and $b_1^2-a_1c_1\leq 0$, $b_2^2-a_2c_2<0$ so that $H\geq 0$. The general family of relative likelihoods $R(\alpha)$ to be considered is defined by

$$\log R(\alpha) = -[(k+1)/2]\log(1+t^2/k), \quad k>0, \tag{1b}$$

$$t^2 = k[H(\alpha)-H(\hat{\alpha})]/H(\hat{\alpha}), \qquad H(\hat{\alpha}) \neq 0, \tag{1c}$$
$$= H(\alpha), \qquad H(\hat{\alpha}) = 0. \tag{1d}$$

These relative likelihoods may be maximum likelihoods, as above, or alternatively, marginal or conditional likelihoods (Kalbfleisch and Sprott (1970)), or combinations thereof.

Noting that $1+\tan^2\phi=1/\cos^2\phi$, it can be shown that

$$\phi = \tan^{-1}[(a_2\alpha + b_2)/(a_2c_2-b_2{}^2)^{1/2}], \tag{2a}$$

has a corresponding likelihood function $R(\phi)$ given by

$$H = H(\phi) = A \sin^2\phi + 2B \sin \phi \cos \phi + C \cos^2\phi, \quad -\pi/2\leq\phi\leq \pi/2 \tag{2c}$$

where A, B, and C are functions of the a's, b's and c's, and $B^2-AC\leq 0$, $A>0$, and $C>0$.

3. Relative likelihood $R(\phi)$

Using standard trigonometric identities, the derivative of $H(\phi)$ can be written as $H'(\phi) = (A-C)\sin 2\phi + 2B \sin 2\phi$. Let

$$\phi_o = (1/2)\tan^{-1} 2B/(C-A), \qquad (-\pi/4\leq\phi_o\leq \pi/4). \tag{3a}$$

When the second derivative $H''(\phi) = 2(A-C)\cos 2\phi - 4B \sin 2\phi$ is positive at ϕ_o, H of (2c) is a minimum and the likelihood (1b) is a maximum. From this it follows that the maximum likelihood estimate is

$$\hat{\phi} = \phi_o - (\pi/4)\,\mathrm{sgn}\, B\, [\mathrm{sgn}(C-A)+1] \tag{3b}$$

and that there is a minimum of the likelihood at

$$\tilde{\phi} = \phi_o - (\pi/4)\,\mathrm{sgn}\, B\, [\mathrm{sgn}(C-A)-1] \tag{3c}$$

where sgn(B) is 1,-1 according as B is positive or negative.

Let

$$D = [(C-A)^2+4B^2]^{1/2}, \quad E = (A+C-D)/2. \tag{4}$$

Note that since $B^2-AC\leq 0$, $A>0$, $C>0$, therefore $E\geq 0$, and $E=0$ only if $B^2=AC$ and then $H(\phi)$ is a perfect square. By applying (3a) and (3b) to (2c), it can be shown that t of (1c) and (1d) is

$$t = [k\, I_\phi/(k+1)]^{1/2}\sin(\hat{\phi} - \phi), \tag{5a}$$

where I_ϕ is the observed Fisher information obtained from (1b)

$$I_\phi = -\partial^2\log R(\phi)/\partial\hat{\phi}^2 = (k+1)D/E \quad \text{if } E\neq 0,$$
$$= (k+1)D/k \quad \text{if } E=0. \tag{5b}$$

This simplifies (1) and is more suitable for obtaining normal, t, or log F approximations.

4. t and log F approximations to $R(\phi)$

If I_ϕ is not too small, an approximation to $R(\phi)$ can be obtained by fitting a t likelihood up to the quartic term in the Taylor expansion of the logarithm of the likelihood $R(\phi)$, as in Sprott (1982). The result is $\log R(\phi) \cong -[(a+1)/2]\log(1+t^2/a)$, where

$$t_{(a)} = [aI_\phi/(a+1)]^{1/2}\ (\hat{\phi} - \phi), \tag{6a}$$

that is, ϕ has an approximate t likelihood with a degrees of freedom (df.), where I_ϕ is given by (5b) and the df. a is

$$a = [(2/3I_\phi) + (1/k+1)]^{-1} - 1. \tag{6b}$$

If I_ϕ is sufficiently large, a is approximately k. The resulting approximation is then simply a result of $\sin(\hat{\phi}-\phi) \cong (\hat{\phi}-\phi)$.

Another possibility is to similarly approximate $R(\phi)$ by a log F likelihood. Because of the symmetry in ϕ, the result is a log F likelihood with equal numerator and denominator degrees of freedom b, given by $\log R(\phi) \cong (bz/2)+b[\log(2)-\log(1+\exp z)]$, where

$$b = [(2/I_\phi) + (3/k+1)]^{-1}, \tag{7a}$$

$$z = z_{(b,b)} = (4I_\phi/b)^{1/2}\ (\hat{\phi} - \phi), \tag{7b}$$

so that ϕ has approximate log F likelihood with b and b df. The details of log F approximations and their application to the more general case of asymmetric likelihoods are beyond the scope of this paper.

If I_ϕ is not too small, the foregoing suggests using (6a) or (7b) as an approximate t or log F variate respectively. This allows estimation statements of the simple form of approximate confidence intervals

$$\phi = \hat{\phi} \pm s\, t_{(a)}, \qquad s^2 = (a+1)/aI_\phi,$$
$$\phi = \hat{\phi} \pm s\, z_{(b,b)}, \qquad s^2 = b/4I_\phi \tag{8}$$

as cited earlier. However, small values of I_ϕ imply uninformative data and result in highly non-normal likelihoods as described in Section 1. The whole of the likelihood function must then be completely given.

The following sections exemplify these points.

5. Linear calibration

Suppose there are m independent $N(\theta_1+\theta_2 x_i, \sigma^2)$ observations y_i, and n independent $N(\theta_1+\theta_2\alpha, (\lambda\sigma)^2)$ observations y_i', with λ specified. It is required to estimate α. The problem arises when m observations y_i, at specified x_i, are used to calibrate an instrument, assuming linearity. In use, the instrument yields values y_i' at an unknown value $x=\alpha$. This problem has an extensive and controversial literature. See, for example, Hunter and Lamboy (1981) who give a Bayesian approach, and Minder and Whitney (1975) who present a marginal likelihood analysis. The approach here is allied to the latter.

A likelihood for α can be obtained as in Section 1 by noting that the standard normal variate $H^{1/2}$ is given by

$$H^{1/2} = \hat{\theta}_2(\hat{\alpha} - \alpha)/H_2(\alpha)^{1/2}\sigma,$$

where $H_2(\alpha)$ and $\hat{\alpha}$, the ml estimate of α are

$$H_2(\alpha)=(\lambda^2/n)+(1/m)+(\bar{x}-\alpha)^2/S_{xx}, \quad S_{xx}=\sum(x_i-\bar{x})^2,$$
$$\hat{\alpha} = \bar{x} - [(\bar{y} - \bar{y}')/\hat{\theta}_2].$$

As in Section 1, σ can be eliminated using the usual unbiased estimate $\tilde{\sigma}^2$ based on m+n-3 df. The result is a t likelihood from (1b), (1d), with k replaced by m+n-3 and $t^2=H\sigma^2/\tilde{\sigma}^2$ as in Section 1.

The parameter ϕ of (2a) is

$$\phi = \tan^{-1}[K^{1/2}(\alpha - \bar{x})], \quad K = mn/S_{xx}(m\lambda^2 + n).$$

The approximate $t_{(a)}$ pivotal is then (6a) with k=m+n-3, and

$$I_\phi = (m+n-2)\hat{\theta}^2 S_{xx}/(m+n-3)\tilde{\sigma}^2\cos^2\hat{\phi},$$

from which complete sets of approximate confidence intervals can be obtained.

Example 1. Hunter and Lamboy (1981) present data for which

$$m=20, \quad S_{xx}=195.25, \quad \bar{x}=5.5, \quad \bar{y}=6.19 \qquad \hat{\theta}_2=.98727, \quad \tilde{\sigma}^2=.07174, \ df=18.$$

It is required to estimate x ($=\alpha$) when y=6, for which $\hat{\alpha}=5.307$.

Assuming $\lambda=1$, the above formulae are $\phi=\tan^{-1}(.06984\alpha - .38412)$, so that $\hat{\phi}=-.01344$, and $I_\phi=2800.78$. The resulting estimation statements (8) are

$$\phi=-.01344\pm.01941\ t_{(18)}; \quad \alpha=5.5+14.318\tan[-.01344\pm.01941\ t_{(18)}].$$

Setting $t_{(18)}=2.101$ gives the 95% confidence interval as $\alpha=4.7228$, 5.8916. This can be compared with the exact results obtained by setting t^2 above equal to the required values of $t_{(18)}$ and solving the resulting quadratic equations. The resulting exact 95% confidence interval is 4.7226, 5.8918. In fact all of the above approximate confidence intervals are essentially exact in this example, because of the large value of I_ϕ.

The log F approximation gives a summary of the form ϕ: $-.01344 \pm .02314z$, where z is a log $F_{(6,6)}$ variate, which in this example is almost equally as accurate.

7. Linear functional relationship

Consider n pairs of independent $N(\theta_{1i}, \sigma^2)$, $N(\theta_{2i}, \sigma^2)$ observations, (x_i, y_i), where $\theta_{2i} = \beta + \alpha\theta_{1i}$. It is required to estimate α. Because of the large number of parameters, this problem has caused difficulties.

The approach here is based on the marginal likelihood developed by Kalbfleisch and Sprott (1970, Section 7.2) which is proportional to

$$[(\alpha^2 S_{xx} - 2\alpha S_{xy} + S_{yy})/(\alpha^2+1)]^{-(n-2)/2}.$$

where S_{xx}, S_{xy}, and S_{yy} are the usual "corrected" sums of squares and cross-products. This marginal likelihood is of the form determined by (1c), with

$$k = n-3, \quad H_2(\alpha) = \alpha^2 + 1, \quad H_1(\alpha) = (\alpha^2 S_{xx} - 2\alpha S_{xy} + S_{yy}).$$

It follows immediately from (2a) that $\phi = \tan^{-1}\alpha$. From (2b), $H(\phi)$ is given by (2c) with $A = S_{xx}$, $B = -S_{xy}$, and $C = S_{yy}$. Application of (4) and (5) produces the exact likelihood, and (6) the approximate t variate, with

$$D = [(S_{xx} - S_{yy})^2 + 4\, S_{xy}^2]^{1/2}, \qquad E = S_{xx} + S_{yy} - D.$$

Creasy (1956) derived an exact t pivotal with n-2 df. for ϕ,

$$t_c = [(n-2)D^2/4(S_{xx}S_{yy} - S_{xy}^2)]^{1/2} \sin 2(\hat{\phi} - \phi),$$

which has been discussed in some detail by Schneeweiss (1982). From (4) and (5) this can be written

$$t_c = [D\, I_\phi/4(S_{xx} + S_{yy} + D)]^{1/2} \sin 2(\hat{\phi} - \phi).$$

This pivotal, though exact, is inefficient in the sense of contradicting the likelihood function, producing an entirely different ranking of values of ϕ. Because $t_c = 0$ at the minimum of the likelihood, confidence intervals based on t_c that contain the most plausible values of ϕ will also contain the least plausible values of ϕ. To examine this further, it should be noted that if the t likelihood is approximately normal, $R(\phi)\cong\exp(-t^2/2)$, the corresponding standardized logarithmic derivative or score function will be $-t(\phi)t'(\phi)/I_\phi^{1/2}$, which, from (5a) is

$$Sc = [(n-3)/2(n-2)]\ (I_\phi)^{1/2} \sin 2(\hat{\phi} - \phi).$$

The quantities Sc and t_c are similar, their ratio being $[(n-3)/(n-2)]$ $[(S_{xx}+S_{yy}+D)/D]^{1/2}$ independent of ϕ. The Creasy pivotal is therefore similar to the score function arising from the marginal likelihood. Because of the existence of minima, all the likelihoods defined by (1) have this property; their score functions do not distinguish between the region around $\hat{\phi}$, the maximum of the likelihood, and the region around $\tilde{\phi}$, the minimum of the likelihood. However, if $r^2=S_{xy}{}^2/S_{xx}S_{yy}$ is close to 1, or equivalently if I_ϕ is large, so that the data are highly informative about ϕ, the behaviour of t_c approximates that of the likelihood in the region of non-negligible likelihood.

As in Section 6, the above can easily be generalized to have a specified variance ratio different from unity.

Example 2. Kendall and Stuart (1961, p. 387) cite simulated data from a linear functional relationship, for which

$$n=9, \qquad S_{xx} = 237.96, \qquad S_{xy} = 451.28, \qquad S_{yy} = 905.14.$$

Hence (4) and (5b) give D=1122.4, E=10.354, k=n-3=6, and I_ϕ=758.65. From (3b) $\hat{\phi}$=1.1037 and from (6b) $a\cong6$, so that $t=25.501(1.1037-\phi)$ has an approximate $t_{(6)}$ likelihood. Using t as an approximate $t_{(6)}$ variate gives a summary of the data in the form of approximate confidence intervals (8)

$$\phi = 1.1037 \pm .03921\ t_{(6)}, \quad \alpha = \tan[1.1037 \pm .03921\ t_{(6)}].$$

For example, setting t=2.447 gives an approximate .95 confidence interval α =1.584, 2.569.

Applying the exact $t_{(7)}$ pivotal t_c gives the corresponding .95 confidence interval as 1.617, 2.501 (ignoring the part around the minimum of the likelihood). It also ascribes exact confidence levels of .924, .965, and .994 to the above approximate .90, .95, and .99 confidence intervals.

The corresponding results using the log F approximation (7) are $\alpha=\tan(1.11037\pm.02761\log F)$ with b=2.319 df. The approximate .95 confidence interval is α =1.603, 2.530. The Creasy pivotal similarly ascribes confidence levels of .915, .957, and .990 to the approximate .90, .95, and .99 confidence intervals.

It may be noted that r above is .9723 and I_ϕ is large, so that t and t_c are approximately the same in the region of $\hat{\phi}$. Nevertheless, because of the failure of t_c to reflect the overall shape of the likelihood, it is not clear how valid it is as a check on the accuracy of the t approximation.

Example 3. Consider the Cushny-Peebles sleep data analysed by Fisher (1970, pp. 121,142-144), and let $\beta=0$ in the above model. The same formulae apply with the degrees of freedom increased by 1 and with S_{xx}, S_{xy} and S_{yy} replaced by the uncorrected sums of squares and cross-products S_{11}, S_{12}, S_{22}. The results are

$$n=10, \quad S_{11}=90.37, \quad S_{12}=43.11, \quad S_{22}=34.43.$$

The above formulae give

$$k=n-2=8, \quad D=102.777, \quad E=11.0114, \quad I_{\phi}=84.004, \quad a\cong 7, \quad \hat{\phi}=.49763.$$

Thus, $t=8.5734(.49763-\phi)$ is used as an approximate $t_{(7)}$ variate. The resulting approximate confidence intervals for α are

$$\alpha=\tan[.49763 \pm .11664\ t_{(7)}].$$

The approximate .95 interval is (.2255, .9765).

The exact pivotal t_c with 9 df., ignoring the region around the minimum of the likelihood, gives (.2284, .9710). It ascribes exact confidence levels of .9046, .9516 and .9887 to the approximate .90, .95, .99 $t_{(7)}$ confidence intervals. Thus, curiously, even though $r=.79$ is not so close to 1 and I_{ϕ} is not very large, the agreement is better than in Example 3.

The corresponding results for the log F approximation are $\alpha=\tan(.49763+.091288\log F)$ with b=2.8 df. The resulting approximate .95 interval is (.2400, .9496). The Creasy pivotal ascribes confidence levels of .8943, .9428, and .9836 to the approximate .90, .95, and .99 intervals.

Fisher(1970), assuming only that there exists an α such that $y_i-\alpha x_i$ are independent $N(0,\sigma^2)$ variates, obtained the .95 confidence interval (-.4848, .6566). The difference between this and the above interval is presumably due to the difference between the models assumed. See, for example, Fisher (1954).

8. Discussion

Estimation, and more particularly the application of maximum likelihood estimation, has been discussed and exemplified for a class of problems where ratios and related parameters are of interest. This class includes many practical problems with an extensive and controversial literature. Even though they assume a parent normal distribution, the resulting likelihood functions have some curious properties. This perhaps accounts for the controversial literature, since the rigid approach to estimation based on point estimates and squared error loss functions is unable to cope with problems for which the likelihoods can have such a variety of non-normal shapes. See, for example, Minder and Whitney (1975). In particular, the ml estimate in the calibration problem of Section 6 has been criticized for having infinite mean square error; also confidence intervals in this family can cover the whole real line. However, an examination of the likelihood function as described in Section 1 gives a clear indication of what is happening. For example, if the slope θ_2 of the regression line $E(y)=\theta_1+\theta_2 x$ does not differ significantly from zero, how can one expect to say much about the value of x corresponding to an observed y? And, as underlined by Barnard (1981), an important requirement for statistical methods is not only to say what conclusions are justified, but also to say what conclusions are <u>not</u> justified.

The Creasy pivotal of Section 7 illustrates that more than the exact distribution of a pivotal is required. In addition some kind of plausibility or likelihood ranking of parametric values is required. If the pivotal is highly non-linear in the parameter, as is the case in this paper, such a likelihood ranking will not be deducible solely from the pivotal and its distribution alone, but must be regarded as a separate ingredient.

Although a normal distribution is assumed in this paper, the methods have a wider application, for example, to the estimation of the ED50 dose of a drug from discrete data following the binomial logistic model. It is interesting that the foregoing tangent transformation, suggested by an examination of normal likelihoods, appears to work when applied similarly to the binomial logistic likelihood, which itself gives no analytical indication of the tangent transformation.

More remains to be done to investigate these extensions. Of particular interest is the use of a log F approximation discussed in Section 5 to accommodate residual skewness after the application of a transformation.

Acknowledgment

We should like to thank Professor Schneeweiss for extensive discussions concerning the linear functional relationship of Section 7, which indeed prompted the idea for the paper. This research was partially supported by a grant from the Natural Sciences and Engineering Research Council of Canada.

References

BARNARD, G. A. (1982): A coherent view of statistical inference. University of Waterloo.

BARNARD, G. A. (1981): The conditional approach to robustness. Statistics and Related Topics, pp.235-241, M.Csorgo, D. A. Dawson, J. N. K. Rao, and A. K. Md. E. Saleh, editors. North-Holland Pub.

CREASY, M. A. (1956): Confidence limits for the gradient in the linear functional relationship. Jour. Roy. Statist. Soc. B 18, 65-95.

FISHER, R. A. (1954): Contribution to the discussion of "Limits for the ratio of means". Jour. Roy. Statist. Soc. B 16, 212-213.

FISHER, R. A. (1966): Design of Experiments. 8th ed. Oliver & Boyd: London.

FISHER, R. A. (1966): Statistical Methods for Research Workers. 14th ed. Oliver & Boyd: London.

KENDALL, M. G. and STUART, A. (1961): The Advanced Theory of Statistics, Vol. 2. Charles Griffin: London.

KALBFLEISCH, J. D. and SPROTT, D. A. (1970): Application of likelihood methods to models involving large numbers of parameters (with discussion). Jour. Roy. Statist Soc. B 32, 175-208.

HUNTER, W. G. and LAMBOY, W. F. (1981): A Bayesian analysis of the linear calibration problem (with discussion). Technometrics 23, 323-350.

MINDER, CH. E. and WHITNEY, J. B. (1975): A likelihood analysis of the linear calibration problem. Technometrics 17, 463-471.

SCHNEEWEISS, H. (1982): Note on Creasy's confidence limits for the gradient in the linear functional relationship. Jour. Multivariate Analysis 12, 155-158.

SPROTT, D. A. (1980): Maximum likelihood in small samples: estimation in the presence of nuisance parameters. Biometrika 67, 515-523.

SPROTT, D. A. (1982): Robustness and maximum likelihood. Comun. Statist.-Theor. Meth. 11, 2513-2529.

SPROTT, D. A. and VIVEROS, R. (1984): The interpretation of maximum likelihood estimation. To be published in the Canadian Jour. Statist.

D. A. Sprott, Department of Statistics, University of Waterloo, Waterloo, ONT. N2L 3G1, Canada.

R. Viveros, Colegio de Computacion, Escuela de Ciencias Fisico Matematicas, Universidad Autonoma de Puebla, Puebla, PUE. Mexico.

ON A CONCEPT OF ASYMPTOTICAL RISK IN SURVEY SAMPLING

Horst Stenger, Mannheim

We suppose that a sampling strategy has to be associated with each possible a priori information concerning a population. The association is called a sampling scheme if a weak invariance condition is satisfied. The mean square error of a sampling scheme can be approximated in a natural way by the so-called asymptotical risk. We show that strategy schemes are unbiased in an asymptotical sense and we give a lower bound for the asymptotical risk.

Wir nehmen an, jeder möglichen A-priori-Information über eine Grundgesamtheit sei eine Stichprobenstrategie zuzuordnen. Diese Zuordnung wird Stichprobenschema genannt, wenn eine schwache Invarianzbedingung erfüllt ist. Der mittlere quadratische Fehler eines Stichprobenschemas kann in natürlicher Weise durch das sog. asymptotische Risiko approximiert werden. Wir zeigen, daß Stichprobenschemata in einem asymptotischen Sinn unverzerrt sind, und wir geben eine untere Schranke für das asymptotische Risiko an.

0. Introduction

According to BLACKWELL/GIRSHICK (1954) and GODAMBE (1955) survey sampling may be considered as a part of decision theory. MENGES (1958) has to be mentioned as one of the first to recognize the importance of this point of view.

In a decision theoretic approach it seems natural, at first, to interprete the mean square error (MSE) of a sampling strategy as a risk function. Now, all strategies of any practical importance are large sample strategies the MSE of which may be approximated; and these approximations can also be used as risk functions, i.e. admissibility, completeness, minimaxity etc. are to be defined on the base of these approximations.

We do not wish to approximate the MSE by adopting a superpopulation model (see BREWER (1979)), but prefer to generalize the traditional method to deal with the ratio strategy. Admissibility and complete class results are not derived in the present paper. For an application of the minimax principle see STENGER (1983 a,b).

Contributions to Econometrics and Statistics Today
Edited by H. Schneeweiss and H. Strecker

1. Sampling Strategies

We consider the set of all functions

$$y: \mathcal{U} \to R$$

where $\mathcal{U}$ is a finite set, called *population*, and where R may be the whole real line $\mathbb{R}$ or any subset. $|\mathcal{U}|$ is the number of units $u \in \mathcal{U}$; y_u is the value of the function y at u.

$\mathcal{S}(\mathcal{U})$ is the set of all *samples* s of $\mathcal{U}$, i.e. of subsets $s \subset \mathcal{U}$. A *design* p is a probability distribution on $\mathcal{S}(\mathcal{U})$, i.e. a function $p: \mathcal{S}(\mathcal{U}) \to \mathbb{R}$ with

$$p_s \geqq 0 \quad \text{for all} \quad s \in \mathcal{S}(\mathcal{U})$$

$$\sum_{s \in \mathcal{S}(\mathcal{U})} p_s = 1$$

A function

$$\sum_{u \in \mathcal{U}} t_{su} y_u$$

defined by a *weight function*

$$t: \mathcal{S}(\mathcal{U}) \times \mathcal{U} \to \mathbb{R}$$

with

$$t_{su} = 0 \quad \text{for all} \quad s, u \quad \text{with} \quad u \notin s$$

is called a *linear estimator*. The *mean square error* (MSE) of a strategy (p,t), p a design and t a weight function, is

$$\text{MSE}(y;p,t) = \sum_{s \in \mathcal{S}(\mathcal{U})} p_s \left[\sum_{u \in s} t_{su} y_u - \bar{y} \right]^2$$

where $\bar{y} = \sum_{u \in \mathcal{U}} y_u / |\mathcal{U}|$.

Example 1: We select $n \in \{1,2,\ldots |\mathcal{U}|\}$ and define

$$p_s = \begin{cases} \frac{1}{\binom{|\mathcal{U}|}{n}} & \text{if} \quad |s| = n \\ o & \text{otherwise} \end{cases}$$

$$t_{su} = \begin{cases} \frac{1}{n} & \text{if} \quad |s| = n \quad \text{and} \quad u \in s \\ o & \text{otherwise} \end{cases}$$

For the strategy (p,t) given in this way we have

$$MSE(y;p,t) = \frac{\sigma_{yy}}{n} \cdot \frac{|\mathcal{U}|-n}{|\mathcal{U}|-1}$$

with $\sigma_{yy} = \Sigma(y_u-\bar{y})^2/|\mathcal{U}|$

2. Sampling Schemes and Asymptotical Risk

Usually some information is available when a sampling procedure is to be performed. We suppose that this information is represented by a function $z\colon \mathcal{U} \to R$ which is correlated with $y\colon \mathcal{U} \to R$.
The population $\mathcal{U}$ to be sampled and the values z_u, $u \in \mathcal{U}$ may not be known early enough to the statistician; so he has to prepare himself for different situations, each situation being characterized by a positive function z with a finite domain $\mathcal{U}$, i.e. he has to define

$$(p(z),\ t(z))$$

We suppose that this definition satisfies the following invariance condition: Let z and $\tilde{z}$ be functions with finite domains $\mathcal{U}$ and $\tilde{\mathcal{U}}$, respectively, for which there is a 1-1-mapping $\pi : \mathcal{U} \to \tilde{\mathcal{U}}$ with

$$\tilde{z}_{\pi u} = z_u \quad \text{for all} \quad u \in \mathcal{U}$$

Then

$$p_{\pi s}(\tilde{z}) = p_s(z)$$

$$t_{\pi s \pi u}(\tilde{z}) = t_{su}(z)$$

for all $u \in s$ and $s \in \mathcal{S}(\mathcal{U})$ (where $\pi s = \{\pi u: u \in s\}$) .

<u>Example 2:</u> Select $f \in (o,1)$ and define for $z: \mathcal{U} \to R$

$$n = [[\, f \cdot |\mathcal{U}| \,]]$$

(i.e. n is the greatest integer not greater than $f \cdot |\mathcal{U}|$)

$$p_s(z) = \begin{cases} \dfrac{1}{\binom{|\mathcal{U}|}{n}} & \text{if } |s| = n \\ o & \text{otherwise} \end{cases}$$

$$t_{su}(z) = \begin{cases} \dfrac{\bar{z}}{\sum\limits_{u \in s} z_u} & \text{if } u \in s \\ o & \text{otherwise} \end{cases}$$

Then the above invariance condition is satisfied.

Note that there is no simple expression for MSE$(y;p(z),t(z))$, more precisely, the mean square error is not a function of n and a finite number of moments of y and z .

<u>Example 3:</u> Consider a positive function z with a finite domain $\mathcal{U}$, a continuous function $\alpha: \mathbb{R} \to (o,1)$ and define

$$p_s(z) = \prod_{u \in s} \alpha(z_u) \prod_{u \notin s} [1-\alpha(z_u)]$$

$$t_{su}(z) = \begin{cases} \dfrac{1}{|\mathcal{U}|} \cdot \dfrac{1}{\alpha(z_u)} & \text{for } u \in s \\ o & \text{otherwise} \end{cases}$$

Then $(p(z),t(z))$ is a strategy and we have

$$MSE(y;p(z),t(z)) = \frac{1}{|U|^2} \sum_u \frac{1-\alpha(z_u)}{\alpha(z_u)} y_u^2$$

We wish to consider families $(p(z),t(z))$; $z > o$ defined more generally. For two functions y,z with the same domain U

$$F(\eta,\zeta|y,z) = \frac{|\{u\in U : y_u \leqq \eta, z_u \leqq \zeta\}|}{|U|}$$

is a distribution function.

$$F_1(\eta|y) = F(\eta,\infty|y,z)$$

$$F_2(\zeta|z) = F(\infty,\zeta|y,z)$$

are corresponding marginal distribution functions. We have

$$\bar{y} = \int \eta \, dF_1(\eta|y)$$

$$\sigma_{yy} = \int (\eta-\bar{y})^2 \, dF_1(\eta|y)$$

Let $F(\eta,\zeta)$ be a distribution function with the following properties:

$$F(\eta_o,\zeta_o) = o, \quad F(\eta_1,\zeta_1) = 1$$

for $\eta_o,\zeta_o,\eta_1,\zeta_1$ chosen appropriately. Then there exist $(y^{(K)},z^{(K)})$; $K = 1,2,\ldots$ with the following properties:

(a) $y^{(K)}$ and $z^{(K)}$ have the same finite domain $U^{(K)}$; $K = 1,2,\ldots$

(b) $|U^{(1)}| < |U^{(2)}| < \ldots$

(c) $\lim_{K\to\infty} F(\eta,\zeta|y^{(K)},z^{(K)}) = F(\eta,\zeta)$ for $\eta,\zeta \in \mathbb{R}$

(d) $F(\eta_o,\zeta_o|y^{(K)},z^{(K)}) = o$; $F(\eta_1,\zeta_1|y^{(K)},z^{(K)}) = 1$ for $K = 1,2,\ldots$

If (a), (b), (c) and (d) are satisfied $F(\eta,\zeta)$ will be called *limit distribution* of the sequence $(y^{(K)},z^{(K)})$; $K = 1,2,\ldots$

For y, z with the same domain $\mathcal{U}$ and for a strategy $(p(z),t(z))$ we define

$$\varphi(\zeta|p(z)) = \sum_s p_s(z) \frac{|\{u\in s: z_u \leq \zeta\}|}{|\mathcal{U}|}$$

for all $\zeta \in \mathbb{R}$ and

$$\rho(y;p(z),t(z)) = |\mathcal{U}| \sum_s p_s(z) \left[\sum_u t_{su}(z)\, y_u - \bar{y}\right]^2$$

A sampling strategy $(p(z),t(z))$ is called a *sampling scheme* if functions

$$f(\zeta|p)$$
$$\rho(F;p,t)$$

exist with the properties:

- $f(\zeta|p)$ is nonnegative and piecewise continuous as a function of $\zeta \in \mathbb{R}$.
- If $(y^{(K)},z^{(K)})$; $K = 1,2,\ldots$ is a sequence with the limit distribution $F(\eta,\zeta)$, then

$$\lim_{K\to\infty} \varphi(\zeta|p(z^{(K)})) = \int_{-\infty}^{\zeta} f(\zeta'|p)\, dF_2(\zeta')$$

$$\lim_{K\to\infty} \rho(y^{(K)};p(z^{(K)}),t(z^{(K)})) = \rho(F;p,t)$$

$\rho(F;p,t)$, as a function of F, is the *asymptotical risk* of the sampling scheme (p,t). (The above definition implies

$$\lim_{K\to\infty} \rho(y^{(K)};p(z^{(K)}),t(z^{(K)})) = \lim_{K\to\infty} \rho(\tilde{y}^{(K)};p(\tilde{z}^{(K)}),t(\tilde{z}^{(K)}))$$

for sequences $(y^{(K)},z^{(K)})$; $K = 1,2,\ldots$ and $(\tilde{y}^{(K)},\tilde{z}^{(K)})$; $K = 1,2,\ldots$ with the same limit distribution.)

<u>Example 2</u> (continued): According to

$$\varphi(\zeta|p(z)) = \frac{n}{|\mathcal{U}|} F_2(\zeta|z)$$

we have a sampling scheme with

$$f(\zeta|p) = f$$

$$\rho(F;p,t) = \left(\frac{1}{f} - 1\right) \int \left(\eta - \frac{\bar{y}}{\bar{z}} \zeta\right) dF(\eta,\zeta)$$

where

$$\bar{y} = \int \eta \, dF_1(\eta)$$

$$\bar{z} = \int \zeta \, dF_2(\zeta)$$

<u>Example 3</u> (continued): Since

$$\varphi(\zeta|p(z)) = \frac{\sum\limits_{u:z_u \leqq \zeta} \alpha(z_u)}{|\mathcal{U}|} = \int\limits_{-\infty}^{\zeta} \alpha(\zeta') \, dF_2(\zeta'|z)$$

in example 3 a sampling scheme is defined with

$$f(\zeta|p) = \alpha(\zeta)$$

$$\rho(F;p,t) = \int \eta^2 \frac{1-\alpha(\zeta)}{\alpha(\zeta)} dF(\eta,\zeta)$$

<u>Example 4</u>: Let real numbers $\zeta(1),\ldots \zeta(H-1)$, $f^*(1),\ldots f^*(H)$ with

$$o < \zeta(1) < \zeta(2) < \ldots < \zeta(H-1)$$

$$o < f^*(1), f^*(2),\ldots f^*(H) < 1$$

be given and define $\zeta(o) = o$, $\zeta(H) = \infty$. For $z: \mathcal{U} \to R$ and $h = 1,2,\ldots H$ we define

$$\mathcal{U}(h) = \{u \in \mathcal{U}: \zeta(h-1) < z_u \leqq \zeta(h)\}$$

$$n(h) = [\![f^*(h) |\mathcal{U}(h)|]\!]$$

and write p(z) for stratified sampling with sample sizes n(1),n(2), ... n(H) in the strata $\mathcal{U}(1),\ldots \mathcal{U}(H)$. We further define t(z) by

$$t_{su}(z) = \begin{cases} \dfrac{|\mathcal{U}(h)|}{|\mathcal{U}| \cdot n(h)} & \text{for } u \in s \cap \mathcal{U}(h) \\ o & \text{for } u \notin s \end{cases}$$

Then $\Sigma\, t_{su}y_u$ is the usual stratified estimator.
It is easily seen that $(p(z),t(z))$ is a sampling scheme with

$$\rho(F;p,t) = \Sigma\, \nu^*(h)\ \sigma^*_{yy}(h) \left(\frac{1}{f^*(h)} - 1\right)$$

where

$$\nu^*(h) = F_2(\zeta(h)) - F_2(\zeta(h-1))$$

and where $\sigma^*_{yy}(h)$ is the conditional variance of $F(\eta,\zeta)$, given $\zeta(h-$' $< \zeta \leqq \zeta(h)$. (For h with $\nu^*(h) = o$ the conditional variance $\sigma^*_{yy}(h)$ is not defined; we assume therefore that h is excluded from the summatioı Σ if $\nu^*(h) = o$.)

3. Asymptotical Unbiasedness and a Lower Bound for the Asymptotical Ri:

Let $(p(z),t(z))$ be a sampling scheme. As a consequence of

$$\Sigma\, p_s(z) \left[\Sigma\, t_{su}(z)y_u - \bar{y}\right]^2 \geqq \left[\Sigma\, p_s(z)\ \Sigma\, t_{su}(z)y_u - \bar{y}\right]^2$$

we have for $(y^{(K)},z^{(K)})$; K = 1,2,... with limit distribution F

$$\rho(F,p,t) \geqq \lim\ |\mathcal{U}^{(K)}| \left[\Sigma\, p_s(z^{(K)})\ \Sigma\, t_{su}(z^{(K)})y_u^{(K)} - \bar{y}^{(K)}\right]^2$$

and as $\rho(F;p,t) < \infty$

$$\lim \Sigma\, p_s(z^{(K)})\ \Sigma\, t_{su}(z^{(K)})y_u^{(K)} = \bar{y}$$

$(= \int \eta\, dF_1(\eta))$, i.e. we derive:

Theorem 1

A sampling scheme is unbiased in the asymptotical sense.

Lemma 1

Consider distribution functions

$$G^{(1)}(\eta,\zeta), G^{(2)}(\eta,\zeta), \ldots, G^{(o)}(\eta,\zeta)$$

with

$$\lim_{n\to\infty} G^{(n)}(\eta,\zeta) = G^{(o)}(\eta,\zeta)$$

for all $\eta,\zeta \in \mathbb{R}$ and

$$\begin{aligned} G^{(n)}(\eta_o,\zeta_o) &= o \\ G^{(n)}(\eta_1,\zeta_1) &= 1 \end{aligned} \tag{1}$$

for all $n = o,1,2,\ldots$ (where $\eta_o,\zeta_o,\eta_1,\zeta_1$ are chosen appropriately). Then

$$\lim_{n\to\infty} \int_{-\infty}^{\zeta} f(\zeta'|p)\ dG_2^{(n)}(\zeta') = \int_{-\infty}^{\zeta} f(\zeta'|p)\ dG_2^{(o)}(\zeta')$$

for all $\zeta \in \mathbb{R}$ and

$$\lim_{n\to\infty} \rho(G^{(n)};p,t) = \rho(G^{(o)};p,t)$$

The first assertion follows from the continuity of $f(\zeta|p)$ and from (1). The proof of the second assertion is straight forward.

Theorem 2

Let the marginal distribution F_2 of F be a step function; more specially we suppose that there exist real numbers

$$o < \zeta(1) < \zeta(2) < \ldots < \zeta(H)$$

and probabilities

$$\nu^*(1), \nu^*(2), \ldots \nu^*(H)$$

such that

$$F_2(\zeta) = \sum_{h:\zeta(h) \leqq \zeta} \nu^*(h)$$

Let

$$\sigma^*_{yy}(1), \sigma^*_{yy}(2), \ldots \sigma^*_{yy}(H)$$

be the conditional variances defined by F for $\zeta = \zeta(1), \zeta(2), \ldots \zeta(H)$.

Then for a sampling scheme $(\underline{p}, t)$ with

$$f(\zeta|p) = \begin{cases} \overset{*}{f}(h) & \text{if } \zeta = \zeta(h) \\ o & \text{if } \zeta \neq \zeta(1), \zeta(2), \ldots \zeta(H) \end{cases}$$

we have

$$\rho(F;\underline{p},t) \geqq \Sigma\, \nu^*(h)\, \sigma^*_{yy}(h) \left(\frac{1}{f^*(h)} - 1\right)$$

<u>Proof:</u> (See STENGER (1983b).)

(a) We consider a sequence $(y^{(K)}, z^{(K)})$; $K = 1,2,\ldots$ with the limit distribution F. We denote the domain of $y^{(K)}$ and $z^{(K)}$ by $\mathcal{U}^{(K)}$ and define

$$N^{(K)} = |\mathcal{U}^{(K)}|$$

$$\mathcal{U}^{(K)}(h) = \{u \in \mathcal{U}^{(K)}: z_u = \zeta(h)\}$$

$$N^{(K)}(h) = |\mathcal{U}^{(K)}(h)|$$

$$\nu^{(K)}(h) = \frac{N^{(K)}(h)}{N^{(K)}}$$

We assume

$$\Sigma\ \nu^{(K)}(h) = 1$$

The conditional expectation and variance defined by $F(\eta,\zeta|y^{(K)},z^{(K)})$ for $\zeta = \zeta(1),\dots \zeta(H)$ are denoted by

$$\bar{y}^{(K)}(h),\ \sigma_{yy}^{(K)}(h)$$

In the sequel the superscript K is omitted.

(b) By our invariance condition $p(z)$ defines a probability distribution over the allocations

$$n(\ ) = (n(1),n(2),\dots n(H)) .$$

Given a special allocation $n(\ )$ simple random samples of sizes $n(1),n(2),\dots n(H)$ respectively have to be selected from $U(1),\dots U(H)$. By our invariance condition $t(z)$ defines real numbers

$$\lambda_{n(\ )}(h);\ h = 1,2,\dots H$$

for each allocation $n(\ )$ and $n(h) = o$ implies $\lambda_{n(\ )}(h) = o$. Given a special allocation $n(\ )$ we have to use the estimate

$$\Sigma\ \lambda_{n(\ )}(h)\ \bar{Y}(h)$$

where $\bar{Y}(h)$ is the sample mean for $U(h)$. We have therefore,

$$N\ MSE\ (y;p(z),t(z))$$

$$= N\ E\left[\Sigma\ \lambda^2_{n(\ )}(h)\left(\frac{N(h)}{n(h)} - 1\right)\frac{\sigma_{yy}(h)}{N(h)-1}\right.$$

$$\left. + \left(\Sigma\left[\lambda_{n(\ )}(h) - \nu(h)\right]\bar{y}(h)\right)^2\right] \tag{2}$$

(c) For $h = 1,2,\dots H$ and $\kappa \in \mathbb{N}$ we define

$$I_i(h) = \left\{j\in\mathbb{N} : N(h)\ \frac{i-1}{\kappa} < j \leq N(h)\ \frac{i}{\kappa}\right\};\ i = 1,2,3,\dots \kappa$$

Then $I_1(h), I_2(h), \dots I_\kappa(h)$ is a partition of the set $\{1, \dots N(h)\}$. With

$$p_i(h) = \Pr\left[n(h) \in I_i(h)\right]$$

$$a_i(h) = E\left[\lambda_{n(\ )}(h) \mid n(h) \in I_i(h)\right]$$

for $h = 1,2,\dots H$ and $i = 1,2,\dots \kappa$ we obtain from (2)

$$N\ MSE(y;p(z),t(z)) \geqq \sum_h \frac{N}{N(h)} \sigma_{yy}(h) \sum_i p_i(h)\, a_i^2(h) \left(\frac{\kappa}{i} - 1\right) \tag{3}$$

(d) Defining with $\alpha > o$

$$x_u = \begin{cases} \alpha & \text{if } u \in U(h_o) \\ o & \text{otherwise} \end{cases}$$

for $h_o \in \{1,2,\dots H\}$ we have according to (2)

$$N\ MSE(x;p(z),t(z)) = N\ E\left[\lambda_{n(\ )}(h_o) - \nu(h_o)\right]^2 \alpha^2$$

$$\geqq N \sum_i p_i(h_o) \left[a_i(h_o) - \nu(h_o)\right]^2 \alpha^2 \tag{4}$$

and according to (4), $\rho(F;p,t) < \infty$ implies for $i = 1,2,\dots \kappa$

$$\lim p_i(h_o) \left[a_i(h_o) - \nu(h_o)\right]^2 = o \tag{5}$$

(e) Let $J(h)$ be the set of all $i = 1,2,\dots \kappa$ with $\lim_{t\to\infty} p_i(h) = o$. For $\varepsilon > o$ (5) ensures the existence of an integer t_ε such that $|a_i(h) - \nu^*(h)| < \varepsilon$ for all $i \notin J(h)$; $h = 1,2,\dots H$ and $t > t_\varepsilon$. Hence we have from (3) for $\varepsilon < \nu^*(1), \nu^*(2), \dots \nu^*(H)$ and for $t > t_\varepsilon$

$$N\ MSE\ (y;p(z),t(z)) \geqq \sum_h \left[\nu^*(h) - \varepsilon\right]^2 \frac{N}{N(h)} \sigma_{yy}(h) \sum_{i \notin J(h)} p_i(h) \left(\frac{\kappa}{i} - 1\right)$$

and by the inequality of JENSEN it follows

$$N\,MSE\,(y;p(z),t(z)) \geq \Sigma \left[\nu^*(h) - \varepsilon\right]^2 \frac{N}{N(h)} \sigma_{yy}(h)\, \Sigma' p_i(h) \left(\frac{\kappa\, \Sigma' p_i(h)}{\Sigma'\, i p_i(h)} - 1\right) \tag{6}$$

where Σ' denotes summation over $i \notin J(h)$. Now, from the definition of $J(h)$ we have $\lim \Sigma' p_i(h) = 1$ and

$$\Sigma' i p_i(h) \leqq \Sigma\, i p_i(h) \quad \text{for} \quad h = 1,2,\ldots H \tag{7}$$

Because of $\Sigma\, p_i(h) \frac{i-1}{\kappa} N(h) \leqq E\, n(h)$ we obtain from (7) $\Sigma' i p_i(h) \leqq \left(f(h) + \frac{1}{\kappa}\right)\kappa$ and therefore from (6)

$$\rho(y;p(z),t(z)) \geqq \Sigma \left[\nu^*(h) - \varepsilon\right]^2 \frac{\sigma^*_{yy}(h)}{\nu^*(h)} \left(\frac{1}{f^*(h) + \frac{1}{\kappa}} - 1\right)$$

with $\varepsilon \to o$ and $\kappa \to \infty$ the theorem follows.

The above theorem may be generalized for arbitrary distributions F . We will not derive this generalization but prefer to consider a simple continuous analogue of theorem 2 .

Theorem 3

Let F be a continuous distribution and denote the density of the marginal distribution F_2 by $f_2(\zeta)$. We assume that

$$f_2(\zeta) > o \quad \text{for} \quad \zeta \in I = (o,c)$$

$$f_2(\zeta) = o \quad \text{for} \quad \zeta \notin I$$

and that the conditional variance $\sigma_{yy}(\zeta)$ defined by $F(\eta,\zeta)$ be continuous as a function of ζ .

Then for any sampling scheme (p,t)

$$\rho(F;p,t) \geqq \int \sigma_{yy}(\zeta) \left(\frac{1}{f(\zeta|p)} - 1\right) f_2(\zeta)\, d\zeta$$

Proof: Define for $H = 1,2,\ldots$ and $h = o,1,2,\ldots H$

$$\zeta(h) = \frac{h}{H} c$$

and

$$\tilde{F}(\eta,\zeta) = \max_{h:\zeta(h) \leqq \zeta} F(\eta,\zeta(h))$$

With

$$\tilde{\nu}(h) = \int_{\zeta(h-1)}^{\zeta(h)} f_2(\zeta)\, d\zeta$$

$$\tilde{f}(h|p) = \frac{1}{\tilde{\nu}(h)} \int_{\zeta(h-1)}^{\zeta(h)} f(\zeta|p)\, f_2(\zeta)\, d\zeta$$

$$\tilde{\sigma}_{yy}(h) = \sigma_{yy}(\zeta(h))$$

we derive from theorem 2

$$\rho(\tilde{F},p,t) \geqq \sum_{1}^{H} \tilde{\nu}(h)\, \tilde{\sigma}_{yy}(h) \left(\frac{1}{\tilde{f}(h|p)} - 1\right)$$

On the other hand we see that

$$\lim_{H\to\infty} \sum_{1}^{H} \tilde{\nu}(h)\, \tilde{\sigma}_{yy}(h) \left(\frac{1}{\tilde{f}(h|p)} - 1\right) = \int \sigma_{yy}(\zeta) \left(\frac{1}{f(\zeta|p)} - 1\right) f_2(\zeta)\, d\zeta$$

Now we clearly have $\lim\limits_{H\to\infty} \tilde{F} = F$ and by lemma 1

$$\lim \rho(\tilde{F};p,t) = \rho(F;p,t)$$

Thus the theorem follows.

4. References

Blackwell, D. and Girshick, M.A. (1954). Theory of Games and Statistical Decisions. Wiley, New York.

Brewer, K.R.W. (1979). A Class of Robust Designs from Large-Scale Surveys. J.Amer.Statist.Ass. 74 (911-915).

Godambe, V.P. (1955). A Unified Theory of Sampling from Finite Populations. J.R.Statist.Soc. B 17 (269-278).

Menges, G. (1958). Stichproben aus endlichen Gesamtheiten. Klostermann, Frankfurt a.M..

Stenger, H. (1983a). Selection of Sample Survey Procedure Based on the Minimax Principle. In: Heiler, S. (ed.). Recent Trends in Statistics. Vandenhoeck & Ruprecht, Göttingen (40-47).

Stenger, H. (1983b). Asymptotical Minimaxity of Sampling Strategies. Discussion Paper 266-83, Mannheim.

ESTIMATION OF THE RESPONSE VARIANCE IN SURVEYS

Heinrich Strecker and Rolf Wiegert, Tübingen

> "*Die Anwendung der Statistik kann immer nur so gut sein wie es gelingt, die Fehler abzuschätzen, und ein statistisches Resultat ist nicht darum ungenau, weil es einen Fehler hat, sondern gerade nur so ungenau, wie sein Fehler unbekannt bleibt.*"
>
> MENGES: Die Statistik - 12 Stationen des statistischen Arbeitens 1982

Survey models with re-enumerations are introduced in order to estimate, besides the bias and, if needed, the random sampling variance in sample surveys, above all the response variance of individual survey values. A measure for the response variabilities is the response variance. At least two surveys are required for its estimation. In the case of time-dependent varying survey values an additional descriptive control survey is needed to determine the changes and to adjust them to the same key-date. In Belgium three surveys of the Census of Agriculture of May 1979 (characteristic: livestock) were carried out with short time intervals to meet these requirements. This paper gives an account of the nature and scope of these surveys, of the adjustment procedure and of the estimated results.

Erhebungsmodelle mit Wiederholungszählungen werden eingeführt, um neben dem Bias und gegebenenfalls bei Stichprobenerhebungen der Stichprobenzufallsvarianz vor allem die Antwortvarianz von individuellen Angabewerten zu schätzen. Die Antwortvarianz ist eine Maßzahl für die Variabilität von Antworten. Für die Schätzung dieser Antwortvarianz werden praktisch mindestens 2 Erhebungen benötigt, bei einem Merkmalswert, der in der Zeit variabel ist, wird zusätzlich eine deskriptive Kontrollerhebung erforderlich, um die für eine Adjustierung auf einen einheitlichen Stichtag benötigten Veränderungen festzustellen. In Belgien wurden bei Landwirtschaftszählungen (Merkmal Viehbestände) im Mai 1979 drei Erhebungen in kurzem zeitlichen Abstand realisiert. Die weitere Darstellung gibt Art und Umfang der Erhebung, die vorgenommene Adjustierung und die Ergebnisse der Schätzungen wieder.

0. Introduction

On 9 December 1982, Günter Menges chaired a Symposium on Errors in Statistical Data which took place in Heidelberg. One lecture given during this meeting dealt with the authors' model for estimating the response variance on the basis of survey models

Contributions to Econometrics and Statistics Today
Edited by H. Schneeweiss and H. Strecker

with re-enumerations. During the ensuing stimulating discussion Günter Menges, in view of the authors' results, pointed out the importance of the generalized Mean Square Error (MSE) as an adequate measure of errors for generally judging the quality of data; he recommended, wherever possible, to calculate this measure when using other statistical methods for data collection, too.

Because of Menges' sudden death the proceedings of this symposium have not been published, as had been planned, in order to document its results. The following contribution to a commemorative volume for Günter Menges is an attempt to continue the earlier discussion and, at the same time, to deal at greater length with the estimation procedure for relevant quantities of the model which could be touched on only briefly in the lecture.

1. The Generalized Mean Square Error in Models with Re-Enumerations

Survey models with re-enumerations are introduced in order to estimate, besides the bias and, in the case of sample surveys the random sampling variance, above all the response variance of individual survey values. The generalized Mean Square Error with metrically scaled data consists of the following components:

$$\text{MSE} = \begin{matrix}\text{total (sampling)}\\ \text{response variance}\end{matrix} + \left(\begin{matrix}\text{random}\\ \text{sampling variance}\end{matrix}\right) + \begin{matrix}\text{covariance,}\\ \text{interaction}\end{matrix} + \text{square bias}$$

The terms in brackets ( ) are omitted, if sample surveys are not integrated into the model with re-enumerations.

The response variance (σ_R^2) is a measure for the variability of the responses which the respondents give for a certain characteristic in surveys which follow each other at short intervals (applying the same adopted system of work ; referring to the same key-date). In this paper models without enumerator-effects are dealt with. For further details on the concept of re-enumerations and the formation of models resulting therefrom see HANSEN, HURWITZ, BERSHAD 1960; O'MUIRCHEARTAIGH 1977; STENGER 1977; STRECKER, WIEGERT, PEETERS, KAFKA 1983; STRECKER, WIEGERT, KAFKA 1984.

In countries with a well-functioning statistical service, e.g. Western European countries or the USA and Canada, numerous surveys are carried out by self-enumeration of the respondents concerned. If a Mean Square Error and a response variance shall be calculated, it is advisable in practice to limit oneself to models with only one re-enumeration (main or original survey, re-enumeration). Cost and organisational effort may this way be reduced while at the same time overstraining the "statistical morale" of the respondents can be avoided. The general formula of the MSE for t=2,3,4,...,k re-enumerations (STRECKER 1980) is simplified by the restriction of k=2 to the following formula

$$MSE(\bar{y}_{(k=2)n}) = \frac{\sigma_R^2}{2n} + V(\bar{y}_n) + B^2$$

N	number of units in the population
n	size of sample ($n \leq N$)
y_{it}	individual response or survey value for characteristic of unit i in re-enumeration t; the corresponding true value is x_i
$\bar{y}_{(k=2)n}$	$\frac{1}{n}\sum_{i=1}^{n}(\frac{1}{2}\sum_{t=1}^{2} y_{it})$; sample mean of y_{it}
y_i	expectation of y_{it} over t
$\bar{y}_n$	sample mean of y_i
σ_R^2	$E_i(\sigma_{R_i}^2) = E_i[E_t(y_{it} - y_i)^2]$ response variance of the survey as expectation of the individual response variances $\sigma_{R_i}^2$ of units i
$V(\bar{y}_n)$	random sampling variance of $\bar{y}_n$ (in the case of n=N this term is omitted)
B	$E_i[E_t(y_{it} - x_i)]$, bias ; x_i is the individual true value for the characteristic of unit i.

Thus, besides bias and random sampling variance, the response variance is an important component of the MSE. It shall be placed in the forefront of our further considerations. Estimation of bias and random sampling variance has been discussed in detail in earlier and current literature on sampling, whereas the response variance and its estimation have, generally speaking, been ignored or not been examined because of the operational difficulties with their determination.

2. Models for Practical Determination of the Response Variance

As for models with re-enumerations one has to distinguish between those with and those without adjustment of the data collected. The distinction depends on the fact that the value of the characteristic surveyed is either (practically) constant in time or has to be conceived as a variable quantity (non-constant time series). Characteristics of the land-utilization-survey in the Federal Republic of Germany can be taken as an example for a possible application of the models mentioned first - practically constant value of the item within certain periods of time. The value of the item "arable land by kind of crops" remains unchanged at least for the period between sowing and harvesting. Re-enumerations during this period do not, because of the constancy of the (true) value of the characteristic, require conversion of the survey values to one key-date (no adjustment); see STRECKER, WIEGERT, KAFKA 1984.

The example of an approximately constant survey characteristic appears in practice in few, but important cases; their treatment within the framework of models with re-enumerations does not involve great difficulties.

As a rule, the values of an item do not remain constant, not even between short intervals (realized values of the item as non-constant time series); this case demands an elimination of the changes of the true item values between two key-dates when applying models with re-enumerations. This conversion, called adjustment, presents one of the essential difficulties when ascertaining the response variance in practice.

As is well known, surveying characteristics of stocks often takes place when statistical data on population and economics are collected. The survey model presented here, with its restriction to one re-enumeration with adjustment, has been developed expressly for estimating the response variance in stock surveys. It may also be applied to many other items of the census of population and buildings or of the census of agriculture and horticulture. A complete enumeration or, alternatively, a sample survey of the values for the characteristic at a certain key-date (main survey) constitutes the central part of the model. After this key-date a descriptive control survey is carried out to ascertain the "true" value of the characteristic at the key-date of the main survey as well as the changes of stock which have actually taken place in the meantime. Such a survey has to be conducted by specially trained supervisors or by staff members of a statistical office, carefully and strictly observing the provisions of the adopted system of work. For reasons of time and cost it is designed as sample or sub-sample survey with an appropriate and efficient selection procedure; its results provide "true" values only for the units in the sample or sub-sample which may be compared with the survey values of the same units of the main survey. This survey value of the original survey and the one of the descriptive control facilitate calculation of individual respondent errors e_{it} which appear with single units (units in the sample and sub-sample, respectively).

For estimating a response variance at least one other value is required, arrived at through the same system of work. In practice it is not feasible for the (complete) enumeration to be preceded or followed by another survey of the same scope. Expenditure and organization would become too large; furthermore, the respondents' listlessness towards a double inquiry on the same subject after a short interval, and a widespread suspicion of the inquisitiveness of statistics could spoil the results. Since true values can be assessed only for the units of the sample or sub-sample (descriptive control after the main survey), it is suggested to organize a re-enumeration of the main survey sufficiently long before the key-date of the main survey (re-enumeration ex ante - beforehand) as.sample (sub-sample) with the same units as in the descriptive control.

The key-dates should be fixed at such a time interval that the respondents are unable to complete at the same time the questionnaires which are being distributed for the two surveys, yet, that it still remains possible to adjust the obtained data to the same key-date. An additional random sampling error occurs when applying a sample (sub-sample) design to the re-enumeration. This, however, must be accepted if a usable solution for conducting three surveys within a fairly short period of time is the aim. This error may be reduced considerably by employing a very efficient sampling procedure, e.g. models with varying probabilities of selecting the units. The above mentioned difficulties with the respondents' "statistical morale" concerning the re-enumeration may be influenced and more easily overcome by appropriate explanations and the request for cooperation with a much smaller group of people (units of sample or sub-sample) than with a large group of a complete enumeration. It is the reduced demand for organization and time of a sample (sub-sample) survey which allows setting the key-date of the re-enumeration close to that of the main survey. This is an important detail, since the survey value obtained from the re-enumeration has then to be adjusted - with data on stocks, taking into account the flows which occured in the meantime - in a way as though the second enumeration had been conducted as genuine re-enumeration at the same key-date as the main survey. This conversion is the subject of the adjustment, it can be solved only by means of additional concepts of the model or by further available information.

Using the hypothesis that the values of the characteristics of the individual units i on different key-dates may be conceived as time series it follows that, in order to solve the adjustment problem, a time series analysis and synthesis of time dependence of values has to be performed. A simple additive model could, for instance, be assumed: $x_{i\tau} = f_i(\tau) + u_{i\tau}$, with $x_{i\tau}$ as true value of the characteristic of unit i at point of time τ , as well as $f_i(\tau)$ as systematic and $u_{i\tau}$ as stochastic component of the model with i=1,...,N respectively n. To select the type of function for $f_i(\tau)$ and to estimate the parameters involved proves to be most difficult unless further, sufficiently comprehensive information is obtainable. The stochastic component $u_{i\tau}$ is part of the realized true value $x_{i\tau}$, it is not identical with the survey error which causes the response variability.

Adjustment by means of models of time series is obviously a problem and frequently, because of lack of information, not practicable. Therefore, in the next section a special method of adjustment will be developed for an applied model, which mainly makes use of the properties of the characteristic surveyed, of the sample model employed and of simple assumptions relying on previously gained experience.

Provided that there is a satisfactory solution to the adjustment problem, k=2 values are available referring to the same key-date τ, namely $y'_{i\tau}$ (main survey), $y''_{i\tau}$ (re-enumeration, e.g. ex ante) besides the true value $x_{i\tau}$ derived from the descriptive control. With the help of these values it is possible to make an estimation for the individual response variance $\sigma^2_{R_i}$ as well as for the bias and the MSE. From these individual response variances for the units in the sample (sub-sample) an estimator for the response variance σ^2_R is calculated.

3. Model and Adjustment

3.1 An Applied Model

As shown above, (at least) three surveys are needed to determine the response variance in practice. Also as an example for other countries, the following model was developed in Belgium in cooperation with the National Institute of Statistics in Brussels (Institut National de Statistique, Bruxelles):

1. Main survey (enumeration, original survey): Census of Agriculture and Horticulture - Recensement Agricole et Horticole - with key-date τ_0 = 15 May 1979, as complete enumeration
2. one re-enumeration ex ante: Pilot Enquête - Enquête Pilote - as surrogate for a genuine re-enumeration - with key-date τ_{-1} = 4 May 1979, as sample survey (two-stage sample: first stage commune, second stage holding, varying probabilities of selection for the primary unit commune)
3. descriptive control survey (accuracy check): Descriptive Control - Contrôle du Cheptel Porcin - as sample survey (two-stage sample with the same selection units as under 2.), in the period 11 - 20 June 1979.

The following figures give an idea of the extent of the surveys and of the amount of work involved:

number of communes in Belgium (N)	=	596	according to census of May 1979
number of holdings (M)	=	44 253	
size of sample according to plan (n_B)	=	130	communes with 967 selected holdings
number of supervisors employed (enumerators)	=	40	
number of animals (Y') (main survey)	=	5125260	pigs
number of animals per holding $\bar{Y}' = Y'/M$	=	115.8	pigs

One commune in the Descriptive Control dropped out, thus reducing n_B to effectively 129 communes in the sample.

The numerical evaluation of the data obtained from these three surveys was limited to the characteristic "number of pigs in the holding" (stock). This item is not constant in time because inflows and outflows cause fast changes in the livestock. Consequently, it has been necessary to adjust the survey values of 4 May 1979 (Pilot Enquête) to key-date 15 May 1979 (main survey). The re-enumeration and the control survey were based on a so-called model B (see STRECKER 1979) with varying probabilities of selection of the sample communes. According to this model the communes are selected proportional to the number of pigs in the communes with P_i as selection probability. Communes with large stock and, therefore, a high probability of selection, came more than once into the sample when applying the cumulative selection procedure; 130 communes according to plan were thus reduced in fact to 88 different sample communes. In the repeatedly selected communes (h_i-fold) the number of the selected holdings was increased accordingly.

The programme of the main survey could be reduced for the Pilot Enquête and the Descriptive Control since the sample surveys were restricted to the above-mentioned survey characteristic. The part of the questionnaire for the main survey dealing with the characteristic remained unchanged as questionnaire for the re-enumeration ; it was mailed to the respondents (sample with sampling fraction of about 2 % - 967 holdings according to plan, effectively 965 holdings - in n_B = 129, i.e. 88 different sample communes) and returned in the same way. The field work of the Pilot Enquête (re-enumeration ex ante) was finished, with a few unimportant exceptions, before the beginning of the main survey of 15 May. The co-operation was voluntary, since there was no legal obligation to answer the questions. 896 out of 965 holdings returned their completed questionnaires; the response ratio amounted to 896/965 ≈ 92.8%. Coincidence of the survey values for the stocks reported as on 4 May (key-date of the Pilot Enquête) and as on 15 May (key-date of main survey) was ascertained for about one quarter to one third of these holdings. There may be various reasons for this coincidence, e.g. lack of inflow and outflow, repetition of the first reported value in spite of changes in the stock, or inflow equalling outflow. For more details see STRECKER, WIEGERT, PEETERS, KAFKA 1983 as well as STRECKER, WIEGERT, KAFKA 1984.

3.2 Adjustment

As stated above, the adjustment of non-constant values of a characteristic serves the purpose of transferring the survey value of the re-enumeration (key-date different from that of the main survey) to the key-date of the main survey. There were not enough observations available for a time series analysis and synthesis for the time-dependent values of the item under investigation; a solution to the generally difficult adjustment procedure could, therefore, only be found on the basis of a simplified model.

The Descriptive Control provided true values of inflows and outflows of stocks in the selected holdings for the period between the date of the main survey and that of the control survey (after the main survey). The varying number of days for the individual commune i and the holding j is expressed by T_{ij}. It would have been helpful if the true fluctuation could also have been assessed for the period between the Pilot Enquête (key-date 4 May) and main survey (15 May), for calculating a direct adjustment of the values of 4 May to 15 May. Yet, considering the organisational effort, it is very difficult and time-consuming in practice to ascertain the true changes in stocks for two reference periods within one control survey. Apart from the fact that the control would have taken more time and the supervisors would have had to work longer at it, confusion of and faulty allocation to the different periods would have been likely. Altogether, more time, cost and organization would have been required for such a task, producing an additional work load for the three surveys which were to be conducted within a short period of time, and possibly resulting in susceptibility to further errors in the integrated course of these surveys.

The sample holdings within one commune were usually visited on the same day, so that per commune one key-date of the control survey may be assumed at an interval of $T_{ij} \approx T_i$ days after the key-date of the main survey, as a rule within less than 25 to 30 days.

The following updating formula considers the period between τ_0 (key-date of main survey) and τ_0+T_i (date of Descriptive Control in commune i) using the knowledge of the actual fluctuation (balance of inflow and outflow), obtained by the control survey, for calculating the true stock of holding j in commune i:

$$x_{ij,\tau_0+T_i} = x_{ij\tau_0} + T_i \cdot \Delta_{ij} = y_{ij\tau_0} + T_i \cdot \Delta_{ij} - e_{ij\tau_0} \qquad \begin{array}{l} i=1,\ldots,n_B \\ j=1,\ldots,m_i \end{array}$$

The various symbols and their meaning:

x_{ij,τ_0+T_i} true stock, ascertained in the control survey, of the holding j in commune i on the day of control (τ_0+T_i)

$x_{ij\tau_0}$ true value of the stock as at key-date of main survey (τ_0); determined, in practice, by "reflected calculation" by means of inflows (z_{ij}) and outflows (a_{ij}) from the control survey, i.e. $x_{ij\tau_0+T_i} - z_{ij} + a_{ij}$

$y_{ij\tau_0}$ survey value on the day of main survey (τ_0) 15 May 1979

Δ_{ij} estimated mean daily change of the true stock for the period $[\tau_0, \tau_0 + T_i]$, calculated from the sums of true daily inflows ($z_{ij\tau}; \tau=1,\ldots,T_i$) and true daily outflows ($a_{ij\tau}; \tau=1,\ldots,T_i$) in holding j, ascertained in the control survey

$$\Delta_{ij} = \frac{1}{T_i}\,[\underbrace{\sum_{\tau=1}^{T_i} z_{ij\tau}}_{z_{ij}} - \underbrace{\sum_{\tau=1}^{T_i} a_{ij\tau}}_{a_{ij}}]$$

$e_{ij\tau_0}$ $y_{ij\tau_0} - x_{ij\tau_0}$, deductive respondent error of the jth holding of the ith commune on key-date τ_0

m_i number of selected holdings in sample commune i

M_i total number of holdings in sample commune i (15 May 1979)

The updating formula is valid only for the end of period τ_0+T_i, since the computation was based on an average change. For days between τ_0 and τ_0+T_i it may be regarded as a linear approximation formula for the unknown true stocks.

Data of previous, current (periodical) surveys of the same characteristic proved that the value of the stocks in the communes (cumulated stocks of all holdings M_i in the communes) showed a distinctly visible upward tendency during the first 9 months of the year. To be able to use this additional information it was necessary to cumulate stocks of the sample holdings in the communes, and to compute estimators for values of stocks in communes $\hat{Y}_i$. The sample survey did not provide the information required for all M_i holdings but only for m_i selected holdings ($m_i \leq M_i$). Total (true) values of the stocks in communes $\hat{X}_i$, $\hat{Y}_i$, $\hat{\Delta}_i$, $\hat{E}_i$, were obtained in each case from estimations based on means estimated from m_i values.

The updating formula leads via cumulation over j and multiplication by the estimation factor M_i/m_i to the following relation:

$$\underbrace{\frac{M_i}{m_i}\sum_{j=1}^{m_i} x_{ij,\tau_0+T_i}}_{\hat{X}_i} = \frac{M_i}{m_i}\sum_{j=1}^{m_i} x_{ij\tau_0} + T_i \cdot \frac{M_i}{m_i}\sum_{j=1}^{m_i} \Delta_{ij} = \underbrace{\frac{M_i}{m_i}\sum_{j=1}^{m_i} y_{ij\tau_0}}_{\hat{Y}_i'} + \underbrace{T_i \frac{M_i}{m_i}\sum_{j=1}^{m_i} \Delta_{ij}}_{T_i \cdot \hat{\Delta}_i} - \underbrace{\frac{M_i}{m_i}\sum_{j=1}^{m_i} e_{ij\tau_0}}_{\hat{E}_i} \qquad (i=1,\dots,n_B)$$

The symbols in this formula being defined as:

$\hat{X}_i$ estimation of the true stock in commune i at point of time of the Descriptive Control (τ_0+T_i)

$\hat{Y}_i'$ estimated survey value in commune i (main survey, key-date τ_0)

$\hat{\Delta}_i$ mean daily change - estimation - of stock in commune i on the basis of the balanced true inflows and outflows in period $[\tau_0,\tau_0+T_i]$

$\hat{E}_i$ respondent error (estimation) of commune i

For the period between main survey and point of time of the Descriptive Control - a limited period - this relation represents a linear approximation to the upward trends, empirically ascertained by means of values of stocks in the communes and their fluctuation in time. As linear trend estimation this approximation was used for a reflection of the mean daily changes of stocks in the communes to the period: re-enumeration ex ante (Pilot Enquête) with key-date 4 May to key-date of the main survey 15 May, assuming that the estimation of a mean linear trend for the period between main survey and Descriptive Control also represents a sufficient approximation to the values of the characteristic for the period from 4 to 15 May. The increasing development of stocks in the communes was thus approximated linearly for the period between 4 May and day of the control, where estimation $\hat{\Delta}_i$ was used as the slope of the linear trend.

The value of $\hat{\Delta}_i$ (mean daily change of stock) was transposed to the estimation of stocks per commune of the Pilot Enquête (key-date 4 May). Then, with the help of $\hat{\Delta}_i$, adjusted values of the stocks on the key-date of the main survey (15 May) were computed. The whole procedure was called "reflection of flows" (reflection centre τ_0).

Hence, with T_i = T = 11 days (4 to 15 May)

$$\hat{Y}_i'' = \hat{Y}_i^{+''} + T_i \cdot \hat{\Delta}_i = \hat{Y}_i^{+''} + 11 \cdot \hat{\Delta}_i \qquad (i=1,\dots,n_B)$$

That means $\hat{Y}''_i$ is the "adjusted" estimated value of the stock as of 15 May for commune i, and $\hat{Y}^{+''}_i$ an estimation of the stock on the basis of the individual survey data of holdings on 4 May, $y^{+''}_{ij}$ $(j=1,\ldots,m_i)$, and $\hat{\Delta}_i$, as defined above, the estimation of a mean daily change of stocks for all M_i holdings. It is $\hat{Y}^{+''}_i = \frac{M_i}{m_i} \sum_{j=1}^{m_i} y^{+''}_{ij}$.

Δ_i, $\hat{\Delta}_i$ may be expressed more distinctly by the simpler symbols used in chart: Mean Square Error and Response Variance:

$$\Delta_i = \sum_{j=1}^{M_i} \Delta_{ij} = \sum_{j=1}^{M_i} \frac{1}{T_i} [\sum_{\tau=1}^{T_i} z_{ij\tau} - \sum_{\tau=1}^{T_i} a_{ij\tau}] = \frac{1}{T_i} \sum_{\tau=1}^{T_i} [\underbrace{\sum_{j=1}^{M_i} z_{ij\tau}}_{Z_{i\tau}} - \underbrace{\sum_{j=1}^{M_i} a_{ij\tau}}_{A_{i\tau}}]$$

$$= \underbrace{\frac{1}{T_i} \sum_{\tau=1}^{T_i} Z_{i\tau}}_{Z_i} - \underbrace{\frac{1}{T_i} \sum_{\tau=1}^{T_i} A_{i\tau}}_{A_i} = \bar{Z}_i - \bar{A}_i \qquad (i=1,\ldots,n_B).$$

As already mentioned above, data on true fluctuations were not available for all existing holdings M_i in sample commune i, but only in $m_i \leq M_i$ holdings. Consequently, estimates replaced them - notation ^- in the above terms:

$$\underbrace{\frac{M_i}{m_i} \sum_{j=1}^{m_i} \Delta_{ij}}_{\hat{\Delta}_i} = \frac{1}{T_i} \hat{Z}_i - \frac{1}{T_i} \hat{A}_i = \underbrace{\hat{\bar{Z}}_i - \hat{\bar{A}}_i}_{\hat{\Delta}_i}$$

Applying these symbols, the value of commune i "adjusted" to that of 15 May reads:

$$\hat{Y}''_i = \hat{Y}^{+''}_i + 11 \cdot (\hat{\bar{Z}}_i - \hat{\bar{A}}_i) \qquad (i=1,\ldots,n_B)$$

$\hat{Y}'_i$, $\hat{Y}''_i$ are integrated as k=2 responses of re-enumerations on the same key-date (τ_0) into the actual estimation of MSE and response variance.

4. Estimation of Response Variances $\sigma^2_{R_i}$, σ^2_R

The adjustment procedure previously described in detail requires the introduction of total survey values (primary unit commune) into further calculations of the estimates. Based on the two-stage sample of the Pilot Enquête and the adjustment, the value $\hat{Y}''_i$ could be computed for commune i $(i=1,\ldots,n_B)$. For calculating the variance, the survey value of the commune of the main survey Y_i' was available. In order to avoid a methodological discrepancy between the use of estimators from a sample on the one hand and total values of a complete survey on the other - the difference of these values enters into the estimation, causing a compensation of random sampling errors - the value $\hat{Y}_i'$ (analogous estimation to $\hat{Y}_i''$) was introduced instead of Y_i'. With the aid of these estimates, the one-stage error model for k=2 re-enumerations could then be applied for estimating the response variance, taking into account the alterations in the formulae due to the varying probabilities of selection (see STRECKER 1980).

The most relevant formulae for estimating $\sigma^2_{R_i}$ are given as follows:

$$\sigma^2_{R_i} = \underset{t}{E}(Y_{it} - Y_i)^2 \approx \hat{\sigma}^2_{R_i} = \frac{1}{k-1}\sum_{t=1}^{k}(Y_{it} - \frac{1}{k}\sum_{t=1}^{k} Y_{it})^2 = s^2_{R_i}$$

with Y_{it} as total survey value of primary unit i and a genuine re-enumeration t and $Y_i = \underset{t}{E}(Y_{it})$.

For k=2 an approximated estimation of the response variance of commune i is:

$$\hat{\sigma}^2_{R_i} \approx \frac{1}{2-1}\left[(\hat{Y}_i' - \frac{\hat{Y}_i' + \hat{Y}_i''}{2})^2 + (\hat{Y}_i'' - \frac{\hat{Y}_i' + \hat{Y}_i''}{2})^2\right] = \frac{1}{2}(\hat{Y}_i' - \hat{Y}_i'')^2 = s^2_{R_i}$$

Substituting the true value of the commune, X_i, the result is another form of the estimation

$$\hat{Y}_i' - X_i = \hat{e}_i' \qquad \hat{Y}_i'' - X_i = \hat{e}_i''$$

$$\hat{\sigma}^2_{R_i} = (\hat{Y}_i' - X_i + X_i - \frac{\hat{Y}_i' + \hat{Y}_i''}{2})^2 + (\hat{Y}_i'' - X_i + X_i - \frac{\hat{Y}_i' + \hat{Y}_i''}{2})^2$$

$$= (\hat{e}_i' - \frac{\hat{Y}_i' - X_i + \hat{Y}_i'' - X_i}{2})^2 + (\hat{e}_i'' - \frac{\hat{Y}_i' - X_i + \hat{Y}_i'' - X_i}{2})^2$$

$$= (\hat{e}_i' - \frac{1}{2}\hat{e}_i' - \frac{1}{2}\hat{e}_i'')^2 + (\hat{e}_i'' - \frac{1}{2}\hat{e}_i' - \frac{1}{2}\hat{e}_i'')^2$$

$$= \frac{1}{2}(\hat{e}_i' - \hat{e}_i'')^2$$

with $\hat{e}_i'$, $\hat{e}_i''$ as estimations for the respondent errors of commune i, provided by the main survey and by the adjusted re-enumeration. $\hat{\sigma}^2_{R_i}$ is, in this form, obviously calculated from the respondent errors and can be interpreted in terms of error considerations.

An estimation is achieved for the total response variance of the values of the characteristic surveyed on the basis of the two-stage model applied in Belgium, after employing the selection model with varying probabilities as follows:

$$\sigma^2_R \approx \hat{\sigma}^2_R = s^2_R = \frac{1}{n_B} \sum_{i=1}^{n_B} \frac{s^2_{R_i}}{N \cdot P_i}$$

Division by $\bar{M}^2 = (M/N)^2$, i.e. calculation of $\frac{s^2_R}{\bar{M}^2}$, results in an approximation of the total response variance per holding.

For purposes of comparison it is useful to calculate coefficients of variation for the response variances for communes and holdings, respectively. This way one arrives at:

$$\frac{s_R}{\hat{\bar{X}}_{Nn_B}} \quad \text{and} \quad \frac{s_R}{M \cdot \hat{\bar{X}}_{Mn_B}} \quad \text{respectively.}$$

with $\hat{\bar{X}}_{Nn_B}$, the sample mean of true values of the characteristic for communes, and $\hat{\bar{X}}_{Mn_B}$ as corresponding sample mean for holdings.

5. Numerical Results of the Applied Model in Belgium

As an example for collected data, Table 1a shows the survey values of the sample commune Sint-Gillis-Waas (Oost-Vlaanderen).
Table 1b gives information about interim results and estimated response variances of various sample communes. Commune Torhout (West-Vlaanderen) has entered twice into the selection ($h_i = 2$), and therefore $h_i \cdot m_i = 2 \times 8 = 16$ holdings have been selected according to the sample model; see also (3.1).

Formulae and calculations of the values in Table 1b are shown below for the example of commune Sint-Gillis-Waas.

Sint-Gillis-Waas:

From Table 1a there are the results:

$$\hat{Y}_i^{+''} = M_i \cdot \frac{1}{m_i} \sum_{j=1}^{m_i} y_{ij}^{+''} = 235 \cdot 506.125 = 118939.4 \text{ pigs}$$

(estimated survey value of the commune from the re-enumeration)

$$\hat{\bar{Z}}_i = M_i \cdot \frac{1}{m_i} \sum_{j=1}^{m_i} \frac{z_{ij}}{T_i} = M_i \cdot \frac{1}{m_i} \sum_{j=1}^{m_i} \bar{z}_{ij} = 235 \cdot 0.99167 = 233.0417 \text{ pigs}$$

(estimated inflow of the commune)

$$\hat{\bar{A}}_i = M_i \cdot \frac{1}{m_i} \sum_{j=1}^{m_i} \frac{a_{ij}}{T_i} = M_i \cdot \frac{1}{m_i} \sum_{j=1}^{m_i} \bar{a}_{ij} = 235 \cdot 0.81667 = 191.9167 \text{ pigs}$$

(estimated outflow of the commune)

$$T \cdot (\hat{\bar{Z}}_i - \hat{\bar{A}}_i) = 11 \cdot (\hat{\bar{Z}}_i - \hat{\bar{A}}_i) = 11 \cdot (233.0417 - 191.9167) = 452.4 \text{ pigs}$$

(estimated fluctuations)

$$\hat{Y}_i'' = \hat{Y}_i^{+''} + T \cdot (\hat{\bar{Z}}_i - \hat{\bar{A}}_i) = 118939.4 + 452.4 = 119391.8 \text{ pigs}$$

(estimated adjusted value of the commune from re-enumeration)

$$Y_i' \simeq \hat{Y}_i' = M_i \cdot \frac{1}{m_i} \sum_{j=1}^{m_i} y_{ij}' = 235 \cdot 505.000 = 118675.0 \text{ pigs}$$

(estimated survey value of the commune from main survey)

$$\sigma_{R_i}^2 \simeq s_{R_i}^2 = \frac{1}{2} (\hat{Y}_i'' - \hat{Y}_i')^2 = \frac{(119391.8 - 118675.0)^2}{2} = \frac{(716.8)^2}{2} = 256865.281$$

(estimated response variance of commune i - here Sint-Gillis-Waas)

$$\frac{\sigma_{R_i}^2}{N \cdot P_i} \simeq \frac{s_{R_i}^2}{N \cdot P_i} = \frac{256865.281}{596 \cdot 0.0067759} = 63605.439$$

(transformed response variance)

BELGIUM

CENSUS OF AGRICULTURE AND HORTICULTURE
- Recensement Agricole et Horticole - May 1979

ESTIMATION OF THE RESPONSE VARIANCE

Table 1a

Data of the main survey (Census of Agriculture and Horticulture - 15 May 1979), of the re-enumeration (Enquête Pilote - 4 May 1979), and of the Descriptive Control in 8 selected holdings (m_i)
Province 4 Oost-Vlaanderen Arrondissement 46 Sint-Niklaas Commune 46020 Sint-Gillis-Waas

characteristic: number of pigs

holding (j)	re-enumeration $y^{+\prime\prime}_{ij}$	main survey y'_{ij}	"true" value (15 May 1979) x_{ij}	days T_{ij}	inflow z_{ij}	$\bar{z}_{ij}$	outflow a_{ij}	$\bar{a}_{ij}$
1	55	66	66	30	25	0.83333	10	0.33333
2	98	120	132	30	43	1.43333	25	0.83333
3	292	298	310	30	0	0	0	0
4	3326	3326	3326	30	121	4.03333	127	4.23333
5	107	62	85	30	37	1.23333	19	0.63333
6	50	38	38	30	12	0.40000	14	0.46667
7	100	99	100	30	0	0	1	0.03333
8	21	31	32	30	0	0	0	0

Probability of selection $P_i = \frac{Y^*_i}{Y^*} = \frac{33827}{4992276} \approx 0.006776$

BELGIUM

Table 1b

Data of Census of Agriculture, Pilot Enquête and Estimation of Response Variances ($s^2_{R_i}$) in selected communes

(Excerpt)

Code No. of selected commune	Province and commune as well as code according to alphabetical list of communes	selection probability P_i	number of holdings M_i	frequency (of selection) h_i	number of sampled holdings m_i	Pilot Enquête (estimate) $\hat{Y}^{+\prime\prime}_i$	flow component $11(\hat{Z}_i-\hat{A}_i)$	adjusted estimate $\hat{Y}''_i$	main survey (estimate) $\hat{Y}'_i$	response variance (estimate) $s^2_{R_i}$	transformed response variance $\frac{s^2_{R_i}}{N \cdot P_i}$
	1 Provinz Antwerpen										
1	11009 Brecht	0.0073742	141	1	8	36395.6	3173.8_0	39569.4	35814.0	7051629.329	1604459.633
7	12040 Willebrock	0.0004781	24	1	8	3216.0	96.1_0	3312.1	3441.0	8306.927	29150.116
9	13002 Baarle-Hertog	0.0020377	50	1	8	13462.5	397.2_2	13859.7	12056.3	1626256.028	1339035.844
	3 Provinz West-Vlaanderen										
24	31033 Torhout	0.0161928	221	2	16	68036.4	291.1_1	68327.5	63379.6	12240821.860	1268358.352
	4 Provinz Oost-Vlaanderen										
67	46020 Sint-Gillis-Waas	0.0067759	235	1	8	118939.4	452.3_7	119391.8	118675.0	256865.281	63605.439
	6 Provinz Liège										
74	62027 Dalhem	0.0009425	55	1	8	7205.0	-164.2_9	7040.7	7046.9	18.996	33.819
	9 Provinz Namur										
88	92139 Gembloux-sur-Orneau	0.001416	68	1	8	5057.5	183.6_6	5241.2	4547.5	240582.593	285074.616

$$\sum_{i=1}^{88} h_i \frac{s^2_{R_i}}{N \cdot P_i} = 313083487.5$$

Probability of selection $P_i = \frac{Y^*_i}{Y^*}$ = e.g. 11009 Brecht $\frac{36814}{4992276} = 0.0073742$ or e. g. 31033 Torhout $\frac{80839}{4992276} = 0.0161928145$

(Y^*_i, Y^* = number of pigs according to preceding Census of Agriculture of 1 December 1978)

Belgium:

Using the data given in Table 1b, the estimated total response variance follows:

$$\sigma_R^2 \approx s_{R_B}^2 = \frac{1}{n_B}\sum_{i=1}^{88} h_i \frac{s_{R_i}^2}{N \cdot P_i} \approx \frac{1}{129}\, 313083487.5 = 2427003.779 \ ,$$

(response variance of communes)

$$\frac{s_{R_B}^2}{\bar{M}^2} \approx \frac{1}{74{,}25^2}\, 2427003.779 = 440.228$$

(response variance of holdings)

where $n_B = \sum_{i=1}^{88} h_i = 129$ with h_i as frequency of selection of commune i for the sample, e.g. Torhout $h_i = 2$ and $\bar{M} = M/N = 44253/596 = 74.25$ holdings per commune.

The coefficient of variation of the response variance for communes and holdings respectively is

$$\frac{s_R}{\hat{\bar{X}}_{Nn_B}} \quad \text{and} \quad \frac{s_R}{M\, \hat{\bar{X}}_{Mn_B}} \approx 17.77\ \% \ ,$$

with $\hat{\bar{X}}_{Nn_B} = 8768.1$ pigs.

The relative standard error of the simple sampling response variance related to the mean true value per commune $\hat{\bar{X}}_{Nn_B}$ and per holding $\hat{\bar{X}}_{Mn_B}$ amounts to

$$\frac{s_R}{\hat{\bar{X}}_{Nn_B}\sqrt{2n_B}} = \frac{s_R}{\bar{M}\, \hat{\bar{X}}_{Mn_B}\sqrt{2n_B}} = 1.11\ \% \ .$$

This standard error of 1.11 % is probably overestimated, since information from the complete survey could be used for the estimation only in as much as it was available from the sample of the re-enumeration (Pilot Enquête). A diminution of this quotient might have resulted if comprehensive information had been available in both cases (Pilot Enquête also executed as complete count). The re-enumeration can virtually only be carried out in the form of a sample survey conducted as efficiently as possible, since otherwise insuperable difficulties with regard to cost and time would arise. If complete information is simulated by substituting N for n_B in the variance formula, a reduced value of about 0.2 % is obtained for this quotient. A correct value lies presumably between 0.2 and 1.11 %. However, it cannot be calculated in practice. An even more efficient sampling procedure than the one applied here may possibly lead to a lower value than 1.11 % and thus to a smaller interval.

The value of the above coefficient of variation cannot be used for comparing the order of magnitude of the response variance with other (estimated) total values. An altered interpretation of the results leads to such a comparison. Had the main survey also been carried out as sample survey on the basis of the same model and with the same sample size as was the case in the Pilot Enquête, the order of magnitude of the relation between estimated sample response variance and random sampling variance of the mean $\hat{\bar{Y}}_{n_B}$ of the values of the communes Y_i [$= \frac{1}{2}(Y_i' + Y_i'') \approx \frac{1}{2}(\hat{Y}_i' + \hat{Y}_i'')$ with $i=1,\ldots,n_B$] could have been computed and thus given an indication of the order of magnitude of the response errors in relation to the random sampling errors. With the data available it is possible subsequently to compute the quantities which are required for this comparison. The results were:

$$\frac{s(\hat{\bar{Y}}_{n_B})}{\hat{\bar{Y}}_{n_B}} (\%) \approx 5.5\ \%$$ relative (root) random sampling variance

$$\frac{s_R}{\hat{\bar{Y}}_{n_B} \sqrt{2n_B}} (\%) \approx 1.1\ \%$$ relative (root) sample response variance

The relative (root) random sampling variance is 5 times larger than the correspondingly normalized sampling response variance. This relation is within the limits which are also observed for other sources of errors. It may be assumed that the impact of the response variability will be of a similar order of magnitude in other investigations where time-variable characteristics are concerned; whereas - mainly in population statistics - this relation will probably be smaller with regard to items constant in time.

At the end of this section on relevant numerical estimates the Mean Square Error shall also be given:

$$\text{MSE} \approx 163666.86 \qquad \frac{\sqrt{\text{MSE}}}{\hat{\bar{X}}_{Nn_B}} (\%) \approx 4.61\ \% .$$

For the total compilation of the numerical results see STRECKER, WIEGERT, PEETERS, KAFKA 1983.

6. Conclusions

Modus operandi and interaction of the various surveys and the calculation based on their data are once more presented in the following chart "Mean Square Error and Response Variance".

The chart clearly demonstrates that at least three surveys are required for determining the response variances of a time-dependent characteristic. As has been the case in this investigation, the main or original survey should be a complete count, combined with a re-enumeration and a descriptive control. The two later surveys will generally be conducted as sample surveys for reasons of time and cost; their additional random sampling errors can, however, be calculated and integrated into the total error variance.

If the main survey is not designed as total count but as sample, the pattern: complete enumeration - sample survey, given in the composition of the described model, has to be changed to: sample survey - sub-sample.

For an item which is not subject to changes or is so only in the long run, like date of birth or cultivated area, it is not absolutely necessary to have a descriptive control survey for eliminating flows. For values of characteristics varying in the short run, however, a descriptive control is absolutely necessary for ascertaining true values on the one hand and for the adjustment procedure on the other.

The model described in this study, and applied to determine response variance and Mean Square Error, has proved to be useful and can be recommended for further investigation in this field.

MEAN SQUARE ERROR AND RESPONSE VARIANCE

Chart for the determination of Mean Square Error and response variance on the basis of two (re-)enumerations and one descriptive control

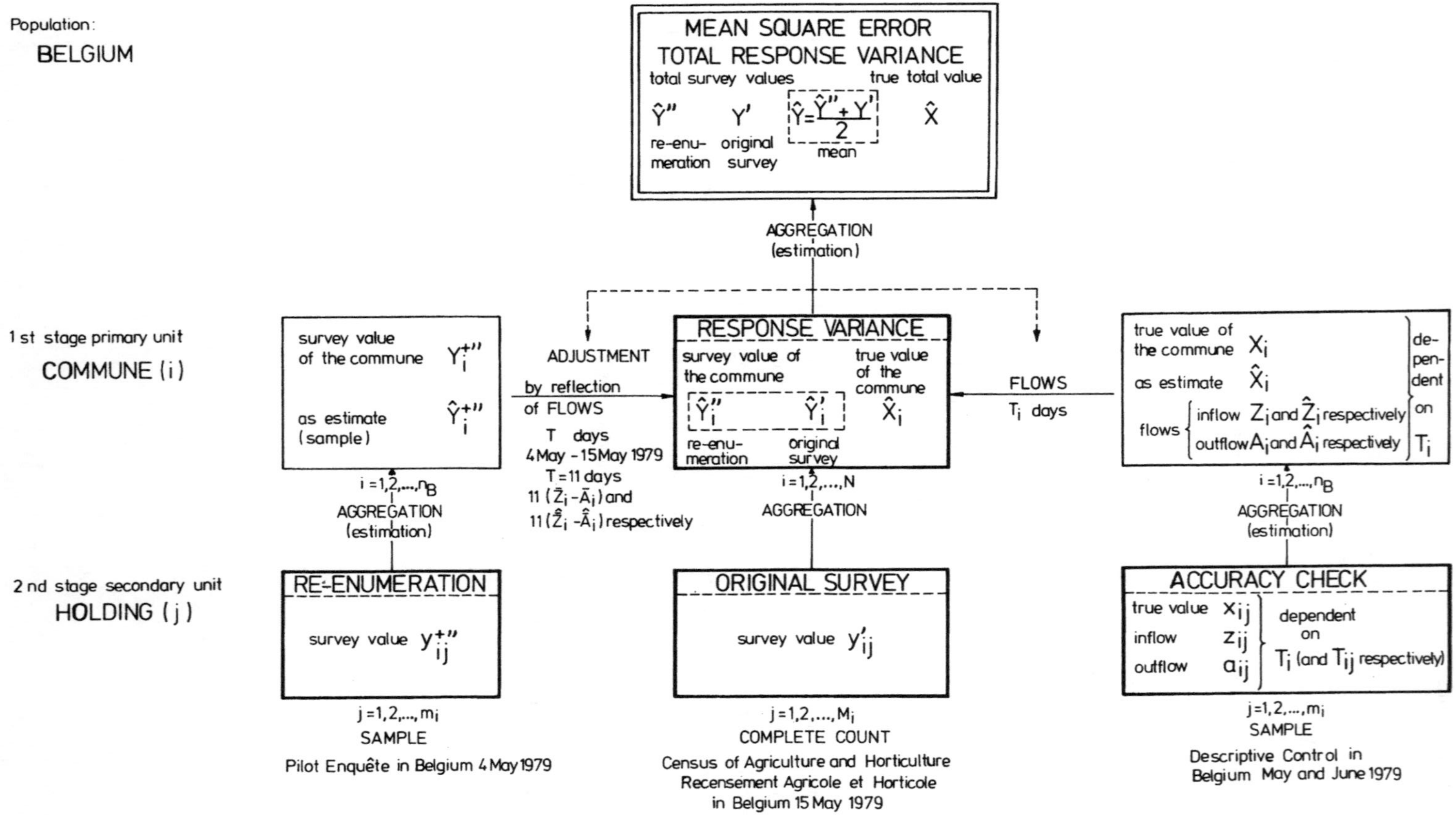

References

Bailar, B.A. and Dalenius, T., Estimating the Response Variance Components of the U.S. Bureau of the Census' Survey Model, Sankya, Series B.31, 1969, 341-360.

Bailar, B.A., Recent Research in Reinterview Procedures, Journal of the American Statistical Association, Vol. 63, 1968, 41-63.

Bamberg, G., Baur, F., Statistik (3. Auflage), München-Wien 1984, 5-10.

Chidambaram, V.C., Cleland, J.G., Verma, V., Some Aspects of WFS Data Quality: A Preliminary Assessment, World Fertility Survey, Comparative Studies, No. 16, 1980.

Dalenius, T., Bibliography Non-Sampling Errors in Surveys, International Statistical Review (1977), Vol. 45, No. 1,I,A to G, 71-89; 2,II,H to Q, 181-197; No. 3, III,R to Z, 303-317.

Fellegi, I.P., Response Variance and its Estimation, Journal of the American Statistical Association, Vol. 59, 1964, 1016-1041.

Fellegi, I.P., An Improved Method of Estimating the Correlated Response Variance, Journal of the American Statistical Association, Vol. 69, 1974, 496-501.

Hansen, M., Hurwitz, W., Pritzker, L., The Estimation and Interpretation of Gross Differences and the Simple Response Variance in: C.R. Rao, Contributions to Statistics, Oxford-Calcutta 1964, 111-136.

Krug, W., Nourney, M., Wirtschafts- und Sozialstatistik: Gewinnung von Daten, München-Wien 1982.

Menges, G., Skala, H., Grundriß der Statistik, Teil 2: Daten, Opladen 1973, 271-305.

Menges, G., Die Statistische Adäquation, Jahrbücher für Nationalökonomie und Statistik, Stuttgart 1982, Vol. 197, 289-307.

O'Muircheartaigh, C.A. (ed.), The Analysis of Survey Data, Vol. 2, New York, Brisbane, Toronto 1977, Chapter 7, Response Errors, 193-238.

Pokropp, F., Stichproben: Theorie und Verfahren, Königstein/Ts. 1980, 196-217.

Pokropp, F., Optimale Korrekturen bei Kontrollerhebungen auf Doppel-Stichproben, Jahrbücher für Nationalökonomie und Statistik (to be published in 1984).

Rinne, H., Kontrollen der Ergebnisse von Volkszählungen und Volkswirtschaftlichen Gesamtrechnungen, Allgemeines Statistisches Archiv, 1970, Heft 1, 29-54.

Schäffer, K.A., Fehler in der Statistik, Handwörterbuch der Wirtschaftswissenschaften, Bd. VII, 5./6. Lieferung 1976, S. 233-238.

Schaich, E., Das Fehlerproblem bei betrieblichen Inventuren, in: Piesch, W., Förster, W.(edts.), Angewandte Statistik und Wirtschaftsforschung heute, Reihe Angewandte Statistik und Ökonometrie, Nr. 21, Göttingen 1982, 174-192.

Schlittgen, R., Ein nichtparametrischer Ansatz in der Zeitreihenanalyse, Allgemeines Statistisches Archiv, 1981, Heft 2, 156-172.

Srikantan, K.S., An Evaluation of the Fiji Fertility Survey, World Fertility Survey, Occasional Papers, No. 21, 1979, International Statistical Institute.

Statistisches Bundesamt (Federal Republic of Germany), Volkszählung vom 27. Mai 1970, Fachserie 1, Heft 26: Untersuchungen zur Methode und Genauigkeit der Volkszählung 1970, Stuttgart und Mainz 1978.

Stenger, H., Antwortvariabilität als Fehlerquelle, Allgemeines Statistisches Archiv, 1977, Heft 4, 391-403.

Strecker, H., The Efficiency of Sample Models with Equal and with Varying Probability of Selection, Jahrbücher für Nationalökonomie und Statistik, Vol. 194/2, 1979, 113-148.

Strecker, H., Model for the Decomposition of Errors in Statistical Data into Components and the Ascertainment of Respondent Errors by Means of Accuracy Checks, Jahrbücher für Nationalökonomie und Statistik, Vol. 195/5, 1980, 385-420.

Strecker, H., Mean Square Error and Quality of Statistical Data in Surveys, in: Contributed Papers, Vol. I, 43rd Session of the International Statistical Institute, Buenos Aires, Argentina 1981, 259-262.

Strecker, H., Mean Square Error und Qualität statistischer Daten in Erhebungen, Statistische Hefte, Vol. 22, 1981, 329-333.

Strecker, H., Wiegert, R., Fehler in statistischen Erhebungen, in: Mückl, W., Ott, A.E. (Hrsg.) Wirtschaftstheorie und Wirtschaftspolitik, Reihe: Wirtschaftswissenschaften, Bd. 2, Passau 1981, 439-458.

Strecker, H., Wiegert, R., Statistische Erhebungsmodelle mit Wiederholungszählungen, in: Enke, Köhler, Schulz (Hrsg.), Struktur und Dynamik der Wirtschaft, Freiburg i.Br. 1983, 463-478.

Strecker, H., Wiegert, R., Peeters, J., Kafka, K., Messung der Antwortvariabilität auf Grund von Erhebungsmodellen mit Wiederholungszählungen, Reihe: Angewandte Statistik und Ökonometrie, Nr. 25, Göttingen 1983.

Strecker, H., Wiegert, R., Kafka, K., Practical Determination of a Response Variance on the Basis of Survey Models with Re-enumerations, Jahrbücher für Nationalökonomie und Statistik, Vol. 199/1, 1984, 1-31.

Wiegert, R., Schätzung bei Heteroskedastizität, Tübingen 1980.

Wiegert, R., Überlegungen zum Adäquations- und Fehlerbegriff, in: Angewandte Statistik und Wirtschaftsforschung heute, Piesch, W., Förster, W.(edts.) Reihe Angewandte Statistik und Ökonometrie, Nr. 21, Göttingen 1982, 254-266.

Curriculum Vitae Günter Menges

Geboren am 19. Juni 1929 in Darmstadt

Studium der Wirtschaftswissenschaften, Mathematik und Philosophie an der Johann-Wolfgang-Goethe-Universität Frankfurt von 1949 bis 1957.

1952	Diplomkaufmann
1954	Dr.rer.pol.
1957	Habilitation in den Fächern Statistik und Ökonometrie
1957/58	Privatdozent an der Universität Frankfurt
1958	Außerordentlicher Professor für Volkswirtschaftslehre, insbesondere Statistik, an der Universität des Saarlandes in Saarbrücken
1959	Ordentlicher Professor für Statistik und Ökonometrie an der Universität des Saarlandes in Saarbrücken
1964/65	Gastprofessor an der Princeton University, USA, und der University of Waterloo, Ontario, Canada
1966/67	Gastprofesor am Department of Mathematics and Economics, University of British Columbia, Vancouver, Canada
1969/70	Gastprofessor am Department of Economics and Commerce, Simon Fraser University, Vancouver-Burnaby, Canada
1970	Ordentlicher Professor für Ökonometrie an der Ruprecht-Karls-Universität in Heidelberg

Verstorben am 10. Januar 1983 in Heidelberg.

List of Obituaries

Bernd Leiner: Günter Menges zum Gedächtnis. In: In memoriam Günter Menges (Hrsg.: B. Leiner), Diskussionsschrift Nr.7, Universität Heidelberg (1983), i-ii.

Hans Schneeweiß: Prof.Dr. Günter Menges. DGOR-Bulletin 25 (1983), 10.

Heinrich Strecker: Günter Menges in memoriam. Allgemeines Statistisches Archiv 4 (1983), 399-402.

Universität Heidelberg: Günter Menges zum Gedenken. Ruperto Carola, Heidelberger Universitätshefte 69 (1983), 305.

BIBLIOGRAPHY

A) Bücher (Books)

1. Der Fremdenverkehr in Frankfurt a.M. während der beiden Messen und der Automobilausstellung im Jahre 1953. Frankfurt a.M. 1954 (Beiträge zur Fremdenverkehrsforschung, Schriftenreihe des Instituts für Fremdenverkehrswissenschaft, Bd. 1, Verlag Kramer, Frankfurt.)

2. Methoden und Probleme der deutschen Fremdenverkehrsstatistik. Frankfurt a.M. 1955 (Beiträge zur Fremdenverkehrsforschung, Schriftenreihe des Instituts für Fremdenverkehrswissenschaft, Bd. 3, Verlag Kramer, Frankfurt.)

3. (Zusammen mit H. Kolbeck) Löhne und Gehälter nach den beiden Weltkriegen, Tabellen und Schaubilder auf Grund statistischer Untersuchungen. Verlag Anton Hain, Meisenheim/Glan 1958.

4. Wachstum und Konjunktur des deutschen Fremdenverkehrs 1913 bis 1956. Eine Analyse der langfristigen Korrelation zwischen Fremdenverkehr und anderen gesamtwirtschaftlichen Größen. Frankfurt a.M. 1959 (Beiträge zur Fremdenverkehrsforschung, Schriftenreihe des Instituts für Fremdenverkehrswissenschaft, Bd. 6, Verlag Kramer, Frankfurt.)

5. Stichproben aus endlichen Gesamtheiten: Theorie und Technik. Ein Beitrag zur Methodenlehre der Statistik. Frankfurt a.M. 1959 (Frankfurter Wissenschaftliche Beiträge, Rechts- und Wirtschaftswissenschaftliche Reihe, Bd. 17, Verlag V. Klostermann, Frankfurt.)

6. Ökonometrie. Gabler-Verlag, Wiesbaden 1961.

7. Europäische Wirtschaftskunde, Statistische Vorlesungen über die Wirtschaft der Sechs. Verlag V. Klostermann, Frankfurt 1962.

8. Ökonometrische Prognosen. Westdeutscher Verlag, Köln-Opladen 1967.

9. (Zusammen mit G. Elstermann) Wissenschaftliches und technisches Personal - Methoden der Bedarfsermittlung. Forschungspolitik, Schriftenreihe des Bundesministers für wissenschaftliche Forschung, Heft 8, München 1968.

10. Grundriß der Statistik. Teil 1: Theorie. 1. Aufl. 1968, 2. Aufl. 1972, Westdeutscher Verlag, Köln-Opladen.

11. (Zusammen mit B. Leiner) Bibliographie zur statistischen Entscheidungstheorie. Westdeutscher Verlag, Köln-Opladen 1968.

12. (Zusammen mit J. Goßmann) Ökonometrische Untersuchungen der Preisentwicklung in der Bundesrepublik Deutschland. Düsseldorf 1968.

(Schriftenreihe der Wirtschaftsvereinigung Eisen- und Stahlindustrie zur Wirtschafts- und Industriepolitik, Heft 9).

13. (Zusammen mit B. Leiner) Ökonometrische Untersuchungen über die Wirtschaft Maltas unter besonderer Berücksichtigung des Tourismus. Verlag Anton Hain, Meisenheim/Glan 1971.

14. (Zusammen mit H. Skala) Grundriß der Statistik. Teil 2: Daten. Westdeutscher Verlag, Köln-Opladen 1973.

15. Grundmodelle wirtschaftlicher Entscheidungen. 1. Aufl. 1969, 2. Aufl. 1974, Westdeutscher Verlag, Köln-Opladen.
Englische Ausgabe: Economic Decision Making - Basic Concepts and Models. Longman Group Ltd., London 1974.

16. (Zusammen mit E. Kofler) Entscheidungen bei unvollständiger Information. Lecture Notes in Economics and Mathematical Systems 136, Springer-Verlag, Berlin-Heidelberg-New York 1976.

17. (Zusammen mit H. Sangmeister) Europäische Wirtschaftskunde. Statistische Vorlesungen über die Wirtschaft der Neun. Verlag V. Klostermann, Frankfurt a.M., 2. erw. Aufl. 1977.

18. Die Statistik. Zwölf Stationen des statistischen Arbeitens. Gabler-Verlag, Wiesbaden 1982.

B) Veröffentlichte Forschungsberichte (Published Research Reports)

1. Struktur und Einkommensverhältnisse des deutschen Handwerks in der Gegenwart. Frankfurt a.M. 1958. (Studien und Berichte des Instituts für Handwerkswirtschaft an der Universität Frankfurt a.M., Forschungsstelle des Deutschen Handwerks-Instituts München, Studie Nr. 41).

2. Umsatz, Betriebsgröße und Betriebsdichte des deutschen Handwerks in der Gegenwart. Frankfurt a.M. 1958. (Studien und Berichte des Instituts für Handwerkswirtschaft an der Universität Frankfurt a.M., Forschungsstelle des Deutschen Handwerks-Instituts München, Studie Nr. 39).

3. Die sozialen Merkmale der deutschen Handwerker in der Gegenwart. Frankfurt a.M. 1959. (Studien und Berichte des Instituts für Handwerkswirtschaft an der Universität Frankfurt a.M., Forschungsstelle des Deutschen Handwerks-Instituts München, Studie Nr. 44).

4. Predecisions. Econometric Research Program. Research Memorandum No. 71, Princeton 1965.

5. (Zusammen mit J. Goßmann) Ökonometrische Bemerkungen zur touristischen Konjunktur, besonders im Hinblick auf die gegenwärtige Rezession in der Bundesrepublik Deutschland. Les Cahiers du Tourisme, Serie C, No. 10 , Aix-en Provence 1968.

C) Veröffentlichte Aufsätze (Articles)

1. Über den Schwersten Wert T. Allgemeines Statistisches Archiv, 37 (1953), S. 34-37.

2. (Zusammen mit W. Kroneberger) Zur Statistik des Ausländerfremdenverkehrs. Der Fremdenverkehr, 6 (1954), Heft 3/4, S. 2-7.

3. Vorschläge zur Reform der deutschen Fremdenverkehrsstatistik. Hotel-Restaurant, 86 (1954), S. 290-293.

4. Die Erforschung des touristischen Marktes. Der Fremdenverkehr, 7 (1955), Heft 11/12, S. 9-13.

5. Europas Fremdenverkehr im Jahre 1954. Der Fremdenverkehr, 7 (1955), Heft 15/16, S. 2-5.

6. Die lokale und die Grenzmethode in der Fremdenverkehrsstatistik. Der Fremdenverkehr, 7 (1955), Heft 23/24, S. 2-7.

7. Die statistische Sicherung der klinischen Erfahrungen mit dem Antiemeticum Vomex A, zugleich Betrachtungen über die Anwendung stochastischer Verfahren in der medizinischen Forschung. Ärztliche Forschung, 10 (1956), S. 45-51.

8. Die Kostenstruktur im Gaststätten- und Beherbergungsgewerbe vor und nach dem Kriege. Hotel-Restaurant, 88 (1956), S. 151-153.

9. Lebenszeitliche Einkommen in ausgewählten Berufen mit besonderer Berücksichtigung der freien Berufe. Das Geistige Kapital, 2 (1956), S. 129-135.

10. (Zusammen mit W. Kroneberger) Die Entwicklung des deutschen Fremdenverkehrs seit dem Jahre 1913. Der Fremdenverkehr, 8 (1956), Heft 15/16, S. 3-8.

11. Langfristige Entwicklung des Ausländerfremdenverkehrs. Der Fremdenverkehr, 8 (1956), Heft 23/24, S. 2-4.

12. Das Problem der internationalen Vereinheitlichung der Fremdenverkehrsstatistik. Der Fremdenverkehr, 9 (1957), Heft 1/2, S. 2-5.

13. Die Entwicklung der touristischen Konsumquote. Der Fremdenverkehr, 9 (1957), Heft 11/12, S. 4-6.

14. Die Einkommenselastizität des Fremdenverkehrs. Revue de Tourisme - Tourist Review - Zeitschrift für Fremdenverkehr, 12 (1957), S. 46-51.

15. Die konjunkturelle Überempfindlichkeit des Fremdenverkehrs. Hotel-Restaurant, 89 (1957), S. 229-230.

16. (Zusammen mit H. Kolbeck) Die zyklische Bewegung von Fremdenverkehr und Sparen. Der Fremdenverkehr, 9 (1957), Heft 17/18.

17. Europas Fremdenverkehr im Jahre 1956. Der Fremdenverkehr, 9 (1957), Heft 19/20, S. 3-6.

18. Die Saisonbewegung des Fremdenverkehrs in den westeuropäischen Fremdenverkehrsländern. Hotel-Revue, 66 (1957), Heft 37, S. 62-66.

19. Neue Aspekte der Fremdenverkehrswerbung. Hotel-Revue, 66 (1957), Heft 42.

20. Die langfristige Entwicklung der Hotelpreise in der Schweiz. Hotel-Revue, 66 (1957) Heft 45, S. 71-73.

21. Macro-Economic Approaches to the Problem of Investment in the Tourist Industry. Revue de Tourisme - Tourist Review - Zeitschrift für Fremdenverkehr, 12 (1957), S. 153-159.

22. Die langfristige Entwicklung der touristischen Konsumquote in der Schweiz. Hotel-Revue, 67 (1958), Heft 6, S. 78-80.

23. Das Sequentialtestverfahren, insbesondere seine betriebswirtschaftliche Anwendung. Zeitschrift für Betriebswirtschaft, 28 (1958), Heft 2, S. 75-81.

24. Probleme des langfristigen Wachstums des Fremdenverkehrs. Der Fremdenverkehr, 10 (1958), Heft 4, S. 2-4.

25. Versuch einer Prognose der zukünftigen Entwicklung des deutschen Fremdenverkehrs. Hotel-Restaurant, 90 (1958), S. 103-104.

26. Ökonometrische Diskussion eines Produktionsmodells, Betriebswirtschaftliche Anwendungsmöglichkeiten ökonometrischer Methoden. Zeitschrift für handelswissenschaftliche Forschung, 10 (1958), S. 297-310.

27. Ökonometrische Untersuchungen über die Konjunktureigenschaften des schweizerischen Fremdenverkehrs. Revue de Tourisme - Tourist Review - Zeitschrift für Fremdenverkehr, 13 (1958), S. 52-55.

28. Das Entscheidungsproblem in der Statistik. Allgemeines Statistisches Archiv, 42 (1958), S. 101-107.

29. Die touristische Konsumfunktion der Schweiz 1929-1956. Schweizerische Zeitschrift für Volkswirtschaft und Statistik, 94 (1958), S. 329-334.

30. Einkommensnivellierung und Fremdenverkehr. Revue de Tourisme - Tourist Review - Zeitschrift für Fremdenverkehr, 14 (1959), S. 10-14.

31. Konjunkturpolitische Aspekte des Tourismus. Der Fremdenverkehr, 11 (1959), Heft 4, S. 4-9.

32. Die touristische Konsumfunktion Deutschlands (1924-1957). In: Fremdenverkehr in Theorie und Praxis. Festschrift für W. Hunziker, Bern 1959, S. 124-139.

33. Fremdenverkehrssoziologie und Statistik. Revue de Tourisme - Tourist Review - Zeitschrift für Fremdenverkehr, 14 (1959), S. 57-60 u. 167-174.

34. (Zusammen mit K. Mangel) Die Beeinflussung von Übelkeit und Erbrechen nach Appendiktomien in Äthertropfnarkose durch Dimenhydrinat. Der Anaesthesist, 8 (1959), S. 299-301.

35. Sozialtourismus - heute und morgen. Die Arbeitskammer, 7 (1959), S. 372-375.

36. Zur stochastischen Grundlegung der Ökonometrie. Zeitschrift für die gesamte Staatswissenschaft, 115 (1959), S. 611-625.

37. Ein ökonometrisches Modell der Bundesrepublik Deutschland. Ifo-Studien, 5 (1959), S. 1-22.

38. Die Unterschiede in den Erkenntnisweisen von Statistik und Ökonometrie. Annales Universitatis Saraviensis, 7 (1959), S. 191-202.

39. Artikel: "Medizinalstatistik". In: Handwörterbuch der Sozialwissenschaften, 31. Lfrg., Stuttgart-Tübingen-Göttingen 1960, S. 269-274.

40. Möglichkeiten der Quantifizierung und Messung des Fremdenverkehrs. Revue de Tourisme - Tourist Review - Zeitschrift für Fremdenverkehr, 15 (1960), S. 42-47.

41. (Zusammen mit K. Brendow) Zur internationalen Finanzstatistik. Allgemeines Statistisches Archiv, 44 (1960), S. 97-111.

42. Zum Begriff der internationalen Statistik. Statistische Hefte, 1 (1960), S. 8-21.

43. Versuch einer Geschichte der internationalen Statistik von ihren Vorläufern im Altertum bis zur Entstehung des Völkerbundes. Statistische Hefte, 1 (1960), S. 22-64.

44. Anwendungsmöglichkeiten elektronischer Rechenanlagen in den Wirtschaftswissenschaften. Annales Universitatis Saraviensis, 9 (1960/61), S. 21-32.

45. Zur europäischen Regionalstatistik. Allgemeines Statistisches Archiv, 46 (1962), S. 1-16.

46. Drei neue Lehrbücher der Statistik. Zeitschrift für handelswissenschaftliche Forschung, 14 (1962), S. 154-156.

47. (Zusammen mit M. Behara) Einige grundsätzliche Betrachtungen über prozessuale Entscheidungen unter Ungewißheit. Zeitschrift für handelswissenschaftliche Forschung, 14 (1962), S. 483-494.

48. Artikel: "Fremdenverkehrsstatistik". In: Handwörterbuch der Sozialwissenschaften, 43. Lieferung, Stuttgart-Tübingen-Göttingen 1962, S. 160-164.

49. (Zusammen mit M. Behara) Das Bayessche Risiko bei sequentiellen Stichprobenentscheidungen. Statistische Hefte, 3 (1962), S. 39-61.

50. Statistik und Operations Research. Statistische Hefte, 3 (1962), S. 99-106.

51. Gedanken zur Frage der Stabilität statistischer Entscheidungen. Metrika, 6 (1963), S. 84-95.

52. Three Essays in Econometrics. Statistische Hefte, 4 (1963), S. 1-37.

53. (Zusammen mit M. Behara) On Decision Criteria under Various Degrees of Stability. Journal of the Indian Statistical Association, 1 (1963), S. 185-195.

54. Kriterien optimaler Entscheidungen unter Ungewißheit. Statistische Hefte, 4 (1963), S. 151-171.

55. Ökonometrie und Marktwirtschaft. Volkswirtschaftliche Korrespondenz der Adolf-Weber-Stiftung, 17 (1963), S. 1-4.
Zugleich in: Der deutsche Volks- und Betriebswirt, 10 (1964), Heft 1, S. 6-7.

56. Die ökonometrische Struktur und die Frage ihrer Konstanz. In: Strukturwandlungen einer wachsenden Wirtschaft. Verhandlungen auf der Tagung des Vereins für Socialpolitik in Luzern 1962, Berlin 1964, S. 989-1004.

57. The Adaptation of Decision Criteria and Application Patterns. In: Actes de la 3e Conférence Internationale de Recherche Opérationelle, Oslo 1963, Hrsg.: G. Kreweras, G. Morlat, London 1964, S. 585-594.

58. Time Stability of Structural Parameters. In: Colston Papers, Proceedings of the 16th Symposium of the Colston Research Society, Bristol 1964, Bd. 16, London 1964, S. 299-317.

59. Die Statistik als Mittel, die gesellschaftliche Wirklichkeit zu begreifen und zu ordnen. Die Deutsche Berufs- und Fachschule, 60 (1964), S. 908-912.

60. Statistik und Betrieb. Schmalenbachs Zeitschrift für betriebswirtschaftliche Forschung, 16 (1964), S. 725-731.

61. Integration and Input-Output Work in the European Economic Community. Statistische Hefte, 5 (1964), S. 5-18.

62. Das Werk Oskar Andersons. Finanzarchiv , N.F. 24 (1965), S. 126-130.

63. Ökonometrie in der Praxis. Der Volkswirt, 19 (1965), S. 1588-1589.

64. (Zusammen mit H. Diehl) Das Stabilitätsproblem in der Ökonometrie. Statistische Hefte, 6 (1965), S. 27-52.

65. Zur Ökonometrie des touristischen Konsums. 1. Teil. Revue de Tourisme - Tourist Review - Zeitschrift für Fremdenverkehr, 20 (1965), S. 169-175.

66. Vorentscheidungen. In: Operations Research Verfahren II, Hrsg.: R. Henn, Meisenheim/Glan 1965, S. 24-40.

67. Über Wahrscheinlichkeitsinterpretationen. Statistische Hefte, 6 (1965), S. 81-96.

68. Zur Ökonometrie des touristischen Konsums. 2. Teil. Revue de Tourisme - Tourist Review - Zeitschrift für Fremdenverkehr, 21 (1966), S. 13-24.

69. On the "Bayesification" of the Minimax-Principle. Unternehmensforschung, 10 (1966), S. 81-91.

70. Statistik und Wirtschaftsprognose. In: Umrisse einer Wirtschaftsstatistik. Festgabe für P. Flaskämper zum 80. Geburtstag, Hrsg.: A. Blind, Hamburg 1966, S. 50-71.

71. (Zusammen mit H. Diehl) Über die operationelle Eignung von Entscheidungsmodellen. Statistische Hefte, 7 (1966), S. 30-41.

72. Theorie der Warteschlangen. Umschau in Wissenschaft und Technik, 66 (1966), S. 572-573.

73. The Suitability of the General Decision Model for Operational Applications in the Social Sciences. In: Operational Research and the Social Sciences, Hrsg.: J.R. Lawrence, London-New York-Sydney-Toronto-Wellington 1966, S. 565-577.

74. Zur Lehre von der Fehlerfortpflanzung. In: Die Statistik in der Wirtschaftsforschung. Festgabe für R. Wagenführ zum 60. Geburtstag, Hrsg.: H. Strecker, W.R. Bihn, Berlin 1967, S. 363-382.

75. Die Überwindung der Ungewißheit. In: Wissenschaft und Praxis. Festschrift zum zwanzigjährigen Bestehen des Westdeutschen Verlages. Köln-Opladen 1967, S. 357-387.

76. Fiduzialaussagen in der Ökonometrie. In: Operation Research-Verfahren III, Hrsg.: R. Henn, Meisenheim/Glan 1967, S. 286-298.

77. Vorausschätzung mit Hilfe ökonometrischer Modelle. Allgemeines Statistisches Archiv, 51 (1967), S. 45-54.

78. A Note on Games, Decisions and the Social Sciences. In: Chance and Change. Proceedings of a Seminar on Decision Theory, March 10, 1967, at the University of British Columbia, Vancouver 1967, S. 15-21.

79. Ökonometrische Prognosen. Statistische Hefte, 8 (1967), S. 18-31 und 87-98. Zugleich als Monographie: Köln-Opladen 1967.

80. Über Warteschlangen und ihre mathematisch-statistische Behandlung. Automatisch verkaufen, Zeitschrift für automatischen Verkauf und Selbstbedienung, 11 (1967), S. 334-336.

81. Über Thomas Bayes (1702-1761) und das Theorem. In: Geschichte und Zukunft. Festschrift zum 75. Geburtstag von A. Hain, Hrsg.: A. Diemer, Meisenheim/Glan 1967, S. 485-498.

82. (Zusammen mit H. Diehl) Entwicklung eines allgemeinen dynamischen Entscheidungsmodells. Statistische Hefte, 8 (1967), S. 173-182.

83. Probleme des statistischen Entscheidungsmodells (mit einem Beispiel aus der Fischerei). Statistische Praxis, 22 (1967), S. 485-488 und 539-541.

84. Über ein Akkomodationsprinzip in der statistischen Entscheidungstheorie. In: Abhandlungen der Deutschen Akademie der Wissenschaften zu Berlin. Berlin 1967, Heft 4, S. 101-110.

85. Entscheidungstheorie und Wirtschaftspolitik. Der Volkswirt, 22 (1968), S. 31-33.

86. Zum Ursprung von Operational Research. Statistische Hefte, 9 (1968), S. 66.

87. Ekonometrie vzdelàni. Statistika, 3 (1968), S. 23-29.

88. Dreißig Jahre Operational Research. Unternehmensforschung, 12 (1968), S. 210-211.

89. Elemente einer Betriebsökonometrie. In: Operations Research-Verfahren V, Hrsg.: R. Henn, Meisenheim/Glan 1968, S. 248-261.

90. Entscheidungen unter Risiko und Ungewißheit. In: Entscheidung und Information. Einführung in moderne Entscheidungskalküle und elektronische Informationssysteme, Hrsg.: G. Menges, Frankfurt-Berlin 1968, S. 9-35.

91. On Some Open Questions In Statistical Decision Theory. In: Risk and Uncertainty, Hrsg.: K. Borch, J. Mossin, London-Melbourne-Toronto 1968, S. 140-162.

92. (Zusammen mit J. Goßmann) Die Prognose der Nachfrage nach chemischen Produkten. Statistische Hefte, 10 (1969), S. 119-134.

93. (Zusammen mit H. Diehl) On the Application of Fiducial Probability to Statistical Decisions. In: Proceedings of the Fourth International Conference on Operational Research, Hrsg.: D.B. Hertz, S. Melese, New York-London-Sydney-Toronto 1966, S. 82-91.

94. Statistische Entscheidungstheorie. In: Beiträge zur Unternehmensforschung. Gegenwärtiger Stand und Entwicklungstendenzen, Hrsg.: G. Menges, Würzburg-Wien 1969, S. 61-101.

95. (Zusammen mit H. Rutsch) Bemerkungen zum Substitutionsaxiom des Bernoullinutzens. Statistische Hefte, 10 (1969), S. 314-315.

96. Volkswirtschaftliche Ökonometrie. In: Handwörterbuch des Rechnungswesens, Hrsg.: E. Kosiol, Stuttgart 1970, S. 1276-1287.

97. Bayesovy postupy v operacnim výzkumu. Statistika, 5 (1970), S. 179-184.

98. On Subjective Probability and Related Problems. Theory and Decision, 1 (1970), S. 40-60.

99. Zwei neue Lehrbücher am Rande der Statistik. Statistische Hefte, 11 (1970), S. 139-140.

100. (Zusammen mit G. Elstermann) Forecasting and Planning the Structure of Personnel of a University. In: Models of Manpower-Systems, Hrsg.: A.R. Smith, London 1970, S. 67-79.

101. (Zusammen mit G. Elstermann) Kapazitätsmodelle in der Hochschulverwaltung. In: Kapazitätsmodelle. Saarbrücker Studien zur Hochschulentwicklung, Hrsg.: H.J. Schuster, Bd. 8, Saarbrücken 1970, S. 2-43. Zugleich in: Hochschulplanung, Hrsg.: Hochschul-Informationssystem GmbH. Bd. 4, Weinheim-Berlin-Basel 1971, S. 9-50.

102. Stellungnahme zum Fides-Modell. In: Kapazitätsmodelle. Saarbrücker Studien zur Hochschulentwicklung, Hrsg.: H.J. Schuster, Bd. 8, Saarbrücken 1970, S. 68-74. Zugleich in: Hochschulplanung, Hrsg.: Hochschul-Informationssystem GmbH. Bd. 4, Weinheim-Berlin-Basel 1971, S. 75-82.

103. Some Decision- and Information-Theoretical Considerations about the Econometric Problems of Specification and Identification. Statistische Hefte, 12 (1971), S. 22-31.

104. Die Rolle der A-priori-Information bei ökonometrischen Prognosen. In: Analyse und Prognose in der quantitativen Wirtschaftsforschung. Festgabe für I. Esenwein-Rothe, Hrsg.: B. Hess ,W. Krug, S. Maaß, W. Unger, Berlin 1971, S. 23-38.

105. (Zusammen mit G. Elstermann) Capacity Models in University Management. In: Manpower and Management Science, Hrsg.: D.J. Bartholomew, A.R. Smith, London 1971, S. 207-221.

106. Methoden der touristischen Statistik und Marktforschung. In: Méthodes des Recherches Touristiques. Gurten-Verlag, Bern 1972, S. 12-20.

107. Entscheidungsmodelle in den Wirtschaftswissenschaften. In: Systemtheorie. Forschung und Information; Schriftenreihe der RIAS-Funkuniversität, Hrsg.: R. Kurzrock, Colloquium Verlag, Berlin 1972, S. 132-140.

108. Measuring Social Utility and the Substitution Axiom. In: Operations-Research-Verfahren, Methods of Operations Research XIV, Hrsg.: W. Krelle, Meisenheim/Glan 1972, S. 109-117.

109. Semantische Information und statistische Inferenz. Biometrische Zeitschrift, 14 (1972), S. 409-418.

110. Inference and Decision. In: Selecta Statistica Canadiana, 1 (1973), S. 1-14.

111. (Zusammen mit H. Diehl und S.L. Louwes) A Decision Model for the Determination of Optimal Statistical Programmes. In: Contributed Papers, 39th Session of the International Statistical Institute. Wien 1973, vol. 2, S. 689-696.

112. Laudatio auf Jakob Marschak. Heidelberger Jahrbücher XVII, 1973, S. 12-13.

113. Die Prognose der Fremdenverkehrsnachfrage. In: Beiträge zur Fremdenverkehrsforschung, Festschrift zur Vollendung des 65. Lebensjahres von Paul Bernecker, Hrsg.: W.A. Ender, Wien 1973, S. 61-70.

114. (Zusammen mit H. Diehl) Likelihood- and fiducial-optimal solutions of decision problems under uncertainty. Transactions of the Sixth Prague Conference on Information Theory, Statistical Decision Functions, Random Processes. Academia Publishing House of the Czechoslovak Academy of Sciences, Prague 1973, S. 639-647.

115. An active manpower policy based upon a system of disaggregated production functions. In: Manpower Planning Models, Hrsg.: D.J. Clough, C.G. Lewis, A.L. Oliver, The English Universities Press, London 1974, S. 389-396.

116. Elements of an objective theory of inductive behaviour. In: Information, Inference and Decision, Hrsg.: G. Menges, Dordrecht-Boston 1974, S. 3-49.

117. (Zusammen mit H. Skala) On the problem of vagueness in the social sciences. In: Information, Inference and Decision, Hrsg.: G. Menges, Dordrecht-Boston 1974, S. 51-61.

118. Wie gut sind Prognosen? Mitteilungen aus der Arbeitsmarkt- und Berufsforschung, 7 (1974), S. 242-250.

119. (Zusammen mit B. Jacke) The scientist's utility function and the principle of maximum likelihood. Statistische Hefte, 15 (1974), S. 181-200.

120. Artikel: "Stichproben". In: Handwörterbuch der Absatzwirtschaft, Hrsg.: B. Tietz, Bd. IV der Enzyklopädie der Betriebswirtschaftslehre, Stuttgart 1974, Sp. 1927-1944.

121. (Zusammen mit P. Beutel) Triangulation der nach 11 Sektoren gegliederten Input-Output-Tabellen der Länder der alten EWG. Statistische Hefte, 15 (1974), S. 276-302.

122. (Zusammen mit P. Beutel) The structure of production of five EEC countries: Triangulation of the StOEC's 27-sector input-output tables for the year 1965. In: Dynamische Wirtschaftsanalyse, Heinz Sauermann zum 70. Geburtstag, Hrsg.: O. Becker, R. Richter, Tübingen 1975, S. 105-123.

123. Peristametrics: Environmental Information and Decision Systems. In: Systems Approaches and Environmental Problems, Hrsg.: H.W. Gottinger, Göttingen 1975, S. 77-95.

124. Ökonometrie, betriebswirtschaftliche. In: Handwörterbuch der Betriebswirtschaft, Hrsg.: E. Grochla, W. Wittmann, 4. Aufl., Stuttgart 1975, Sp. 2824-2834.

125. Weiche Modelle in Ökonometrie und Statistik. Statistische Hefte, 16 (1975), S. 144-156.

126. (Zusammen mit R. Zwer) Der internationale Vergleich auf Grund von Input-Output-Tabellen. Statistische Hefte, 16 (1975), S. 297-315.

127. Zum Tode von Rolf Wagenführ. In: Heidelberger Jahrbücher 1975 (1976), S. 222.

128. (Zusammen mit E. Kofler): Cognitive decisions under partial information. In: Local Induction, Hrsg.: R.J. Bogdan, Reidel, Dordrecht-Boston 1976, S. 183-189.

129. (Zusammen mit E. Kofler) Linear partial information as fuzziness. In: Systems Theory in the Social Sciences, Hrsg.: H. Bossel et al., Birkhäuser-Verlag, Basel und Stuttgart 1976, S.307-322.

130. Artikel: "Risiko und Ungewißheit". In: Handwörterbuch der Finanzwirtschaft, Hrsg.: H.E. Büschgen, Poeschl Verlag, Stuttgart 1976, Sp. 1516-1531.

131. (Zusammen mit B. Heilig und R. Zwer) Das Heidelberger Modell. Ein erster Bericht über ein neues ökonometrisches Modell der Bundesrepublik Deutschland (14 Strukturgleichungen). Statistische Hefte, 17 (1976), S. 194-204.

132. (Zusammen mit R. Zwer und B. Heilig) Das Heidelberger Modell. Ein zweiter Bericht, insbesondere über die wirtschaftsstatistischen Grundlagen. Statistische Hefte, 17 (1976), S. 230-266.

133. (Zusammen mit E. Kofler) Stochastic linearisation of indeterminateness. In: Mathematical Economics and Game Theory. Essays in Honor of Oskar Morgenstern, Hrsg.: R. Henn, O. Moeschlin, Springer-Verlag, Berlin-Heidelberg-New York 1977, S. 53-63.

134. Paul Flaskämper 90 Jahre. Allgemeines Statistisches Archiv, 60 (1976), S. 285-286.

135. Deskription und Inferenz (Moderne Aspekte der Frankfurter Schule). Allgemeines Statistisches Archiv, 60 (1976), S. 290-319.

136. (Zusammen mit H. Diehl) Statistische Dualismen. Allgemeines Stastitisches Archiv, 60 (1976), S. 434-446.

137. Rolf Wagenführ 1905-1975. International Statistical Review, 44 (1976), S. 386-387.

138. (Zusammen mit S.A. Sherif) International comparison of industrial production structures: Application of a taxonomic method to the input-output-tables of the Economic Commission for Europe. Statistische Hefte, 18 (1977), S. 83-122.

139. Hic sunt leones: Die Vorherbestimmung der vorherbestimmten Variablen. In: Quantitative Wirtschaftsforschung. Wilhelm Krelle zum 60. Geburtstag, Hrsg.: H. Albach et al., Tübingen 1977, S. 493-506.

140. Probleme der Erhebung, Verfügbarkeit und Verwendung von Daten für Wirtschaftsprognosen. In: Energiebedarf und Energiebedarfsforschung, Bd. 2, Argumente in der Energiediskussion, Hrsg.: H. Matthöfer, Neckar-Verlag, Villingen 1977, S. 367-381.

141. (Zusammen mit E. Kofler) Die Strukturierung von Unbestimmtheiten und eine Verallgemeinerung des Axiomensystems von Kolmogoroff für unbestimmte Wahrscheinlichkeiten. Statistische Hefte, 18 (1977), S. 298-302.

142. Semantics and "object logic" of price indices. In: Theory and Applications of Economic Indices, Hrsg.: W. Eichhorn et al., Physica-Verlag, Würzburg 1978, S. 43-54.

143. (Zusammen mit E. Kofler) Linear stochastic structuring of indeterminate decision matrices. In: Pioneering Economics. International Essays in Honour of Giovanni Demaria, Hrsg.: T. Bagiotti, G. Franco, Padova 1978, S. 691-699.

144. Das Heidelberger Modell (und ein paar grundsätzliche Reflexionen). In: Makroökonometrische Modelle für die Bundesrepublik Deutschland, Hrsg.: J. Frohn, Sonderhefte zum Allgemeinen Statistischen Archiv 12, 1978, S. 7-57.

145. (Zusammen mit E. Kofler und M. Behara) Entropy and informativity in decision situations under partial information. Statistische Hefte, 19 (1978), S. 124-130.

146. (Zusammen mit M. Sallas) Ökonometrische Untersuchungen über den griechischen Fremdenverkehr. In: Beiträge zur Fremdenverkehrsforschung. Festschrift zur Vollendung des 70. Lebensjahres von Paul Bernecker, Hrsg.: W.A. Ender, Wien 1978, S. 177-198.

147. Grundzüge der Modellbaukunst. In: Ökonometrische Modelle und sozialwissenschaftliche Erkenntnisprogramme. Beiträge zu einem Symposium anläßlich des 90. Geburtstages von W.G. Waffenschmidt. B.I.-Wissenschaftsverlag, Mannheim-Zürich-Wien 1978, S. 41-48.

148. Adaptive Mustererkennung (Adaptive pattern recognition). Statistische Hefte, 20 (1979), S. 22-38.

149. (Zusammen mit E. Kofler) Lineare partielle Information, "fuzziness" und Vielziele-Optimierung. In: Proceedings in Operations Research 8, Hrsg.: K.-W. Gaede et al., Physica-Verlag, Würzburg-Wien 1979, S. 427-434.

150. (Zusammen mit E. Kofler) The structuring of uncertainty and the MaxEmin-principle. Operations Research Verfahren, Methods of Operations Research 34, Hrsg.: W. Oettli, F. Steffens, Mannheim 1979, S. 223-234.

151. Artikel: "Spezifikation". In: Handwörterbuch der Mathematischen Wirtschaftswissenschaften, Hrsg.: M. Beckmann, G. Menges, R. Selten, Bd. 2: Ökonometrie und Statistik, Wiesbaden 1979, S. 199-201.

152. Artikel: "Statistische Entscheidungstheorie". In: Handwörterbuch der Mathematischen Wirtschaftswissenschaften, Hrsg.: M. Beckmann, G. Menges, R. Selten, Bd. 2: Ökonometrie und Statistik, Wiesbaden 1979, S. 209-222.

153. Comparison of decision models and some suggestions. In: Expected utility hypotheses and the Allais paradox. Contemporary discussions of decisions under uncertainty with Allais rejoinder, Hrsg.: M. Allais, O. Hagen. Reidel, Dordrecht-Boston-London 1979, S. 412-433.

154. (Zusammen mit E. Kofler) Über unscharfe Mengen (nicht im Sinne Zadehs). Statistische Hefte, 20 (1979), S. 237-249.

155. (Zusammen mit E. Kofler) Prognosen bei partieller Information. Zeitschrift für Wirtschafts- und Sozialwissenschaften, 100 (1980), S. 1-17.

156. Bemerkungen zur Klassifikation von Ländern. Statistische Hefte, 21 (1980), S. 49-52.

157. (Zusammen mit E. Kofler, R. Fahrion, S. Huschens und U. Kuß) Stochastische partielle Information (SPI). Statistische Hefte, 21 (1980), S. 160-167.

158. Adaptive Statistik. Bemerkungen über neuere Betrebungen in der statistischen Methodologie. Statistische Hefte, 21 (1980), S. 182-208.

159. (Zusammen mit E. Kofler) Fuzzy sets and non-stochastic linear partial information. Statistische Hefte, 21 (1980), S. 246-260.

160. Ätialität und Adäquation. Dem Andenken an Heinrich Hartwig (1907-1981). Statistische Hefte, 22 (1981), S. 144-150.

161. Grundfragen der internationalen Statistik. Allgemeines Statistisches Archiv, 65 (1981), S. 1-23.

162. Weiche Modellbildung in der Statistik ("Unschärfe und LPI"). In: Stochastische Unschärfe in den Wirtschaftswissenschaften, Hrsg.: G. Menges, H. Schelbert, P. Zweifel. Schriftenreihe des Instituts für Empirische Wirtschaftsforschung der Universität Zürich, Bd. 8, 1981, S. 2-16.

163. Bemerkungen zum Heisenbergschen Unschärfeprinzip und zur Logik in den Sozialwissenschaften. In: Stochastische Unschärfe in den Wirtschaftswissenschaften, Hrsg.: G. Menges, H. Schelbert, P. Zweifel. Schriftenreihe des Instituts für Empirische Wirtschaftsforschung der Universität Zürich, Bd. 8, 1981, S. 204-215.

164. (Zusammen mit P. Abel) Aktualisierung und Ridge-Analyse des Heidelberger Modells. Statistische Hefte, 22 (1981), S. 207-230.

165. (Zusammen mit C. Menges) Statistik und Fertilität. Der "World Fertility Survey" des Internationalen Statistischen Instituts, insbesondere seine Bedeutung für Prognosen der Weltbevölkerung. Statistische Hefte, 22 (1981), S. 334-343.

166. Internationale Vergleiche auf Grund von Input-Output-Tabellen (Mit einigen grundsätzlichen Erwägungen. In: Probleme internationaler wirtschafts- und sozialstatistischer Vergleiche - Rolf Wagenführ zum Gedächtnis, Hrsg.: G. Menges, R. Zwer, Köln 1981, S. 243-268.

167. (Zusammen mit S.A. Sherif) International comparison of technoeconomic systems based on input-output data. In: Probleme internationaler wirtschafts- und sozialstatistischer Vergleiche - Rolf Wagenführ zum Gedächtnis, Hrsg.: G. Menges, R. Zwer, Köln 1981, S. 269-325.

168. Incomplete data: Different types and degrees of incompleteness and ways of utilization. In: Ponencias libres, Contributed Papers, Communications Demandees, 43° Periodo de Sesiones del Instituto Internacional de Estadistica, Vol. I., Buenos Aires, 1981, S. 237-240.

169. (Zusammen mit C. Menges) Der World Fertility Survey auf der 43. Sitzung des Internationalen Statistischen Instituts. Statistische Hefte, 23 (1982), S. 62.

170. Über einige statistische Aspekte globaler gesellschaftlicher Probleme. Erster Teil: Die Ausgangssituation. Statistische Hefte, 23 (1982), S. 84-105.

171. (Zusammen mit D. Brenner, D.A.S. Fraser und E. Rost) Model analysis with structural and stochastic partial information. Statistische Hefte, 23 (1982), S. 134-141.

172. Die statistische Adäquation (The Statistical Adequation). Jahrbücher für Nationalökonomie und Statistik, 197 (1982), S. 289-307.

173. Über einige statistische Aspekte globaler gesellschaftlicher Probleme. Zweiter Teil: Vorschläge. Statistische Hefte, 23 (1982), S. 177-217.

174. Semantik in ökonomischen Informationssystemen. Zeitschrift für Wirtschafts- und Sozialwissenschaften. 102 (1982), S. 515-530. Kurzfassung in: Information in der Wirtschaft. Schriften des Vereins für Socialpolitik, N.F. 126 (1982), S. 269-271.

175. Resource extraction under imperfect information. In: Economic Theory of Natural Resources, Hrsg.: W. Eichhorn, R. Henn, K. Neumann, R.W. Shepard, Würzburg-Wien 1982, S. 563-575.

176. Wege in die Realität. Zeitschrift für die gesamte Staatswissenschaft, 138 (1982), S. 646-663.

177. (Zusammen mit S. Huschens und E. Kofler) Das Prognoseproblem als Entscheidungsproblem bei partieller Information. Allgemeines Statistisches Archiv, 67,(1983),S. 162-176.

178. (Zusammen mit S. Huschens) Multivalente Gewichtungen. In: Mathematische Systeme in der Ökonomie. Rudolf Henn zum 60. Geburtstag, Hrsg.: M.J. Beckmann, W. Eichhorn, W. Krelle, Athenäum-Verlag, Königstein/Ts. 1983, S. 239-251.

179. Unscharfe Konzepte im Operations Research. Methods of Operations Research, 46 (1983), S. 353-379.

180. Spekulation und Experiment in den Wirtschaftswissenschaften. In: Heinz Sauermann. Wirtschaftstheoretiker und Sozialwissenschaftler, Hrsg.: J. Schumann, Verlag Barudio und Hess, Frankfurt a.M. 1983, S. 25-32.

181. Unscharfe Konzepte in der Ökonometrie. Ifo-Studien, Zeitschrift für empirische Wirtschaftsforschung, 23 (1983), S. 163-173.

182. (Zusammen mit S. Huschens) Optimization in international statistics: a weighting and decision making approach. Systems Analysis, Modelling, Simulation, 1 (1984), S. 169-172.

183. (Zusammen mit S. Huschens) The information problem in decision making. Theory and Decision, 16 (1984), S. 45-58.

LIST OF AUTHORS

Prof.Dr. Günter Bamberg
Lehrstuhl für Statistik
Universität Augsburg
Memminger Str. 14
8900 Augsburg

Prof.Dr. Martin Beckmann
Institut für Angewandte Mathematik
Technische Universität München
Arcisstr. 21
8000 München

Prof. Minaketan Behara
McMaster University
Hamilton, Ontario, Canada

Prof. David Brenner
Department of Statistics
University of Toronto
Toronto, Ontario M5S 1A1
Canada

Prof.Dr. Hilmar Drygas
Fachbereich 17 Mathematik
Gesamthochschule Kassel
Postfach 101380
3500 Kassel

Prof.Dr. R. Fahrion
Alfred Weber-Institut für
Sozial- und Staatswissenschaften
Universität Heidelberg
Grabengasse 14
6900 Heidelberg 1

Prof. D.A.S. Fraser
Department of Statistics
University of Toronto
Toronto, Ontario M5S 1A1
Canada

Prof. Dr. Heinz Grohmann
Statistisches Seminar
Johann Wolfgang Goethe-Universität
Postfach 11 19 32
6000 Frankfurt am Main 11

Prof.Dr. Rudolf Henn
Institut für Statistik und
mathematische Wirtschaftstheorie
Universität Karlsruhe
Postfach 6380
7500 Karlsruhe 1

Prof.Dr. Wolfgang Janko
Institut für angewandte Betriebswirtschaftslehre
und Unternehmensführung
Universität Karlsruhe
Postfach 6380
7500 Karlsruhe 1

Priv.-Doz. Dr. A. Karmann
Institut für Statistik und
mathematische Wirtschaftstheorie
Universität Karlsruhe
Postfach 6380
7500 Karlsruhe 1

Prof.Dr. E. Kofler
Institut für empirische Wirtschaftsforschung
der Universität Zürich
Zollikerstr. 137
CH-8008 Zürich

Prof. Dr. W. Krelle
Wirtschaftstheoretische Abteilung I
des Instituts für Gesellschafts- und
Wirtschaftswissenschaften
der Universität Bonn
Adenauerallee 24-42
5300 Bonn

Prof. Dr. Uwe Kuss
Eigenstr. 104
8721 Dittelbrunn

Prof.Dr. Bernd Leiner
Institut für Statistik
Universität Heidelberg
Grabengasse 14
6900 Heidelberg 1

Prof.Dr. Martin Rutsch
Institut für Statistik und
Mathematische Wirtschaftstheorie
Universität Karlsruhe
Postfach 6380
7500 Karlsruhe 1

Dipl.-Volkswirt Hermann Sarrazin
Wirtschaftstheoretische Abteilung I
des Instituts für Gesellschafts- und
Wirtschaftswissenschaften
der Universität Bonn
Adenauerallee 24-42
5300 Bonn

Prof.Dr. Hans Schneeweiss
Seminar für Ökonometrie und Statistik
Ludwig-Maximilians-Universität München
Akademiestr. 1/I.
8000 München 40

Prof.Dr. Heinz J. Skala
Fachgebiet Statistik und Ökonometrie
Universität-Gesamthochschule Paderborn
Postfach 1621
4790 Paderborn

Prof.Dr. K. Spremann
Abteilung Wirtschaftswissenschaften
Universität Ulm
7900 Ulm

Prof. D. A. Sprott
Department of Statistics
University of Waterloo
Waterloo, Ontario N2L 3G1
Canada

Prof.Dr. Horst Stenger
Seminar für Statistik
Universität Mannheim
A 5
6800 Mannheim

Prof.Dr. Heinrich Strecker
Wirtschaftswissenschaftliches Seminar
Abteilung Statistik und Mathematik
Universität Tübingen
Mohlstr. 36
7400 Tübingen 1

Roman Viveros
Colegio de Computacion, Escuela de
Ciencias Fisico Matematicas
Universidad Autonoma de Puebla
Puebla, PUE
Mexico

Akad. Oberrat Dr. Rolf Wiegert
Wirtschaftswissenschaftliches Seminar
Abteilung Statistik und Mathematik
Universität Tübingen
Mohlstr. 36
7400 Tübingen 1

MIX
Papier aus verantwortungsvollen Quellen
Paper from responsible sources
FSC® C105338

If you have any concerns about our products,
you can contact us on
ProductSafety@springernature.com

In case Publisher is established outside the EU,
the EU authorized representative is:
Springer Nature Customer Service Center GmbH
Europaplatz 3, 69115 Heidelberg, Germany

Printed by Libri Plureos GmbH
in Hamburg, Germany